化学镀液配方与制备

（一）

李东光 主编

HUXUEDUYE PEIFANG YU ZHIBEI

·北京·

本书收集了近200种化学镀液制备实例，主要包括镀铜液、镀锡液、镀银液、镀合金液四类化学镀液，涵盖了大部分常用的化学镀液相关品种，详细介绍了产品的配方、制备、应用技术等内容，实用性强。

本书可供精细化工行业开展化学镀液研发、生产管理和制备相关工作的人员及应用人员参考。

图书在版编目（CIP）数据

化学镀液配方与制备．一/李东光主编.—北京：化学工业出版社，2017.1

ISBN 978-7-122-28562-1

Ⅰ．①化…　Ⅱ．①李…　Ⅲ．①化学镀-配方②化学镀-制备　Ⅳ．①TQ153

中国版本图书馆CIP数据核字（2016）第284954号

责任编辑：张　艳　刘　军　　　文字编辑：陈　雨
责任校对：王素芹　　　装帧设计：王晓宇

出版发行：化学工业出版社（北京市东城区青年湖南街13号　邮政编码100011）
印　　装：北京盛通数码印刷有限公司
850mm×1168mm　1/32　印张9　字数277千字
2017年4月北京第1版第1次印刷

购书咨询：010-64518888　　　售后服务：010-64518899
网　　址：http：//www.cip.com.cn
凡购买本书，如有缺损质量问题，本社销售中心负责调换。

定　　价：48.00元

前 言

FOREWORD

在金属的催化作用下，利用可控制的氧化还原反应使金属沉积在基体（镀件）上，称为化学镀或无电解镀。化学镀的特点：不需要电源设备，费用低，占地面积小；前处理比较简单；几乎所有材料，只要经过适当处理，均可在表面沉积上金属镀层；表面形状不论多么复杂，只要能与镀液充分接触，均能镀得厚度均匀的镀层；可重复镀双层，结合力很好，镀层致密，孔隙少，表面光滑，而且有较高的酸度。

化学镀的缺点是溶液稳定性差，调整和再生比较麻烦，镀层常显出较大的脆性。

化学镀液组成如下。①金属盐：即主盐，其作用是供给金属离子以获得沉积的金属，常用的有 Ag、Co、Cu、Fe、Sn、Au、Pd、Cr、W 等金属的盐类。②还原剂：它的作用是将金属离子还原，并沉积在镀件的表面。常用的还原剂有次磷酸钠、甲醛、葡萄糖、硫酸肼、水合肼等。③酸度调节剂：它的作用是调整镀液的 pH 值，控制金属离子的还原速率即沉积速率。常用的有 25%氨水、氢氧化钠和硫酸等。④缓冲剂：它的作用是控制镀液酸度的变化速度，常用的有醋酸钠、硼酸、柠檬酸钾钠和碳酸钠等。⑤络合剂：它的第一个作用就是防止镀液析出沉淀，增加镀液稳定性并延长使用寿命；第二个作用就是提高沉积速率。常用的络合剂有柠檬酸铵、氯化铵、酒石酸钾钠、EDTA-2Na 和氨水等。⑥稳定剂：它的作用是吸附或掩蔽镀液中的催化微粒，防止镀液自行分解。常用的稳定剂有 $Pb(Ac)_2$、胱氨酸、硫代乙内酰脲、NaCN 和硫脲等。⑦改良剂：它的作用是改善镀层外观，防止产生针孔，常用的改良剂有 2-乙基己基硫酸钠等。

为了满足市场的需求，我们在化学工业出版社的组织下编写此书，书中收集了近 200 种化学镀液制备实例，详细介绍了产品的原料配比、制备方法、产品用途和特性，旨在为化学镀工业的发展尽点微薄之力。书中水指去离子水。

本书由李东光主编，参加编写的还有翟怀凤、李桂芝、吴宪民、吴慧芳、蒋永波、邢胜利、李嘉。

由于我们水平所限，不妥之处在所难免，读者使用过程中如发现问题请及时指正。主编 E-mail 地址为 ldguang@163.com。

编者

2016.12

目录

CONTENTS

1 镀铜液

化学镀铜液（1）

原料配比

原 料	配 比		
	1#	2#	3#
硫酸铜	10g	15g	12g
酒石酸钾钠	50g	40g	60g
氢氧化钠	10g	8g	14g
甲醛(37%)	10mL	15mL	12mL
亚铁氰化钾	0.08g	0.08g	0.1g
甲醇	40mL	60mL	80mL
水	加至1L	加至1L	加至1L

制备方法 将各组分溶于水，搅拌均匀即可。

原料配伍 本品各组分配比范围为：硫酸铜10～15g、酒石酸钾钠40～60g、氢氧化钠8～14g、甲醛（37%）10～15mL、亚铁氰化钾0.08～0.13g、甲醇40～80mL，水加至1L。

产品应用 本品主要应用于化学镀铜。

本品化学镀铜方法包括两步：首先实现苯胺在陶瓷基片上的自催化聚合。按体积比为1∶20将苯胺缓慢倒入0.6mol/L硫酸溶液中，不停地搅拌直到苯胺全部溶解为止。向烧杯里放入γ-三氧化二铝陶瓷基片即可实现苯胺在陶瓷基片上的自催化聚合。其次是陶瓷基片的直接化学镀铜，采用单络合剂的化学镀铜溶液的方法进行化学镀铜。其实际步骤是：用一块镀好聚苯胺膜的陶瓷基片放入到化学镀铜溶液中，控制温度到28℃左右并用氢氧化钠调节溶液pH值为12.0±0.5。

产品特性 不用钯和铂，直接在陶瓷基片上使苯胺自催化聚合成膜，并在该膜上实现陶瓷的化学镀铜，原料易得，价格低廉。

化学镀铜液(2)

原料配比

原料	配比				
	1#	2#	3#	4#	5#
$CuSO_4$	12g	15g	10g	20g	16g
甲醛	10mL	15mL	12mL	14mL	13mL
酒石酸钾钠	15g	15g	15g	15g	15g
EDTA二钠	25g	25g	25g	25g	25g
NaOH	10g	12g	12g	10g	10g
Na_2CO_3	10g	10g	10g	10g	10g
聚乙二醇-700	0.1g	0.1g	1g	0.1g	0.1g
2,2′-联吡啶	0.02g	0.02g	0.02g	0.02g	0.02g
2-巯基苯并咪唑	0.003g	0.001g	0.001g	0.01g	0.01g
$FeSO_4$	0.1g	1g	1g	0.2g	0.2g
甲醇	10mL	10mL	10mL	10mL	5mL
水	加至1L	加至1L	加至1L	加至1L	加至1L

制备方法 将各组分溶于水，搅拌均匀即可。

原料配伍 本品各组分配比范围为：铜盐5～20g、甲醛5～15mL、络合剂25～65g、pH调节剂8～20g、pH缓冲剂5～20g、聚乙二醇0.05～1g、2,2′-联吡啶0.01～0.06g、2-巯基苯并咪唑0.001～

0.02g、亚铁盐 0.05～1g、甲醇 5～50mL，加水至 1L。

其中，铜盐为本领域技术人员所公知的各种铜盐，其作用是提供可还原的 Cu^{2+}。例如 $CuCl_2$、$Cu(NO_3)_2$、$CuSO_4$，本品优选 $CuSO_4$。

本品中的甲醛为还原剂，甲醛将 Cu^{2+} 还原成 Cu 沉淀下来，自身则被氧化为甲酸。甲醛具有优良的还原性能，可以有选择性地在活化过的基体表面自催化沉积铜。

pH 调节剂的作用是提供一个碱性的反应环境。因为甲醛在碱性条件下的还原效果优良。本品优选 NaOH。

络合剂的作用是防止 Cu^{2+} 在碱性条件下生成 $Cu(OH)_2$ 沉淀。为了使络合效果更好，抑制 $Cu(OH)_2$ 沉淀副反应，本品优选酒石酸钾钠和 EDTA 二钠。

更优选酒石酸钾钠的浓度为 5～25g/L，EDTA 二钠的浓度为 20～40g/L。

pH 缓冲剂的作用是提高反应的持续稳定性，同时可以改善镀层外观。本品优选 Na_2CO_3。

聚乙二醇可以改善塑料基体与溶液的亲和状态，同时通过对工件表面尖锐部位的覆盖来抑制晶粒的无序生长，提高了镀层的平整性与均匀性。本品优选聚乙二醇的平均分子量为 300～1000。

本品采用 2,2′-联吡啶为稳定剂，它能络合溶液中的 Cu^+，而不络合 Cu^{2+}，从而避免 Cu^+ 的相互碰撞生成分子级铜，分子级铜催化性能很高，会引起镀液自发分解。

2-巯基苯并咪唑的作用是：与 2,2′-联吡啶共同吸附铜离子，降低铜离子浓度，提高了镀液的稳定性；与甲醛形成中间态化合物，促进了甲醛的氧化，这样使沉积速率增加了 1 倍左右。2-巯基苯并咪唑和 2,2′-联吡啶的同时使用，使镀层颜色变亮，形貌发生变化。所得镀层是多晶铜，没有发现夹杂 Cu_2O。2-巯基苯并咪唑的优选浓度为 0.003～0.02g/L。

本品中加入亚铁盐的目的是提高镀速，少量的铁与铜共沉积有利于提高铜晶体的排列整齐度，减少氧化亚铜颗粒夹杂，促进了铜沉积的速率与持续性，并使镀层较厚。本品亚铁盐优选 $FeSO_4$。

甲醇可以抑制甲醛的歧化反应，稳定了还原剂浓度，提高了镀液稳定性，改善了镀层外观。其优选浓度为 5～50mL/L。

产品应用 本品主要应用于化学镀铜。

产品特性 本品用于线路板直接金属化的化学镀铜工艺中，镀出的镀层外观色泽亮丽，其中杂质含量很少，并且镀层厚度可以达到 20μm 以上，大大提高了镀层的厚度。本品镀速较快，可达 10μm/h 以上。

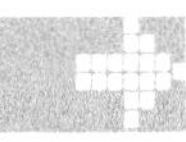

化学镀铜液（3）

原料配比

原料	配比				
	1#	2#	3#	4#	5#
五水硫酸铜	10g	19g	10g	10g	10g
N-甲基吗啉	2g	9g	2g	2g	2g
甲醛	4g	4g	4g	4g	4g
NaOH	13g	13g	13g	13g	13g
酒石酸钾钠	10g	10g	10g	10g	10g
EDTA 二钠	20g	20g	20g	20g	20g
单宁酸	—	0.01g	—	—	—
亚铁氰化钾	0.1g	—	0.1g	0.1g	0.1g
2,2′-联吡啶	0.01g	0.01g	0.01g	0.01g	0.01g
甲醇	50mL	50mL	50mL	50mL	50mL
氯化铵	—	—	0.5g	0.5g	0.5g
硫酸镍	—	—	0.1g	0.1g	0.1g
正辛基硫酸钠	—	—	—	0.01g	—
十二烷基硫酸钠	—	—	—	—	0.01g
水	加至 1L	加至 1L	加至 1L	加至 1L	加至 1L

制备方法 将各组分溶于水，搅拌均匀即可。

原料配伍 本品各组分配比范围为：铜盐 5～20g、*N*-甲基吗啉 0.01～10g、甲醛 1～5g、络合剂 10～100g、稳定剂 0.001～0.1g、甲醇 40～60mL、加速剂 0.001～10g、表面活性剂 0.001～0.1g、pH 调节剂 10～13g，加水至 1L。

所述铜盐选自硫酸铜、氯化铜、硝酸铜中的一种或几种。所述 pH 调节剂选自碳酸钠、氢氧化钠中的一种或几种。

所述络合剂选自柠檬酸、可溶性柠檬酸盐、酒石酸、可溶性酒石酸盐（本例为酒石酸钾钠）、苹果酸、可溶性苹果酸盐、三乙醇胺、六乙醇胺、乙二胺四乙酸、可溶性乙二胺四乙酸盐（本例为 EDTA 二钠）、单宁酸中的两种或两种以上。络合剂与铜离子形成稳定的络合物，在高碱性条件下不会形成氢氧化铜沉淀，也防止铜离子直接跟甲醛反应造成镀液失效。本品采用本领域的技术人员常见的双络合组分或两种以上的络合组分来提高化学镀铜液的稳定性。

除 *N*-甲基吗啉可以起到稳定剂的作用外，本品还采用了本领域的技术人员常见的稳定剂与 *N*-甲基吗啉一起达到提高镀液稳定性的目的。多种稳定剂同时使用，可以利用各稳定剂之间的差异，扬长避短，使稳定效果达到最佳。

所述稳定剂选自 2,2′-联吡啶、亚铁氰化钾、菲咯啉及其衍生物、巯基丁二酸、二硫代二丁二酸、硫脲、巯基苯并噻唑、亚巯基二乙酸中的两种或两种以上。本品的镀液具有高度的稳定性，因此可以在 40～60℃的温度下使用，最佳使用范围是 45～50℃。与现有技术中一般使反应温度在 60℃以上来保证反应的活性相比，本品的反应温度较低，降低了甲醛的挥发、减少了镀液副反应的产生、延长了镀液使用寿命。使用本品，化学镀铜时间可长达 3h 以上不会产生铜粉。所述稳定剂的浓度为 0.001～0.1g/L。

本品中 *N*-甲基吗啉对于镀液具有一定的加速效果。

本化学镀铜液中还含有加速剂，所述加速剂选自氯化铵、硫酸镍、腺嘌呤、苯并三氮唑中的一种或几种。

本化学镀铜液中还含有表面活性剂，所述表面活性剂选自十二烷基苯磺酸钠、十二烷基硫酸钠、正辛基硫酸钠、聚氧化乙烯型表面活性剂中的一种或几种。表面活性剂可提高镀铜层的致密性、减少氢脆现象的产生。优选的表面活性剂为十二烷基硫酸钠，较其他表面活性剂十二烷基硫酸钠可减缓甲醛的挥发。

产品应用 本品主要应用于化学镀铜。

化学镀铜方法是，将待镀件与上述的化学镀铜液直接接触，清洗、干燥得到镀件。

本化学镀铜液的反应温度为30～60℃，接触时间为5～200min。

产品特性 与传统镀铜相比，本品的稳定性有较大提高，且镀速有所提升。按照本品所提供的化学镀铜方法对待镀件进行镀铜，镀铜产品的良率大幅提高，同时化学镀铜的工作效率有所提高，有利于工业化大规模生产。本品也适用于镀厚铜的领域。

化学镀铜液（4）

原料配比

原　料	配比(质量份)		
	1#	2#	3#
五水合硫酸铜	2	3	2
七水合硫酸铁	0.3	0.2	0.5
酒石酸钾钠	4	3	5
次磷酸钠	5	4	6
硫酸铵	0.8	1	1
硫脲	0.01	0.01	0.01
水	加至1000	加至1000	加至1000

制备方法 将各组分溶于水，混合均匀即可。

原料配伍 本品各组分质量份配比范围为：五水合硫酸铜0.8～3、七水合硫酸铁0～0.5、络合剂3～6、次磷酸钠4～6、硫酸铵0.5～1、硫脲0～0.01，水加至1000。

其中，络合剂为酒石酸钾钠。

产品应用 本品主要应用于化学镀铜。

采用硫酸和浓氨水将溶液pH值调制为11～13，然后取一塑料板样品并将其粗化活化，水洗后再将其于室温下置于上述化学镀铜溶液中浸泡10min，镀铜完全后水洗，再浸渍于酸性溶液中进行导电化处理3min，再次水洗后则进行化学镀镍铜磷合金，最后所得到的表面膜层可以通过8h的盐雾实验，且其电阻和附着力皆可达到工业标准。

产品特性 本品采用次磷酸钠作为还原剂，避免了采用甲醛所带来的环境污染，且采用酒石酸钾钠为络合剂以降低成本，另外配方稳定性较高，便于管控，且成本较低。

化学镀铜液（5）

原料配比

原料	配比(质量份)		
	1#	2#	3#
五水合硫酸铜	10	3	12
七水合硫酸镍	1.75	1.105	5.25
乙二胺四乙酸二钠	22.3	26.1	29.8
一水合次磷酸钠	34	21.25	42.5
二甲氨基甲硼烷	0.48	0.29	0.51
硫脲	0.001	—	0.002
蒸馏水	加至1000	加至1000	加至1000

制备方法 用蒸馏水将质量浓度为10%的二甲氨基甲硼烷水溶液稀释成质量浓度为1%的二甲氨基甲硼烷水溶液。用硫脲和蒸馏水按常规方法配制成浓度为0.013mol/L的硫脲水溶液。用量筒量取蒸馏水倒入高脚烧杯中，分别称取五水合硫酸铜、七水合硫酸镍、乙二胺四乙酸二钠，倒入烧杯中，用磁力搅拌器搅拌使其完全溶解，向溶液中加入一水合次磷酸钠，搅拌使其完全溶解，用移液管分别移取质量浓度为1%的二甲氨基甲硼烷水溶液和浓度为0.013mol/L的硫脲水溶液，加入到溶液中，搅拌均匀，用质量浓度为25%的氨水调节pH值至9，用蒸馏水定容至1000mL，制备成次磷酸钠乙二胺四乙酸二钠体系化学镀铜溶液。

原料配伍 本品各组分质量份配比范围为：无机二价铜盐3～12、七水合硫酸镍1.105～5.25、乙二胺四乙酸二钠22.3～29.8、一水合次磷酸钠 21.25～42.5、二甲氨基甲硼烷 0.29～0.51、添加剂 0～0.002，蒸馏水加至 1000。

所述无机二价铜盐为五水合硫酸铜或二水合氯化铜。

所述添加剂为硫脲或三水合亚铁氰化钾。

产品应用 本品主要应用于化学镀铜。

产品特性 次磷酸钠乙二胺四乙酸二钠体系化学镀铜溶液，以二甲氨基甲硼烷作为辅助还原剂，加快了反应速率；以乙二胺四乙酸二钠（Na_2EDTA）作为络合剂，提高了镀液的稳定性；以硫脲作为添加剂，使铜的晶粒细化从而使铜层质量得到明显改善。所制备的次磷酸钠乙二胺四乙酸二钠体系化学镀铜溶液是以次磷酸钠、二甲氨基甲硼烷为还原剂的镀铜体系代替了传统的甲醛镀铜体系，大大减小了对环境的污染，对环境保护起到重要作用。在次磷酸钠体系中以乙二胺四乙酸二钠代替传统柠檬酸钠做络合剂，不仅使镀层结晶度得到了改善，也使镀液稳定性得到了提高。

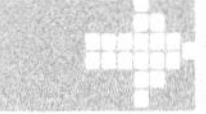

化学镀铜液（6）

原料配比

原料	配比(质量份)		
	1#	2#	3#
二水合氯化铜	8	6	5
乙二胺四乙酸二钠	30	20	8
酒石酸钾钠	12	10	8
香草醛	3	2	1
氢氧化钠	15	14	10
甲醛	4	3.5	5.5
亚铁氰化钾	0.01	0.008	0.11
联吡啶	0.01	0.008	0.0009
十二烷基硫酸钠	0.01	0.008	0.11
水	加至 1000	加至 1000	加至 1000

制备方法 先将氯化铜、香草醛、络合剂、稳定剂、还原剂和表面活性剂分别溶于水制备各自的水溶液，然后将氯化铜水溶液与络合剂水溶液先混合，再与其他水溶液混合，加入pH调节剂混合均匀，即得到所述化学镀铜液。

原料配伍 本品各组分质量份配比范围为：二水合氯化铜5～10、香草醛1～5、乙二胺四乙酸二钠8～40、酒石酸钾钠8～40、亚铁氰化钾0.001～0.15、联吡啶0.0009～0.1、甲醛1～6、十二烷基硫酸钠0.001～0.12、氢氧化钠5～20，水加至1000。

氯化铜用作化学镀铜的主盐，提供Cu^{2+}，使其与还原剂反应生成单质Cu并沉积于待镀工件表面，形成铜镀层。现有技术中一般是采用硫酸铜作为化学镀铜的主盐。但是硫酸铜中硫酸根含量过高，会在待镀工件表面产生一层硫酸盐的膜，阻止化学镀铜反应的继续进行，并会造成待镀工件的氧化。氯化铜具有强的渗透性，不会产生任何阻止化学镀铜反应进行的膜层，从而有效地保证了化学镀铜反应的平稳持续进行。另外，氯化铜还能与香草醛反应生成一种极易吸附于铜层表面的配合物，从而防止镀层表面被氧化，而硫酸铜则不能起到该作用。优选情况下，本产品中的氯化铜采用二水合氯化铜，但不局限于此。

络合剂的作用是防止Cu^{2+}在碱性条件下生成$Cu(OH)_2$沉淀，其能与Cu^{2+}形成稳定的络合物，即使在高碱性条件下也不会形成$Cu(OH)_2$沉淀，同时还能防止铜离子直接与甲醛反应造成镀液失效。络合剂可采用现有技术中常用的各种络合剂，例如可以选自乙二胺四乙酸、可溶性乙二胺四乙酸盐、酒石酸钾钠中的两种或两种以上。本产品通常采用双络合组分来提高化学镀铜液的稳定性。更优选情况下，所述络合剂采用酒石酸钾钠和乙二胺四乙酸二钠的混合物。最优选情况下，乙二胺四乙酸二钠的含量为8～40g/L，酒石酸钾钠的含量为8～40g/L。

稳定剂用于提高镀液的稳定性。稳定剂可采用现有技术中常用的各种稳定剂。各稳定剂之间的差异较大，本产品中采用多种稳定剂同时使用，扬长避短，从而使本产品提供的化学镀铜液的稳定效果达到最佳，保证本产品提供的化学镀铜液与现有技术相比稳定性得到最大幅度提高。优选情况下，稳定剂中选自亚铁氰化钾、联吡啶中的至少一种，更优选含有亚铁氰化钾和联吡啶。进一步优选时，所述化学镀铜液中，亚铁氰化钾的含量为0.001～0.15g/L，联吡啶的含量为0.0009～0.1g/L。

还原剂为甲醛。甲醛与Cu^{2+}反应使其生成Cu原子沉淀下来，自身被氧化为甲酸。甲醛具有优良的还原性能，可以有选择性地在活化过的基体表面自催化沉积铜。

表面活性剂为现有技术中常用的各种表面活性剂，例如可以采用十二烷基硫酸钠，但不局限于此。本产品的产品人发现，十二烷基硫酸钠较其他表面活性剂可减缓甲醛的挥发，提高镀层质量。更优选情况下，化学镀铜液中，十二烷基硫酸钠的含量为0.001～0.12g/L。

化学镀铜液中还含有pH调节剂，用于保证本化学镀铜液为碱性镀铜液，为化学镀铜提供一个碱性环境，因为作为还原剂的甲醛在碱性条件下还原效果最佳。pH调节剂采用现有技术中常用的各种碱性物质，例如可以采用氢氧化钠或氢氧化钾，优选为氢氧化钠。更优选情况下，本化学镀铜液中，氢氧化钠的含量为5～20g/L。

产品应用 本品主要用于化学镀铜。

产品特性 本产品采用渗透性强的氯化铜提供二价铜离子，作为沉积铜来源，同时镀液中含有香草醛，会吸附于待镀工件表面且不影响化学镀铜反应的进行，其一方面可用作还原剂，促进化学镀铜的反应进行，另一方面能与氯化铜形成配合物，并吸附于铜层表面，使得氧气无法与刚沉积的铜原子接触而有效地避免了镀层被氧化，从而保证镀层质量。

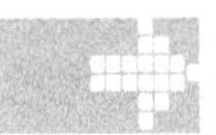

化学镀铜液(7)

原料配比

原料		配比(质量份)			
		1#	2#	3#	4#
铜盐	五水硫酸铜	10	—	—	20
	二水氯化铜	—	10	7	—

续表

原料		配比(质量份)			
		1#	2#	3#	4#
络合剂	三乙醇胺	20	25	30	10
	EDTA 二钠	—	—	—	—
	柠檬酸钠	10	12	20	5
	酒石酸钾钠	—	—	—	—
	氨基磺酸	5	6	15	3
还原剂	乙醛酸	3	3.5	5	1
	咪唑喹啉酸	0.003	0.002	0.015	0.001
表面活性剂	十二烷基苯磺酸钠	0.005	—	—	0.1
	十二烷基硫酸钠	—	0.006	0.001	—
稳定剂	亚铁氰化钾	0.01	0.015	0.1	0.001
	联吡啶	0.005	0.007	0.1	0.001
pH 调节剂	氢氧化钠	10	15	15	5
水		加至 1000	加至 1000	加至 1000	加至 1000

制备方法 先将铜盐、络合剂、稳定剂、还原剂、表面活性剂、咪唑喹啉酸分别溶于水制备各自的水溶液，然后将铜盐水溶液与络合剂水溶液先混合，再与其他水溶液混合，最后加入 pH 调节剂混合均匀。即得到化学镀铜液。

原料配伍 化学镀铜液中含有铜盐、络合剂、稳定剂、还原剂、表面活性剂和 pH 调节剂，还含有咪唑喹啉酸。

其中，铜盐为化学镀铜的主盐，用于提供 Cu^{2+}，可与还原剂反应生成单质 Cu 并沉积于待镀工件表面，形成铜镀层。本产品中的铜盐可采用现有技术中常用的硫酸铜、氯化铜或硝酸铜，没有特殊限定。其中，硫酸铜可采用五水硫酸铜，但不局限于此。所述铜盐的含量在本领域的常用范围内即可，例如，可为 7～20g/L，但不局限于此。本产品中的还原剂为乙醛酸，其与 Cu^{2+} 反应还原出 Cu。

咪唑喹啉酸的含量可根据镀液中铜盐和还原剂的含量进行适应性选择。优选情况下，本化学镀铜液中，铜盐的含量为 7～20g/L，还原剂的含量为 1～5g/L，咪唑喹啉酸的含量为 0.001～0.015g/L。

络合剂的作用是防止 Cu^{2+} 在碱性条件下生成 $Cu(OH)_2$ 沉淀，其能与 Cu^{2+} 形成稳定的络合物，即使在高碱性条件下也不会形成 $Cu(OH)_2$ 沉淀，同时还能防止铜离子直接与还原剂反应造成镀液失效。所述络合剂可采用现有技术中常用的各种络合剂，例如可以选自乙二胺四乙酸、可溶性乙二胺四乙酸盐、酒石酸钾钠中的两种或两种以上。

在本化学镀铜液中采用三络合剂体系，同时配合使用咪唑喹啉酸，使得本化学镀铜液不仅可以在低温下使用，同时使其稳定性得到提高，活性更强，还能控制镀铜反应的进行。具体地，所述三络合剂体系为三乙醇胺、柠檬酸与氨基磺酸的混合物。更优选情况下，本化学镀铜液中，三乙醇胺的含量为 10～30g/L，柠檬酸钠的含量为 5～20g/L，氨基磺酸的含量为 3～15g/L。

稳定剂用于提高镀液的稳定性。所述稳定剂可采用现有技术中常用的各种稳定剂。各稳定剂之间的差异较大，本产品中采用多种稳定剂同时使用，扬长避短，从而使本化学镀铜液的稳定效果达到最佳，保证本化学镀铜液与现有技术相比稳定性得到最大幅度提高。优选情况下，所述稳定剂选自亚铁氰化钾、联吡啶中的至少一种，更优选同时含有亚铁氰化钾和联吡啶。本化学镀铜液中，亚铁氰化钾的含量为 0.001～0.1g/L，联吡啶的含量为 0.001～0.1g/L。

所述表面活性剂为现有技术中常用的各种表面活性剂，例如可以采用十二烷基硫酸钠或十二烷基苯磺酸钠，其可减缓乙醛酸的挥发，提高镀层质量，但不局限于此。更优选情况下，本化学镀铜液中，表面活性剂的含量为 0.001～0.1g/L。

本化学镀铜液中还含有 pH 调节剂，用于保证本化学镀铜液为碱性镀铜液，为化学镀铜提供一个碱性环境，保证还原剂乙醛酸在碱性条件下的最佳还原效果。所述 pH 调节剂可采用现有技术中常用的各种碱性物质，例如可以采用氢氧化钠或氢氧化钾，优选为氢氧化钠。更优选情况下，本化学镀铜液中，pH 调节剂的含量为 5～15g/L。

产品应用 本品主要用于化学镀铜。

化学镀铜方法是，将 LDS 注塑件先用激光辐射，然后浸渍于本化学镀铜液中，在 LDS 注塑件表面形成金属铜层。所述 LDS 注塑件为本领域技术人员所公知，即在塑料中添加非导电性有机金属复合物成型得到的注塑件。

产品特性 本产品通过在常用的化学镀铜液中新增咪唑喹啉酸，能有效改善镀液的活性和稳定性，降低铜盐在催化介质中沉积的反应电位，从而解决乙醛酸类化学镀液活性不足的问题，同时还能保证镀液长时间的稳定性。本产品尤其适用于LDS镀铜工艺，且镀速快，适用于低温（35～45℃）化学镀铜。

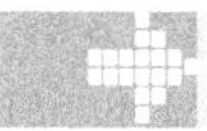

化学镀铜液(8)

原料配比

原　料	配比(质量份)			
	1#	2#	3#	4#
五水硫酸铜	15	10	7	17
柠檬酸钠	28	25	10	30
三乙醇胺	15	12	5	20
甘油	10	8	1	15
甲醛	4	3.5	3	4
苯并三氮唑	0.01	0.007	0.001	0.1
氢氧化钠	10	11	10	11
十二烷基硫酸钠	0.011	0.01	0.01	0.01
亚铁氰化钾	0.01	0.01	0.01	0.01
联吡啶	0.01	0.01	0.01	0.01
水	加至1000	加至1000	加至1000	加至1000

制备方法 将各组分混合均匀即可。

原料配伍 本化学镀铜液为含有铜盐、络合剂、还原剂、稳定剂、促进剂和pH调节剂的水溶液。其中，络合剂包括主络合剂和副络合剂，主络合剂为柠檬酸盐，副络合剂为三乙醇胺与甘油的混合物；还原剂为甲醛；促进剂为苯并三氮唑。

所述副络合剂中，三乙醇胺与甘油的质量比为0.05～5时，化学镀铜液的活性更高，稳定性良好，得到的镀层质量更佳。更优选情况下，副络合剂中，三乙醇胺与甘油的质量比为1～5。

本产品中，柠檬酸盐的含量为10～30g/L，三乙醇胺的含量为5～20g/L，甘油的含量为1～15g/L。

所述铜盐为化学镀铜的主盐，用于提供二价铜离子，后续被还原剂还原形成金属铜，并沉积于待镀件表面，形成化学镀铜层。所述铜盐为现有技术中常用的各种水溶性铜盐，包括但不局限于五水硫酸铜、无水硫酸铜、氯化铜、硝酸铜中的任意一种。本化学镀铜液中，铜盐的含量在本领域的常用范围内即可，例如可以为5～20g/L，但不局限于此。

还原剂为甲醛，其含量在现有的甲醛还原体系化学镀铜液的常用范围内即可，没有特殊限定。例如，本化学镀铜液中，还原剂的含量为1～5g/L。

促进剂为苯并三氮唑，其能加快沉铜反应的速率。本产品中，促进剂（即苯并三氮唑）的含量为0.001～0.1g/L。

稳定剂为化学镀铜液中常见的各种稳定剂，例如可以选自亚铁氰化钾、联吡啶、甲醇中的一种或多种。作为本产品的一种优选实施方式，所述稳定剂为亚铁氰化钾与联吡啶的混合物。更优选情况下，本化学镀铜液中，亚铁氰化钾的含量为0.001～0.1g/L，联吡啶的含量为0.001～0.01g/L。

pH调节剂，用于调节镀液的pH值，其可以选自碳酸钠、氢氧化钠、硼酸中的一种或多种。优选情况下，本化学镀铜液中，pH调节剂的含量为5～15g/L。

本化学镀铜液中还含有表面活性剂。表面活性剂能减少还原剂甲醛的挥发，一方面保证化学镀铜液组分的稳定性，从而保证其使用寿命，另一方面可避免甲醛的挥发影响镀层的致密度，保证镀层质量。所述表面活性剂选自十二烷基苯磺酸钠、十二烷基硫酸钠、正辛基硫酸钠、聚氧化乙烯型表面活性剂中的一种或多种。优选情况下，本化学镀铜液中，表面活性剂的含量为0.001～0.1g/L。

产品应用 本品主要用于化学镀铜。

化学镀铜方法：将待镀工件与化学镀铜液直接接触，清洗干燥后得到镀件。其中，所述化学镀铜液为本产品提供的化学镀铜液。

化学镀铜过程中，本化学镀铜液的温度以及接触的时间可根据所需镀铜层的厚度进行适当选择。优选情况下，本化学镀铜液使用时的温度为 30～50℃，接触时间为 5～200min。

产品特性

(1) 本产品以甲醛为还原剂，能形成厚铜镀层；采用价格便宜的柠檬酸盐作为主络合剂，同时配合采用三乙醇胺、甘油作为副络合剂，可提高镀液的活性；采用苯并三氮唑作为加速剂，能提高化学镀铜时的沉铜速率。

(2) 本产品中，主络合剂与副络合剂的质量比为 0.8～4 时，化学镀铜液的活性较高，稳定性良好，铜层质量较好。

(3) 采用本产品进行化学镀铜时，能较快速、稳定地得到铜镀层，且镀层质量良好。

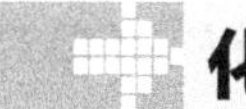

化学镀铜液(9)

原料配比

原　料	配比(质量份)
硫酸铜	250
硫酸	60
无水乙醇	50
水	加至 1000

制备方法 取硫酸铜，将硫酸铜溶入 60℃热水并滤入槽中，冷却到室温后，搅拌的同时加入一定量的硫酸，然后加入无水乙醇，向槽中倒入工作所需量的自来水，用搅拌器搅拌电解液。

原料配伍 本品各组分质量份配比范围为：硫酸铜 240～260、硫酸 59～61、无水乙醇 49～51，水加至 1000。

产品应用 本品主要应用于化学镀铜。

一种行波管用螺旋线的化学镀铜方法：将阳极放入电镀液内，将螺旋线放入电镀液并连接电源的阴极；对螺旋线进行闪镀，闪镀的电流密度为 6～8A/dm^2，时间保持 2～3s；对闪镀后的螺旋线进行电镀，电镀的电流密度为 1～1.5A/dm^2，保持 6～10min；对电镀后的螺旋线进行反电镀（电抛光），反电镀的电流密度为0.8～1A/dm²，保持30～40s；将螺旋线取出、清洗。

产品特性 对螺旋线先进行闪镀处理，闪镀的大电流冲击螺旋线材料，使其表面得到活化氢的冲击，活化了表面，同时便于镀层的沉积；然后将电流逐步降低到电镀的正常电流，经过一定的时间后，镀层达到所需的尺寸，再将电镀电源的电极转换为反相，使螺旋线的电极为由阴极变为阳极，对螺旋线表面进行电抛光，使电镀表面光洁度变好、亮度变亮。使用本品行波管用螺旋线化学镀铜方法，化学镀的螺旋线表面镀层质量好，光亮无明显缺陷；镀层均匀性好，内外表面一致性好，附着力强，经过烧结后可满足行波管的使用要求。

电镀后的螺旋线，可以提高输出功率和增益，应用在X波段某机械行波管中，平均输出功率从80W提高到100W，增益从35dB提高到40dB。

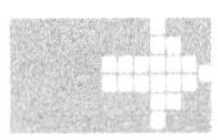

化学镀铜液（10）

原料配比

原料	配比(质量份)		
	1#	2#	3#
五水硫酸铜	15	10	5
乙二胺四乙酸二钠	25	22	10
酒石酸钾钠	15	12	10
端羟基聚氧化丙烯醚	20	15	4.5
三硫-异硫脲-丙磺酸钠盐	0.01	0.005	0.001
氢氧化钠	12	10	5
甲醛	4	3.5	1.5
亚铁氰化钾	0.01	0.008	0.11
联吡啶	0.01	0.008	0.0009
十二烷基硫酸钠	0.01	0.008	0.11
水	加至1000	加至1000	加至1000

制备方法 先将铜盐、络合剂、稳定剂、还原剂、表面活性

剂、端羟基聚氧化丙烯醚和三硫-异硫脲-丙磺酸钠盐分别溶于水制备各自的水溶液，然后将铜盐水溶液与络合剂水溶液先混合，再与其他水溶液混合，最后加入 pH 调节剂氢氧化钠，即得到所述化学镀铜液。

原料配伍 本品各组分质量份配比范围为：五水硫酸铜 5～20、乙二胺四乙酸二钠 10～40、酒石酸钾钠 10～40、端羟基聚氧化丙烯醚 5～30、三硫-异硫脲-丙磺酸钠盐 0.001～0.05、亚铁氰化钾 0.001～0.15、联吡啶 0.0005～0.1、甲醛 1～5、十二烷基硫酸钠 0.0005～0.1、氢氧化钠 5～20，水加至 1000。

铜盐为化学镀铜的主盐，用于提供 Cu^{2+}，可与还原剂反应生成单质 Cu 并沉积于待镀工件表面，形成铜镀层。优选情况下，本产品中的铜盐可采用现有技术中常用的硫酸铜、氯化铜或硝酸铜，没有特殊限定。其中，硫酸铜可采用五水硫酸铜，但不局限于此。所述铜盐的含量在本领域的常用范围内即可，例如，可为 5～20g/L，但不局限于此。

络合剂可采用现有技术中常用的各种络合剂，例如可以选自乙二胺四乙酸、可溶性乙二胺四乙酸盐、酒石酸钾钠中的两种或两种以上。本产品通常采用双络合组分来提高化学镀铜液的稳定性。优选情况下，所述络合剂采用酒石酸钾钠和乙二胺四乙酸二钠的混合物。最优选情况下，乙二胺四乙酸二钠的含量为 10～40g/L，酒石酸钾钠的含量为 10～40g/L。

稳定剂用于提高镀液的稳定性，可采用现有技术中常用的各种稳定剂。各稳定剂之间的差异较大，本产品中可采用多种稳定剂，扬长避短，从而使本产品提供的化学镀铜液的稳定效果达到最佳，保证本产品与现有技术相比稳定性得到最大幅度提高。优选情况下，所述稳定剂选自亚铁氰化钾、联吡啶中的至少一种，更优选亚铁氰化钾和联吡啶。进一步优选时，化学镀铜液中，亚铁氰化钾的含量为 0.001～0.1g/L，联吡啶的含量为 0.001～0.1g/L。

还原剂为甲醛。甲醛与 Cu^{2+} 反应还原出的 Cu 沉淀下来，自身被氧化为甲酸。甲醛具有优良的还原性能，可以选择性地在活化过的基体表面自催化沉积铜。

表面活性剂为现有技术中常用的各种表面活性剂，例如可以采用十二烷基硫酸钠，但不局限于此。十二烷基硫酸钠较其他表面活性剂可减缓甲醛的挥发，提高镀层质量。更优选情况下，化学镀铜液中，十二烷基硫酸钠的含量为 0.001～0.1g/L。

化学镀铜液中还含有pH调节剂，用于保证本产品的化学镀铜液为碱性镀铜液，为化学镀铜提供一个碱性环境，因为作为还原剂的甲醛在碱性条件下还原效果最佳。所述pH调节剂采用现有技术中常用的各种碱性物质，例如可以采用氢氧化钠或氢氧化钾，优选为氢氧化钠。更优选情况下，所述化学镀铜液中，氢氧化钠的含量为5～20g/L。

产品应用 本品主要用于化学镀铜。

产品特性 本产品通过在常用的化学镀铜液中新增端羟基聚氧化丙烯醚和三硫-异硫脲-丙磺酸钠盐，能有效改善镀液的活性和稳定性，能起到化学反应桥梁的作用，加速电子的转移，从而加强工件的催化活性；络合剂的作用是防止Cu^{2+}在碱性条件下生成$Cu(OH)_2$沉淀，其能与Cu^{2+}形成稳定的络合物，即使在高碱性条件下也不会形成$Cu(OH)_2$沉淀，同时还能防止铜直接与甲醛反应造成镀液失效。其中端羟基聚氧化丙烯醚能屏蔽镀液中的杂质离子，抑制一价铜离子副反应的发生，同时也可以包裹溶液中产生的铜颗粒阻止其继续反应变大，保证镀层质量；三硫-异硫脲-丙磺酸钠盐可以抑制镀铜过程中的各种副反应，保证镀液的长时间稳定性。

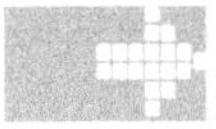

化学镀铜液(11)

原料配比

原　料	配比(质量份)				
	1#	2#	3#	4#	5#
五水硫酸铜	15	7	—	16	8
硝酸铜	—	—	10	—	—
EDTA	—	10	—	—	—
EDTA二钠	30	—	42	40	20
氢氧化钠	16	—	21	5	12
腺嘌呤	0.005	0.001	0.012	0.01	0.007
氰化镍钾	0.005	0.001	0.01	0.012	0.008
甲醛	4	1	6	5	3
酒石酸钾钠	—	20	10	40	8

续表

原料	配比(质量份)				
	1#	2#	3#	4#	5#
亚铁氰化钾	0.005	0.003	0.02	0.02	—
联吡啶	0.005	0.003	—	0.01	0.005
十二烷基硫酸钠	—	0.005	0.001	0.1	—
十二烷基苯磺酸钠	—	0.005	—	—	0.12
碳酸钠	—	20	—	—	
水	加至1000	加至1000	加至1000	加至1000	加至1000

制备方法 先将各组分分别用水溶解，然后将溶解后的铜盐与络合剂的水溶液混合，再加入pH调节剂的水溶液，搅拌后加入其他组分即可得到化学镀铜液。

原料配伍 本品包括铜盐、络合剂、pH调节剂、还原剂、腺嘌呤和氰化镍钾。其中铜盐5～20g/L，EDTA（二钠）10～50g/L，氢氧化钠0～25g/L，甲醛1～7g/L，联吡啶0～0.02g/L，亚铁氰化钾0～0.05g/L，腺嘌呤0.0005～0.02g/L，氰化镍钾0.003～0.015g/L。其中，所述络合剂包括EDTA，所述还原剂为甲醛。

铜盐为化学镀铜的主盐，用于提供二价铜离子，后续被还原剂还原形成金属铜，并沉积于待镀件表面，形成化学镀铜层。所述铜盐为现有技术中常用的各种水溶性铜盐，包括但不局限于五水硫酸铜、无水硫酸铜、氯化铜、硝酸铜中的任意一种。

还原剂为甲醛，其含量在现有的甲醛还原体系化学镀铜液的常用范围内即可，本产品没有特殊限定。例如，所述化学镀铜液中，还原剂的含量为1～5g/L。

稳定剂为化学镀铜液中常见的各种稳定剂，例如可以选自亚铁氰化钾、联吡啶、甲醇中的一种或多种。作为本产品的一种优选实施方式，所述稳定剂为亚铁氰化钾与联吡啶的混合物。更优选情况下，所述稳定剂为亚铁氰化钾和联吡啶。所述化学镀铜液中，亚铁氰化钾的含量为0.001～0.1g/L，联吡啶的含量为0.001～0.025g/L。

pH调节剂，用于调节镀液的pH值，其可以选自碳酸钠、氢氧化钠、硼酸中的一种或多种。优选情况下，所述化学镀铜液中，pH

调节剂的含量为5～20g/L。

化学镀铜液中的络合剂还包括酒石酸钾钠，它能与铜离子形成稳定的络合物，在高碱性条件下避免形成氢氧化铜沉淀，也防止铜直接与甲醛反应造成镀液失效，同时有利于控制镀铜反应的进行。

化学镀铜液中还含有表面活性剂。表面活性剂能减少还原剂甲醛的挥发，一方面保证化学镀铜液组分稳定性，保证其使用寿命，另一方面可避免甲醛挥发过程中影响镀层的致密度，保证镀层质量。所述表面活性剂选自十二烷基苯磺酸钠、十二烷基硫酸钠、正辛基硫酸钠、聚氧化乙烯型表面活性剂中的一种或多种。优选情况下，所述化学镀铜液中，表面活性剂的含量为0.001～0.1g/L。

产品应用 本品主要用于化学镀铜

化学镀铜方法：将待镀工件与化学镀铜液直接接触，清洗干燥后得到镀件。其中，所述化学镀铜液为本产品提供的化学镀铜液。所述化学镀铜液的温度为45～55℃，所述接触时间为60～300min。

产品特性

(1) 本产品通过加入腺嘌呤和氰化镍钾，反应过程中，二者吸附在工件表面控制镀层上的沉铜反应，二者发生协同作用从而大大地提高了镀层的韧性，增加了镀层的耐冷热冲击时间以及弯曲试验次数。腺嘌呤在本产品中，有利于控制镀铜层的生长结晶方式，降低氧化铜在镀层的残留比例。氰化镍钾与腺嘌呤在本产品公开的化学镀铜液中协同作用控制镀铜层的生长结晶方式，降低镀层氢离子的残留，降低氧化铜在镀层的残留比例，从而提高了镀层的纯度。

(2) 采用本产品进行化学镀铜时，能有效地提高镀层的延展性和韧性。

化学镀铜液(12)

原料配比

原料		配比(质量份)			
		1#	2#	3#	4#
铜盐	五水硫酸铜	7	7	7	18

续表

原料		配比(质量份)			
		1#	2#	3#	4#
络合剂	三乙醇胺	12	12	12	30
	乙二胺	—	1.5	1.5	—
	柠檬酸钠	10	10	10	18
镍盐	硫酸镍	0.6	0.6	0.6	2.5
次磷酸钠		32	32	32	16
稳定剂	4-氰基吡啶	0.003	0.003	0.003	0.01
	2-氨基吡啶	0.002	0.002	0.002	0.01
	亚铁氰化钾	—	0.005	0.005	—
表面活性剂	十二烷基苯磺酸钠	—	—	0.003	—
加速剂	氯化铵	—	—	1	—
pH 调节剂	NaOH	8	8	8	5
水		加至 1000	加至 1000	加至 1000	加至 1000

制备方法 将各组分混合均匀即可。

原料配伍 本品各组分质量份配比范围为：铜盐 5～20，镍盐 0.01～3，次磷酸钠 15～40、络合剂 10～100、稳定剂 0.001～0.02、pH 调节剂 5～15，水加至 1000。所述化学镀铜液的 pH 值为 8～11。

铜盐选自硫酸铜、氯化铜、硝酸铜中的一种或几种；所述镍盐选自硫酸镍、氯化镍中的一种或几种；pH 调节剂选自碳酸钠、氢氧化钠、硼酸中的一种或几种。

络合剂包括三乙醇胺、柠檬酸盐、柠檬酸、酒石酸、乙二胺、可溶性酒石酸盐、苹果酸、可溶性苹果酸盐、六乙醇胺、乙二胺四乙酸、可溶性乙二胺四乙酸盐中的至少一种。络合剂与铜离子形成稳定的络合物，在高碱性条件下不会形成氢氧化铜沉淀。本产品采用含有三乙醇胺、柠檬酸盐和乙二胺的至少两个络合组分来提高化学镀铜液的稳定性。

稳定剂含有 2-氨基吡啶、4-氰基吡啶、亚铁氰化钾、巯基丁二酸、二硫代二丁二酸、硫脲、巯基苯并噻唑、亚巯基二乙酸中的两种或两种以上。

化学镀铜液中还含有加速剂，加速剂选自氯化铵、腺嘌呤、苯并三氮唑中的一种或几种。所述加速剂的含量为1～10000mg/L。

表面活性剂可提高镀铜层的致密性，减少氢脆现象的产生。优选地，所述化学镀铜液中还含有表面活性剂，所述表面活性剂选自十二烷基苯磺酸钠、十二烷基硫酸钠、正辛基硫酸钠、聚氧化乙烯型表面活性剂中的其中一种或几种。所述表面活性剂的含量为1～100mg/L。

产品应用 本品主要用于化学镀铜。

化学镀铜方法：将化学镀铜待镀件与所述的化学镀铜液直接接触，清洗、干燥得到镀件。所述化学镀铜待镀件为本领域的技术人员公知的待镀件，即该待镀件已经经过本领域的技术人员公知的前处理，已经适宜与化学镀铜液接触镀铜。所述的前处理可以为除油、粗化、活化等。化学镀铜液的温度为30～50℃，接触时间为5～200min。

产品特性 以次磷酸钠为还原剂的化学镀液，以三乙醇胺为主络合剂，柠檬酸盐、乙二胺为副络合剂，配合镍盐作为加速剂，稳定剂中含有2-氨基吡啶和4-氰基吡啶，可以使镀层厚度达到3～7μm，大大提高了传统技术的最大厚度。

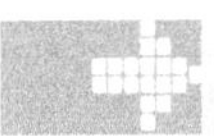

化学镀铜液(13)

原料配比

原料		配比(质量份)						
		1#	2#	3#	4#	5#	6#	7#
铜盐	硫酸铜	15	15	15	15	—	—	20
	氯化铜	—	—	—	—	10	—	—
	硝酸铜	—	—	—	—	—	5	—
络合剂	乙二胺四乙酸钠	30	30	30	30	—	—	10
	柠檬酸钠	—	—	—	—	30	—	—
	三乙醇胺	—	—	—	—	—	25	—
	酒石酸钾钠	12	12	12	12	—	25	5
催化剂	氯化铵	—	—	—	—	0.01	—	—
	硫酸镍	—	0.5	—	0.5	—	0.6	0.5
	盐酸亚胺脲	—	—	—	—	—	0.4	—

续表

原料		配比(质量份)						
		1#	2#	3#	4#	5#	6#	7#
pH调节剂	氢氧化钠	15	15	15	15	—	—	12
	氢氧化钾	—	—	—	—	14	—	—
	碳酸钠	—	—	—	—	—	10	—
表面活性剂	聚乙二醇	—	—	—	—	—	0.01	—
	十二烷基硫酸钠	—	—	0.005	0.005	—	—	0.05
	十二烷基苯磺酸钠	—	—	—	—	0.001	—	—
稳定剂	二巯基苯并噻唑	—	—	—	—	0.001	—	—
	亚铁氰化钾	0.01	0.01	0.01	0.01	—	—	0.005
	联吡啶	0.01	0.01	0.01	0.01	—	—	—
	硫脲	—	—	—	—	—	0.001	—
硅酸钠		1	1	1	1	0.5	2	0.1
还原剂	甲醛	3	3	3	3	—	—	4
	水合肼	—	—	—	—	2	—	—
	次磷酸钠	—	—	—	—	—	5	—
水		加至1000	加至1000	加至1000	加至1000	加至1000	加至1000	加至1000

制备方法 先把各组分分别用水溶解，然后把溶解后的铜盐与络合剂的水溶液混合，然后加入氢氧化钠，搅拌2min后加入其他组分即可。

原料配伍 本品各组分质量份配比范围为：铜盐5～20、络合剂15～50、稳定剂0.001～0.1、还原剂2～5、pH调节剂10～15、硅酸钠0.1～2，水加至1000。

铜盐为主盐，提供可以被还原的二价铜离子。铜盐为本领域技术人员所公知的各种铜盐，例如可以选自硫酸铜、氯化铜和硝酸铜中的至少一种。

络合剂可以与镀铜液中的铜离子形成稳定的络合物，防止铜离子在碱性条件下形成氢氧化铜沉淀，也防止铜与还原剂反应造成镀铜液失效，并且络合剂的加入可以控制镀铜反应的速率。所述络合剂可以为现有技术中常用的络合剂，如可以选自乙二胺四乙酸钠、酒石酸钾、酒石酸钠、酒石酸钾钠、三乙醇胺和柠檬酸钠中的至少一种。

由于反应中的副反应有亚铜离子生成，而亚铜离子很容易歧化反应为铜，铜会使镀铜液发生自分解反应，使镀铜液不稳定，而稳定剂即起着与亚铜离子形成络合物，阻止其歧化反应为铜，提供镀液稳定性的作用。所述稳定剂为本领域技术人员公知的能够与亚铜离了形成稳定络合物的物质，例如可以选自亚铁氰化钾、联吡啶、甲醇、二巯基苯并噻唑和硫脲中的至少一种。

还原剂的作用是使镀铜液中的二价铜被还原为铜沉淀在基材表面。还原剂为甲醛、次磷酸钠、氨基硼烷和水合肼中的至少一种。铜盐在次磷酸钠中不能直接被还原，所以如果还原剂是次磷酸钠，那么就一定含有硫酸镍催化剂。

pH 调节剂为氢氧化钠、氢氧化钾和无水碳酸钠中的至少一种。

该化学镀铜液还包括催化剂，以该化学镀铜液的总质量为基准，所述催化剂的含量为 0.01～1g/L。优选地，所述催化剂为硫酸镍、氯化铵和盐酸亚胺脲中的至少一种。镍盐可以提高镀液的活性，会与铜共沉积在基材表面，同时催化下一个镀铜反应，同时又溶解到镀液中去，基本不会消耗，由于镍的催化效果比铜要高，所以加速了沉铜反应的速率。氯化铵和盐酸亚胺脲可以提供电子转移的桥作用，加速电子转移过程，从而使活性提高。

化学镀铜液中还含有表面活性剂，表面活性剂可提高镀铜层的致密性、减少氢脆现象的产生。以该化学镀铜液的总质量为基准，表面活性剂的含量为 0.001～0.1g/L。表面活性剂为十二烷基硫酸钠、十二烷基苯磺酸钠和聚乙二醇中的至少一种。

产品应用 本品主要用于化学镀铜。

化学镀铜方法：将化学镀铜待镀件与化学镀铜液直接接触进行化学镀。其中，所述化学镀铜液为本产品所述的化学镀铜液。所述化学镀铜液的温度为 45～55℃，接触时间为 5～200min。

产品特性 本产品中，硅酸钠能够有效地吸附镀液中对镀铜有害的杂质，以及副反应形成的少量铜粉，并且可以通过凝聚作用，使铜粉聚在一起，通过过滤可以快速地过滤掉，可以提高生产上的化学镀铜过程稳定性。

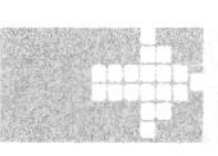

SiC 陶瓷颗粒表面化学镀铜液

原料配比

原料		配比		
		1#	2#	3#
粗化液	浓度为70%的硝酸	20mL	—	—
	浓度为80%的硝酸	—	20mL	—
	浓度为90%的硝酸	—	—	20mL
溶胶	钨粉	1g	2g	4g
	双氧水	5mL	5mL	40mL
	无水乙醇	2mL	4mL	16mL
	乙酸	0.75mL	1.5mL	3mL
镀铜液	硫酸铜	7.5g	7.5g	7.5g
	甲醛	12.5mL	12.5mL	12.5mL
	EDTA二钠	12.5g	12.5g	12.5g
	酒石酸钾钠	7g	7g	7g
	亚铁氰化钾	0.005g	0.005g	0.005g
水		加至1L	加至1L	加至1L

制备方法

(1) 按表中配比和以下方法配制溶胶：钨粉和双氧水反应，反应之后加入无水乙醇和乙酸混合均匀，过滤掉反应剩余物，得到淡黄色溶胶。所配制溶胶的量要能满足下一步骤完全浸没SiC陶瓷颗粒的需要。

(2) 按硫酸铜、甲醛、EDTA二钠、酒石酸钾钠、亚铁氰化钾的配比配制镀液，pH值用NaOH溶液调节在12～13，控制镀液温度为60℃。

原料配伍 本品各组分配比范围为：SiC陶瓷颗粒5～9g、浓度为70%～90%的硝酸19～21mL、钨粉1～4g、双氧水5～40mL、无水乙醇2～16mL、乙酸0.75～3mL、硫酸铜7.4～7.6g、甲醛12.4～12.6mL、EDTA二钠12.4～12.6g、酒石酸钾钠6～8g、亚铁氰化钾0.004～0.006g，水加至1L。

产品应用 本品主要用于陶瓷颗粒的镀铜，得到的产品可广泛用于金属基复合材料及陶瓷材料的制备中。

使用方法如下。

(1) 将 SiC 陶瓷颗粒放入浓度大于 70% 的硝酸中并加以超声振荡，对其进行粗化处理，5min 后取出并用去离子水冲洗，得到清洁和具有粗糙表面的 SiC 陶瓷颗粒。

(2) 把经粗化处理过的 SiC 陶瓷颗粒浸没在上述溶胶中，辅以超声振荡 10～20min，使 SiC 陶瓷颗粒在溶胶中均匀分散。

(3) 把以上处理后的 SiC 陶瓷颗粒放入 300～350℃的干燥箱中干燥 2～3h，取出冷却。

(4) 把以上干燥好的 SiC 陶瓷颗粒在氢气气氛下于 760～800℃还原 2～3h，随炉冷却后取出，得到镀覆钨的 SiC 陶瓷颗粒。

(5) 将上述镀覆钨的 SiC 陶瓷颗粒倒入镀液中，装载量为 10～18g/L，辅以磁力搅拌。

(6) 反应完全后过滤并在 120～160℃干燥 3～5h，得到铜包裹均匀的 SiC 陶瓷颗粒。

产品特性 本品具有易于操作，包覆均匀，成本低廉的优势。制备方法中所需溶胶的量只要能完全浸泡 SiC 陶瓷颗粒即可，同时无需用昂贵的 $PdCl_2$ 或者 AgCl 对陶瓷表面进行活化，省略了敏化步骤。由于铜对钨良好的润湿性和钨自身的催化活性，可以得到厚度均匀、附着牢固和色泽光亮的镀铜 SiC 陶瓷颗粒。镀钨层的厚度可以控制在 50～200nm 以下，铜镀层的厚度在 2μm 以下。在金属基复合材料和陶瓷材料的制备中有广泛的应用前景。本品的这种工艺可以适用于其他如 Al_2O_3、石墨等材料的化学镀铜。

笔记本电脑外壳用镁合金表面化学镀镍打底镀铜镀液

原料配比

原料	配比(质量份)				
	1#	2#	3#	4#	5#
碱式碳酸铜	25	35	28	32	30
氢氧化钠	170	150	165	155	160

续表

原　料	配比(质量份)				
	1#	2#	3#	4#	5#
柠檬酸铵	34	36	34.5	35.5	35
磷酸氢钠	29	25	28	26	27
HEDP	40	50	43	47	45
乙二胺	28	24	27	25	26
氟化氢铵	21	25	22	24	23
水	加至1000	加至1000	加至1000	加至1000	加至1000

制备方法 将各组分原料混合均匀即可。

原料配伍 本品各组分质量份配比范围为：碱式碳酸铜25～35、氢氧化钠150～170、柠檬酸铵34～36、磷酸氢钠25～29、HEDP 40～50、乙二胺24～28、氟化氢铵21～25，水加至1000。

产品应用 本品主要用作笔记本电脑外壳用镁合金表面化学镀镍打底镀铜镀液。

产品特性 本产品通过对各打底镀铜镀液的选择以及含量的调整，使得镀液性能稳定，为后续工艺打下良好的基础，最终制备的镀铬层结合力强。并且整个镀覆过程不采用氰化物，因此，该镀覆工艺绿色环保。

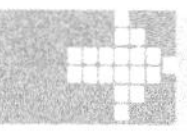

钢铁基体的化学镀铜液

原料配比

原　料	配比(质量份)		
	1#	2#	3#
硫酸铜	4	2	3
硫酸	3	5	4
硫酸亚铁	0.2	0.4	0.3
磷酸	4	2	3
柠檬酸	12	8	10
硫脲	0.01	0.03	0.02

续表

原　料	配比(质量份)		
	1#	2#	3#
聚乙二醇醚	1	—	—
脂肪醇聚氧乙烯聚氧丙烯醚	—	3	2
氯化钠	2	—	—
溴化钠	—	3	—
氯化钾	—	—	2.5
水	加至100	加至100	加至100

制备方法 在搅拌的条件下，向水中缓慢加入硫酸，待硫酸完全稀释后，再徐徐向溶液中加入磷酸和柠檬酸，最后依次加入硫酸铜、硫酸亚铁、硫脲、碱金属卤化物和聚醚，充分搅拌后，即得用于钢铁基体的化学镀铜液。

原料配伍 本品各组分质量份配比范围为：硫酸铜2～4、硫酸3～5、硫酸亚铁0.2～0.4、磷酸2～4、柠檬酸8～12、硫脲0.01～0.03、聚醚1～3、碱金属卤化物2～3，水加至100。

所述的碱金属卤化物优选氯化钠、溴化钠、氯化钾和溴化钾中的一种或一种以上。

所述的聚醚优选脂肪醇聚氧乙烯聚氧丙烯醚或聚乙二醇醚。

产品应用 本品主要用于钢铁基体的化学镀铜。

产品特性 本产品具有使用设备简单、成本低、操作方便、效率高和不受钢铁基体形状和结构的影响等优点，满足钢铁基体表面平整光亮和相应结合力的使用要求。

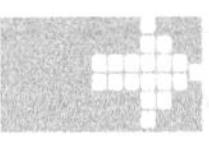

硅片化学镀铜镀液

原料配比

原　料	配　比
硫酸铜	1～25g
酒石酸钾钠	5～125g
甲醛	2～50mL

续表

原　料	配　比
氢氧化钠	1.4～35g
水	加至1L

制备方法　将各组分溶于水，搅拌均匀即可。

原料配伍　本品各组分配比范围为：硫酸铜1～25g、酒石酸钾钠5～125g、甲醛2～50mL、氢氧化钠1.4～35g，水加至1L。

产品应用　本品主要应用于硅片上的化学镀铜。

在硅片上化学镀铜的具体步骤如下：首先对硅表面进行抛光和清洗处理，然后进行刻蚀；将经过抛光清洗和刻蚀处理的硅片放在含硫酸铜的氢氟酸溶液中，进行化学镀铜晶种，时间为5s～5min，取出后用水冲洗；最后在以酒石酸钾钠为络合剂、甲醛为还原剂的化学镀溶液中化学镀铜，镀铜时间为10～30min。由于铜的自催化作用，可以快速地引发化学镀镀液中铜离子的还原，使得还原出的铜快速地沉积在基底的表面上，得到牢固、光亮和均匀的铜镀层。

产品特性

(1) 避免钯催化剂的使用，改用铜晶种作为催化剂，使得化学镀铜膜的纯度和导电性得到了很大提高。

(2) 操作简便，溶液稳定性好，价格低廉，且可避免化学镀铜膜中杂质金属的引入。

(3) 由于硅是一种常用的红外窗口材料，以它为基底，由此制备的铜膜可以作为工作电极，很方便地应用在电化学光谱研究中。电化学测试也证明这种铜膜具有和本体铜电极一致的电化学性质。

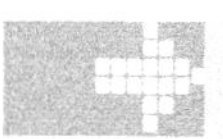

硅橡胶化学镀铜镀液

原料配比

表1　碱溶液

原　料	配　比		
	1#	2#	3#
氢氧化钠	10g	15g	20g

续表

原　料	配　比		
	1#	2#	3#
碳酸钠	35g	25g	20g
磷酸三钠	25g	35g	50g
水	加至 1L	加至 1L	加至 1L

表 2　粗化溶液

原　料	配　比		
	1#	2#	3#
盐酸	200mL	150mL	250mL
水	加至 1L	加至 1L	加至 1L

表 3　敏化溶液

原　料	配　比	
	1#	2#
氯化亚锡	12g	15g
盐酸	40mL	40mL
水	加至 1L	加至 1L

表 4　活化溶液

原　料	配　比	
	1#	2#
硝酸银	5g	4g
氨水	10mL	10mL
水	加至 1L	加至 1L

表 5　化学镀液

原　料	配　比		
	1#	2#	3#
硫酸铜	18g	15g	20g
甲醛	10mL	12mL	14mL
乙二胺四乙酸二钠	15g	12g	16g
亚铁氰化钾	0.01g	0.015g	0.02g
氢氧化钠	16g	16g	16g
水	加至 1L	加至 1L	加至 1L

制备方法 将各组分溶于水，搅拌均匀即可。

原料配伍 本品各组分配比范围如下。

碱溶液：氢氧化钠 10～20g、碳酸钠 20～35g、磷酸三钠 25～50g，水加至 1L；

粗化溶液：盐酸 150～250mL，水加至 1L；

敏化溶液：氯化亚锡 10～15g、盐酸 40mL，水加至 1L；

活化溶液：硝酸银 4～6g、氨水 10～25mL，水加至 1L；

化学镀液：硫酸铜 15～20g、甲醛 8～14mL、乙二胺四乙酸二钠 12～16g、亚铁氰化钾 0.01～0.1g、氢氧化钠 15～17g，水加至 1L。

产品应用 本品主要应用于微制动器电极的柔性导电处理，或其他需要柔性导电处理的产品。

硅橡胶化学镀铜工艺如下：

(1) 将硅橡胶放入三碱溶液中，恒温 80℃浸泡 30～40min 除油，然后用去离子水水洗；

(2) 放入粗化溶液中粗化 2～3min，然后用去离子水洗净；

(3) 用敏化溶液对硅橡胶进行浸泡敏化 3～5min，要求 pH 值为 0.5～1.9，温度为 18～25℃，然后用去离子水洗净；

(4) 用活化溶液对硅橡胶进行浸泡活化 3～5min，要求温度为 18～25℃，然后用去离子水洗净；

(5) 放入化学镀液中进行化学镀铜，要求镀液的 pH 值为 12～13，温度为 18～30℃。25～40min 后，即得到镀铜产品。

产品特性 由于采用了上述方案，金属化后的硅橡胶具有良好的导电性能且有良好的柔韧性，可以制作电极，用于微制动器的驱动体或工作头等。因此，通过化学镀的方法实现硅橡胶的金属化是有积极广泛的意义的。有了镀铜层的硅橡胶实现了导电功能，且硅橡胶具有良好的柔韧性，能够实现柔性微制动器的目标。它的力学性能好，不易腐蚀，又由于镀铜层和基材的结合强度较高，这两者保证了其长时间的使用寿命。

本品具有以下优点：

(1) 化学镀设备简单，节约成本。

(2) 硅橡胶表面的镀铜层均匀致密且强度较高。

（3）以硅橡胶为驱动体的微制动器具有良好的柔韧性、耐腐蚀性及工作稳定性，可在一定尺寸范围内分割成所需形状，在潮湿和干燥的环境下均能稳定工作。

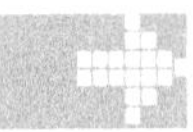

含有 Bi_2O_3 的铜基质化学镀液

原料配比

原料	配比							
	1#	2#	3#	4#	5#	6#	7#	8#
SeO_2	3.60g	3.50g	3.70g	3.40g	3.80g	3.60g	3.60g	3.60g
H_2O_2	4.80mL	4.75mL	4.85mL	4.70mL	4.90mL	4.80mL	4.80mL	4.80mL
$H_2C_2O_4$	—	—	—	—	—	0.75g	0.55g	1.00g
$Na_2C_2O_4$	—	—	—	—	—	1.00g	0.80g	1.20g
对甲苯磺酸	3.00g	2.95g	3.08g	2.90g	3.10g	3.00g	3.00g	3.00g
十二烷基硫酸钠	0.26g	0.25g	0.27g	0.24g	0.28g	0.26g	0.26g	0.26g
十二烷基磺酸钠	—	—	—	—	—	0.20g	0.15g	0.30g
丙三醇	0.40mL	0.38mL	0.43mL	0.35mL	0.45mL	0.40mL	0.40mL	0.40mL
Bi_2O_3	3.40g	3.35g	3.45g	3.35g	3.45g	3.40g	3.40g	3.40g
浓盐酸	70.00mL	69.00mL	70.50mL	68.50mL	71.05mL	70.00mL	70.00mL	70.00mL
水	加至1L	加至1L	加至1L	加至1L	加至1L	加至1L	加至1L	加至1L

制备方法

（1）按照每3.4g Bi_2O_3 中加入3mL去离子水，混匀后再加入70mL浓盐酸的比例，量取 Bi_2O_3 与浓盐酸，制得浓度为0.0466g/mL的 Bi_2O_3 酸性水溶液；

（2）将 $H_2C_2O_4$、十二烷基硫酸钠和 SeO_2 分别溶于50℃的去离子水中得到浓度为0.0400g/mL的 $H_2C_2O_4$ 溶液，浓度为0.0087g/mL的十二烷基硫酸钠水溶液和浓度为0.0120g/mL的 SeO_2 水溶液，将所制得的 $H_2C_2O_4$ 溶液、十二烷基硫酸钠水溶液和 SeO_2 水溶液依次加入步骤（1）的 Bi_2O_3 酸性溶液中，搅拌混匀；

（3）向步骤（2）的混合溶液中依次加入对甲苯磺酸、丙三醇和 H_2O_2，搅拌均匀后加入浓度为 0.0500g/mL $Na_2C_2O_4$ 和浓度为 0.0110g/mL 十二烷基磺酸钠溶液，加水定容至 1L，搅拌均匀，可得含有 Bi_2O_3 的铜基质化学镀液。

原料配伍 本品各组分配比范围为：SeO_2 3.40～3.80g、H_2O_2 4.70～4.90mL、$H_2C_2O_4$ 0～1g、$Na_2C_2O_4$ 0～1.2g、十二烷基磺酸钠 0～0.3g、对甲苯磺酸 2.90～3.10g、十二烷基硫酸钠 0.24～0.28g、丙三醇 0.35～0.45mL、Bi_2O_3 3.35～3.45g、浓盐酸 68.50～71.50mL，水加至 1L。

铜基质化学镀液中还含有 0.55～1g 的 $H_2C_2O_4$、0.80～1.20g $Na_2C_2O_4$、0.15～0.30g 的十二烷基磺酸钠。

质量指标

检测指标	标准要求	检测结果
零件表面在准备工序的技术要求	经过化学、电化学或有机溶剂除油的零件或部件，其表面不应有油脂、污浊液等污物，其表面应能被水完全湿润（用有机溶剂除油的除外）	经化学除油后的零件表面无油脂、污浊液，可被水完全润湿
	刷光之后，零件主要的镀层表面应是平滑和有光泽的	刷光之后，镀层表面平滑、有光泽
电镀层和化学处理层通用技术要求	外表：应是均匀一致的	镀层外表均匀一致
	允许缺陷： ①零件的隐蔽部分有稍微不均匀的颜色 ②稍有不明显的水迹	零件的隐蔽部分有稍微不均匀的颜色
	不允许缺陷： ①有未处理到的地方（工艺文件中规定的地方除外） ②零件形状和尺寸的改变超过设计文件上所规定的允许误差范围 ③未洗净的盐类痕迹	不存在不允许缺陷
镀层厚度	1～20μm	6.0～7.5μm

产品应用 本品是一种含 Bi_2O_3 的铜基质化学镀液。

用上述的含有 Bi_2O_3 的铜基质化学镀液镀色的方法，由以下步骤组成：

（1）镀前处理：将碱性除油剂加水按照体积比为 1∶1 稀释，浸入待镀金属件，在 20～30℃清洗除油 5～8min，用去离子水喷淋清洗，加热吹风烘至半干。

上述 1L 的碱性除油剂中含有磷酸三钠 70～80g、碳酸钠 70～80g、氢氧化钠 10～20g、十二烷基二乙醇酰胺 3～6g。

（2）镀色：将除油后的待镀金属件浸入上述的铜基质化学镀液中，在 20～40℃下，施镀 30～60s，取出，用去离子水清洗，蒸汽烘干。

（3）在镀好的金属件镀膜上涂一层无色清漆对镀膜进行保护。

产品特性 本产品具有成膜速度快、染色均匀、染色液不挥发有害气体和不沾污布料等优点，而且常温下稳定性良好，可放置 3 个月以上，其制备方法也简单，成本低，条件可控，适合于铜及铜合金制品、电镀工业以及各种五金制品，尤其是服装上黄铜拉链的着色，镀膜呈深枪色，所得镀膜符合《金属镀层和化学处理层质量检验技术要求》（SJ 1276）要求，工艺简单、条件可控、镀膜黏附性好，耐磨性好。

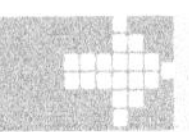

含有 SeO_2 的铜基质化学镀液

原料配比

原料	配比						
	1#	2#	3#	4#	5#	6#	7#
$CuSO_4 \cdot 5H_2O$	20.0g	18.5g	20.0g	22.0g	18.0g	22.0g	18.0g
$NaNO_2$	1.7g	1.7g	1.9g	2.0g	1.6g	1.8g	1.75g
H_3PO_4	28.0mL	27.0mL	29.0mL	30mL	26.0mL	23.0mL	26.0mL
H_2O_2	4.0mL	3.0mL	5.0mL	7.0mL	3.0mL	5.0mL	4.5mL
SeO_2	2.0g	1.9g	2.1g	2.2g	1.8g	2.1g	1.8g
HNO_3	33.0mL	30.0mL	35.0mL	37.0mL	29.0mL	34.0mL	32.0mL
H_3BO_3	0.9g	—	—	1.1g	0.7g	—	—
十二烷基磺酸钠	0.22g	—	—	0.25g	0.2g	—	—
NaCl	0.14g	—	—	0.16g	0.1g	—	—
水	加至 1L	加至 1L	加至 1L	加至 1L	加至 1L	加至 1L	加至 1L

制备方法

(1) 称取 SeO_2 和 $NaNO_2$ 分别溶解于 50mL 去离了水中，向 SeO_2 溶液中加入 H_2O_2，充分搅拌至 SeO_2 完全溶解，配制成 SeO_2 的 H_2O_2 溶液；

(2) 称取 $CuSO_4 \cdot 5H_2O$ 溶于 300mL 去离子水中，加入步骤 (1) 的 $NaNO_2$ 溶液，搅拌混匀；

(3) 向步骤 (2) 的混合溶液中加入步骤 (1) 配制的 SeO_2 的 H_2O_2 溶液，加入浓 H_3PO_4，溶液变色后加入浓 HNO_3，搅拌，加水定容至 1L，搅拌均匀，即得到含有 SeO_2 的铜基质化学镀液。

原料配伍

本品各组分配比范围为：$CuSO_4 \cdot 5H_2O$ 18.0～22.0g、$NaNO_2$ 1.6～2.0g、H_3PO_4 20～30mL、H_2O_2 3.0～7.0mL、SeO_2 1.8～2.2g、HNO_3 29.0～37.0mL，水加至 1L。

在 1L 的上述溶液中还含有 0.7～1.1g 的 H_3BO_3、0.2～0.25g 的十二烷基磺酸钠和 0.1～0.16g 的 NaCl。

质量指标

检测指标	标准要求	检测结果
零件表面在准备工序的技术要求	经过化学、电化学或有机溶剂除油的零件或部件，其表面不应有油脂、污浊液等污物，其表面应能被水完全湿润(用有机溶剂除油的除外)	经化学除油后的零件表面无油脂、污浊液，可被水完全润湿
	刷光之后，零件主要的镀层表面应是平滑和有光泽的	刷光之后，镀层表面平滑、有光泽
电镀层和化学处理层通用技术要求	外表：应是均匀一致的	镀层外表均匀一致
	允许缺陷： ①零件的隐蔽部分有稍微不均匀的颜色 ②稍有不明显的水迹	零件的隐蔽部分有稍微不均匀的颜色
	不允许缺陷： ①有未处理到的地方(工艺文件中规定的地方除外) ②零件形状和尺寸的改变超过设计文件上所规定的允许误差范围 ③未洗净的盐类痕迹	不存在不允许缺陷
镀层厚度/μm	1～20	5～7.5

产品应用 本品是一种含 SeO_2 的铜基质化学镀液。在施镀工艺中的应用中，其施镀方法包含以下步骤：

（1）镀前处理：将碱性除油剂加水按照体积比为 1∶1 稀释，浸入待镀金属件，在 20～30℃清洗除油 5～10min，用去离子水喷淋清洗，加热吹风烘至半干。

上述的碱性除油剂中每 1L 含有磷酸三钠 70～80g、碳酸钠 70～80g、氢氧化钠 10～20g、十二烷基二乙醇酰胺 3～6g。

（2）镀色：将除油后的待镀金属件浸入上述的铜基质化学镀液中，在 50～60℃下，施镀 50～60s，取出，用去离子水清洗，蒸汽烘干。

（3）在镀好的金属件镀膜上涂一层无色清漆对镀膜进行保护。

产品特性 本产品提供的含有 SeO_2 的铜基质化学镀液具有成膜速度快、染色均匀、染色液不挥发有害气体和不沾污布料等优点，而且常温下稳定性良好，可放置 1 年以上，其制备方法也简单，成本低，条件可控，适合于铜及铜合金制品、电镀工业以及各种五金制品，尤其是服装上黄铜拉链的着色，镀膜呈青古铜色，而且用本产品在施镀工艺中应用时所得镀膜符合《金属镀层和化学处理层质量检验技术要求》（SJ 1276）要求，工艺简单、条件可控、镀膜黏附性好，耐磨性好。

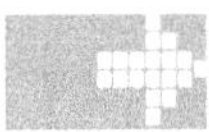

混合型非甲醛还原剂的化学镀铜液

原料配比

原料	配比							
	1#	2#	3#	4#	5#	6#	7#	8#
$CuSO_4 \cdot 5H_2O$	20g	20g	30g	20g	20g	20g	10g	20g
EDTA-$4Na \cdot 2H_2O$	45g	45g	60g	45g	45g	45g	20g	45g
NaOH	20g	20g	20g	20g	20g	20g	20g	20g
次磷酸钠	30g	30g	40g	20g	—	—	—	—

续表

原　料	配　比							
	1#	2#	3#	4#	5#	6#	7#	8#
甲醛加成物	—	—	1g	2g	1g	5g	3g	4g
$NaHSO_3$	—	—	2.5g	5g	2.5g	15g	7.5g	10g
乙醛酸	2.5g	2.5g	—	—	10g	1g	8g	5g
2,2′-联吡啶	5mg	10mg	5mg	10mg	10mg	10mg	15mg	10mg
水	加至1L	加至1L	加至1L	加至1L	加至1L	加至1L	加至1L	加至1L

制备方法　将各组分溶于水，混合均匀即可。

原料配伍　本品各组分配比范围为：$CuSO_4 \cdot 5H_2O$ 10～30g、EDTA-4Na·$2H_2O$ 20～60g、NaOH 18～22g、$NaHSO_3$ 0～15g、2,2′-联吡啶 5～15mg、次磷酸钠 20～40g、乙醛酸 1～10g、甲醛加成物 1～20g，水加至1L。

(1) 若还原剂由次磷酸盐和乙醛酸两种成分混合而成，它们在1L溶液中的用量分别是次磷酸钠 20～40g、乙醛酸 1～10g。

(2) 若还原剂由次磷酸盐和甲醛加成物两种成分混合而成，它们在1L溶液中的用量分别是次磷酸钠 20～40g、甲醛加成物 1～20g。

(3) 若还原剂由乙醛酸和甲醛加成物两种成分混合而成，它们在1L溶液中的用量是乙醛酸 1～10g、甲醛加成物 1～20g。

通过还原剂的混合使用，可以解决单一还原剂所存在的不足。如还原剂由次磷酸盐和乙醛酸两种成分混合而成，在没有金属催化剂的条件下，也可以有较高的沉积速率。又如还原剂由乙醛酸和甲醛加成物两种成分混合而成，不但可以减少单一使用乙醛酸作为还原剂的成本，而且也加快了单一使用甲醛加成物作为还原剂的沉积速率。没有污染环境，克服了传统还原剂无法解决的弊病。

产品应用　本品主要应用于化学镀铜。

处理条件如下：采用摇摆浸泡和打气装置，处理温度 40℃，化学镀铜时间 20min，pH=13。

产品特性　本品的还原剂采用至少两种非甲醛试剂混合而成，无环境污染，沉淀速率快，铜沉积层纯度高，铜沉积致密（背光级别优良）性好，操作简单，成本低廉。

聚酰亚胺薄膜表面镀铜的化学镀铜液

原料配比

原　料	配比(质量份)		
	1#	2#	3#
硫酸铜	15	10	20
5-甲基-4-(6-甲氧基-2-萘基)-2-(2-羟苄亚氨基)噻唑	2	1	3
((1-二甲氨基)-烯丙基磷酸)-*N*-烯丙基油酰胺-丙烯酸-丙烯酰胺共聚物	1	0.5	1.5
乙二胺四乙酸钠	40	30	50
二乙醇胺	15	10	20
Gemini 型季铵盐	4	3	5
酒石酸钾钠	6	5	8
十二烷基苯磺酸钠	1	0.5	1.5
次磷酸钠	8	4	10
水合肼	3	2	4
纳米石墨	1	0.5	1.5
聚二硫二丙烷磺酸钠	0.1	0.05	0.2
去离子水	加至 1000	加至 1000	加至 1000

制备方法　将上述各原料按照配比混合在一起，配制成 1L 的溶液。

原料配伍　本品各组分质量份配比范围为：铜盐 10～20、第一稳定剂 1～3、第二稳定剂 0.5～1.5、乙二胺四乙酸钠 30～50、二乙醇胺 10～20、Gemini 型季铵盐 3～5、酒石酸钾钠 5～8、十二烷基苯磺酸钠 0.5～1.5、次磷酸钠 4～10、水合肼 2～4、加速剂 0.5～1.5、聚二硫二丙烷磺酸钠 0.05～0.2，去离子水加至 1000。

其中，加速剂为纳米石墨。

纳米石墨的制备方法为：

（1）将天然鳞片石墨在100℃的真空干燥箱中干燥12h，接着将体积比为1：4的硝酸和硫酸的混合液缓慢加入石墨并搅拌24h，然后过滤洗涤至滤液的pH值为7，再在100℃的干燥箱中干燥12h；

（2）将步骤（1）获得的产物放置在900℃的马弗炉中处理20s，得到膨胀石墨；

（3）将5g膨胀石墨放置在400mL无水乙醇与蒸馏水（体积比65：35）的混合液中，在增力电动搅拌器下高速搅拌24h，让膨胀石墨完全浸润，再将混合物放置在120W的超声波中超声30min，接着过滤洗涤至滤液的pH值为中性，然后放置在100℃的干燥箱中干燥即得。

第一稳定剂是5-甲基-4-(6-甲氧基-2-萘基)-2-(2-羟苄亚氨基）噻唑，第二稳定剂是((1-二甲氨基)-烯丙基磷酸)-*N*-烯丙基油酰胺-丙烯酸-丙烯酰胺共聚物。

((1-二甲氨基)-烯丙基磷酸)-*N*-烯丙基油酰胺-丙烯酸-丙烯酰胺共聚物的制备方法为：在20℃下，称取300g丙烯酸、600g丙烯酰胺、5g *N*-烯丙基油酰胺、5g（1-二甲氨基)-烯丙基磷酸、4g乳化剂OP-10和1.5L水，加入到反应容器中，搅拌1～2h，使其充分溶解，用氢氧化钠调节pH值至6～8，通入氮气20～30min，随后加热至50℃左右，加入引发剂过硫酸铵6g充分搅拌，保持在50℃反应6h，随后将反应产物用乙醇沉淀，过滤，将过滤获得的固体干燥，粉碎，获得产物。

聚二硫二丙烷磺酸钠的制备方法为：

（1）称取1.5kg硫化钠，加入反应容器中，加入1.5L水，在50℃的温度下搅拌溶解，当溶液变为无色后，继续搅拌1h，再加入0.4kg的硫黄，保持在50℃搅拌1h，获得红色透明溶液；

（2）将步骤（1）获得的透明溶液倒入反应容器中，再加入1.5L浓度为90%的乙醇，保持在室温下搅拌0.5h，随后一边搅拌一边滴加1,3-丙磺酸内酯，滴加3.5h，滴加过程中保持温度在35～45℃，滴加完毕后继续搅拌1h，随后抽滤，将抽滤获得的固体放入真空干燥箱内50℃下干燥，粉碎，获得粉末。

铜盐可以为硝酸铜、硫酸铜、氯化铜中的一种或几种。

醇胺是碳原子数为2～6的一醇胺或二醇胺。可以是乙醇胺、丙醇胺、二乙醇胺、二丙醇胺中的一种或两种以上的混合物组成。

络合剂用于与铜离子进行络合，采用乙二胺四乙酸的络合效果最好，可以很好地提高镀铜稳定性。

5-甲基-4-(6-甲氧基-2-萘基)-2-(2-羟苄亚氨基）噻唑的制备方法为：

(1) 取2.93g（0.01mol）6-甲氧基-2-(2-溴丙酰基）萘、30mL乙醇、0.76g（0.01mol）硫脲，回流3h，用氨水调pH值为8～9，搅拌，过滤，干燥得浅黄色固体；

(2) 将1mmol的水杨醛溶于5mL无水乙醇中，室温搅拌下缓慢滴加1mmol步骤（1）制备的浅黄色固体的无水乙醇溶液，加毕，回流4h，冷却，抽滤，用无水乙醇重结晶，得5-甲基-4-(6-甲氧基-2-萘基)-2-(2-羟苄亚氨基）噻唑。

Gemini型季铵盐的制备方法包括：

(1) 在250mL三口瓶中加入13.4g草酸钠、25.0g环氧氯丙烷及100mL无水乙醇，在搅拌条件下于50℃反应10h，反应完成后，将反应体系降至室温，过滤，除去反应生成的氯化钠，将滤液置于－20℃冰柜中24h，结晶，过滤，滤饼使用－20℃乙醇淋洗3次后置于50℃真空干燥箱中干燥24h得中间体。

(2) 在250mL三口瓶中加入10.1g步骤（1）制备的中间体、24.9g十二烷基二甲基胺盐酸盐及100mL无水乙醇，在搅拌条件下于50℃反应10h。反应完成后，将反应体系降至室温，过滤，除去反应生成的氯化钠，将滤液置于－20℃冰柜中24h，结晶，过滤，滤饼使用小于5℃蒸馏水淋洗3次后置于50℃真空干燥箱中干燥24h，称重得Gemini型季铵盐表面活性剂。

产品应用 本品主要用于聚酰亚胺薄膜的表面镀铜。

使用方法：将上述化学镀铜溶液升温至40℃，用氮气向该化学镀铜液中鼓泡，将经过处理的聚酰亚胺薄膜在上述化学镀铜液中浸泡4h；将聚酰亚胺薄膜取出，用去离子水冲洗1min，然后采用氮气鼓风4min，得到聚酰亚胺镀件。

产品特性 本产品能协调好化学镀铜液的稳定性和镀速这一矛盾，获得一定镀速和高稳定性，并且能够镀5μm以上的厚层。

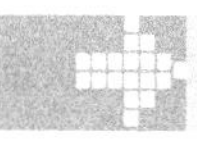

聚酰亚胺薄膜的化学镀铜液(1)

原料配比

原　料	配比(质量份)		
	1#	2#	3#
硫酸铜	15	10	20
5-甲基-4-(6-甲氧基-2-萘基)-2-(2-羟苄亚氨基)噻唑	2	1	3
乙二胺四乙酸钠	40	30	50
二乙醇胺	15	10	20
Gemini 型季铵盐	4	3	5
酒石酸钾钠	6	5	8
十二烷基苯磺酸钠	1	0.5	1.5
次磷酸钠	8	4	10
去离子水	加至 1000	加至 1000	加至 1000

制备方法　将各原料按照配比混合在一起，配制成 1L 的溶液。

原料配伍　本品各组分质量份配比范围为：铜盐 10～20、5-甲基-4-(6-甲氧基-2-萘基)-2-(2-羟苄亚氨基) 噻唑 1～3、乙二胺四乙酸钠 30～50、醇胺 10～20、Gemini 型季铵盐 3～5、酒石酸钾钠 5～8、十二烷基苯磺酸钠 0.5～1.5、次磷酸钠 4～10，去离子水加至 1000。

本化学镀铜液的 pH 值为 11～12。

铜盐可以为硝酸铜、硫酸铜、氯化铜中的一种或几种混合。

醇胺是碳原子数为 2～6 的一醇胺或二醇胺。可以是乙醇胺、丙醇胺、二乙醇胺、二丙醇胺中的一种或几种。

5-甲基-4-(6-甲氧基-2-萘基)-2-(2-羟苄亚氨基) 噻唑的制备方法为：

（1）取 2.93g（0.01mol）6-甲氧基-2-(2-溴丙酰基)萘、30mL 乙醇、0.76g（0.01mol）硫脲，回流 3h，用氨水调 pH 值为 8～9，搅拌，过滤，干燥得浅黄色固体；

（2）将 1mmol 的水杨醛溶于 5mL 无水乙醇中，室温搅拌下缓慢滴加 1mmol 步骤（1）制备的浅黄色固体的无水乙醇溶液，加毕，回流 4h，冷却，抽滤，用无水乙醇重结晶，得 5-甲基-4-(6-甲氧基-2-萘基)-2-(2-羟苄亚氨基）噻唑。

所述 Gemini 型季铵盐的制备方法为：

（1）在 250mL 三口瓶中加入 13.4g 草酸钠、25.0g 环氧氯丙烷及 100mL 无水乙醇，在搅拌条件下于 50℃反应 10h，反应完成后，将反应体系降至室温，过滤，除去反应生成的氯化钠。将滤液置于−20℃冰柜中 24h，结晶，过滤，滤饼使用−20℃乙醇淋洗 3 次后置于 50℃真空干燥箱中干燥 24h 得中间体；

（2）在 250mL 三口瓶中加入 10.1g 步骤（1）制备的中间体、24.9g 十二烷基二甲基胺盐酸盐及 100mL 无水乙醇，在搅拌条件下于 50℃反应 10h。反应完成后，将反应体系降至室温，过滤，除去反应生成的氯化钠，将滤液置于−20℃冰柜中 24h，结晶，过滤，滤饼使用小于 5℃蒸馏水淋洗 3 次后置于 50℃真空干燥箱中干燥 24h，称重得 Gemini 型季铵盐表面活性剂。

产品应用 本品主要用于聚酰亚胺薄膜的表面镀铜。

使用方法：将上述化学镀铜溶液升温至 40℃，用氮气向该化学镀铜液中鼓泡，将经过处理的聚酰亚胺薄膜在上述化学镀铜液中浸泡 4h；将聚酰亚胺薄膜取出，用去离子水冲洗 1min，然后采用氮气鼓风 4min，得到聚酰亚胺镀件。

产品特性

（1）采用本产品提供的 Gemini 型季铵盐表面活性剂，可以降低镀层空隙率，更容易镀上铜层，且镀层均匀细致。络合剂用于与铜离子进行络合，乙二胺四乙酸钠的络合效果最好，可以很好地提高镀铜稳定性。稳定剂的加入可以减少化学镀铜液的自发分解、有效地提高化学镀铜液的稳定性，同时也可以调节镀覆速率，使铜沉积物发亮，明显提高镀层的质量。

（2）本产品稳定、镀层质量好、环境污染小。

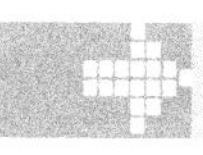

聚酰亚胺薄膜的化学镀铜液(2)

原料配比

原料	配比(质量份)				
	1#	2#	3#	4#	5#
无水硫酸铜	8	20	8	8	4.5
抗坏血酸	3.2	8	3.2	3.2	1.5
乙二胺四乙酸	25	60	—	25	—
四水合酒石酸钾钠	—	—	20	—	12
正辛基硫酸钠	—	—	0.5	—	0.03
亚铁氰化钾	0.007	0.007	—	0.007	—
十二烷基苯磺酸钠	0.5	0.5	—	—	—
六水合硫酸镍	0.8	3.6	0.9	0.8	0.08
硫脲	0.0005	0.008	0.0005	0.0005	0.00004
硼酸	15	30	15	15	6
去离子水	加至1000	加至1000	加至1000	加至1000	加至1000

制备方法 将各组分溶于去离子水中，搅拌均匀即得化学镀铜液。

原料配伍 本品各组分质量份配比范围为：铜盐3～30、抗坏血酸或可溶性抗坏血酸盐1～13、络合剂10～70、金属催化剂0.06～5、稳定剂0.00004～0.03、pH缓冲剂6～40，水加至1000。

铜盐用于提供化学镀铜的铜离子。所述铜盐为本领域技术人员所公知的各种铜盐，选自硫酸铜、氯化铜、硝酸铜中的一种或几种。

抗坏血酸或可溶性抗坏血酸盐为本化学镀铜液的还原剂。抗坏血酸或可溶性抗坏血酸盐无毒、环保，可在中性条件下还原铜离子，适用于聚酰亚胺表面的化学镀铜。抗坏血酸或可溶性抗坏血酸盐选自抗坏血酸、抗坏血酸钙、抗坏血酸锌中的一种或几种。

络合剂为本领域公知的各种能与铜离子络合的化合物，本品没有特殊要求，例如可以选自柠檬酸、可溶性柠檬酸盐、酒石酸、可溶性酒石酸盐、苹果酸、可溶性苹果酸盐、乙二胺四乙酸、可溶性乙二胺四乙酸盐中的一种或几种。

金属催化剂为含镍的水溶性盐，这类金属催化剂的加入可以有效地提高镀层结合力。金属催化剂可以选自硫酸镍、氯化镍、醋酸镍中的一种或几种。

所述稳定剂的加入可以减少化学镀铜液的自发分解、有效地提高化学镀铜液的稳定性，同时也可以调节镀覆速率，使铜沉积物发亮，明显提高镀层的质量。本化学镀铜液中稳定剂的浓度不高于50mg/L，以免过多稳定剂的存在会降低镀速，甚至阻止化学镀时铜在聚酰亚胺薄膜表面的沉积反应。所述稳定剂可以选自2,2′-联吡啶、亚铁氰化钾、菲咯啉及其衍生物、巯基丁二酸、二硫代二丁二酸、硫脲、巯基苯并噻唑、亚巯基二乙酸中的一种或几种。

pH缓冲剂为本领域技术人员所公知的各类缓冲剂，pH缓冲剂的加入可以有效阻碍由于少量外加酸、碱引起的化学镀铜液pH值的变化。本品中，优选硼酸作为pH缓冲剂。

所述化学镀铜液中还含有表面活性剂。表面活性剂的加入有助于聚酰亚胺薄膜表面气泡的逸出，降低镀层孔隙率。所述表面活性剂为本领域技术人员常见的各种表面活性剂，例如可以选自十二烷基苯磺酸钠、十二烷基硫酸钠、正辛基硫酸钠、聚氧化乙烯型表面活性剂中的其中一种或几种。所述表面活性剂的浓度为0.01～2g/L。

所述化学镀铜液的pH值为5.5～8.0。调节所述化学镀铜液的pH值采用常规的方法，例如可以通过加入酸碱调节剂进行调节，所述的酸碱调节剂为本领域技术人员所公知的各种酸和碱，例如可以为硫酸、盐酸、磷酸、氢氧化钠、氢氧化钾或氨水。本品实施例中均优选硫酸、氨水作为酸碱调节剂调节所述化学镀铜液的pH值。

产品应用 本品主要应用于聚酰亚胺薄膜表面的化学镀铜。

聚酰亚胺薄膜表面的化学镀铜方法：将引入活性种的聚酰亚胺薄膜与本品所提供的化学镀铜液直接接触，清洗、干燥得到镀件。

其中，所述引入活性种的方法为本领域技术人员公知的技术，例如可以为表面改性法或二氧化钛光催化法。所述活性种选自铜、金、银、镍、钯中的一种。本品所提供的化学镀铜方法能够对任意引入活性种的聚酰亚胺薄膜表面进行化学镀铜，本品实施例中均优选采用通过聚酰亚胺表面改性法引入活性种铜的聚酰亚胺薄膜（Kapton 200-H，Toray Duponi）作为化学镀铜的样品，但不局限于此。

所述将引入活性种的聚酰亚胺薄膜与本品所提供的化学镀铜液直

接接触的方法为本领域技术人员所公知的各种方法，本品没有特殊要求，例如可以将引入活性种的聚酰亚胺薄膜浸渍于所述化学镀铜液中。接触的时间为10～70min，优选为20～60min；接触时为了提高化学镀的速率，所述化学镀铜液的温度为20～70℃，优选为30～60℃。根据本品所提供的化学镀铜方法，为了有效防止铜沉积时以铜粉形式存在而与聚酰亚胺薄膜结合力差以及抑制氧化亚铜的生成，所述接触还需在搅拌状态下进行。

所述将引入活性种的聚酰亚胺薄膜与本品所提供的化学镀铜液接触之前，还需除去化学镀铜液中的氧气。除氧的方法为本领域技术人员常用的各种方法，例如可以通过鼓泡除去化学镀铜液中的氧气，本品中优选采用氮气、氩气等惰性气体向化学镀铜液中鼓泡。

根据本品所提供的化学镀铜方法，对经过化学镀铜的聚酰亚胺薄膜表面进行清洗、干燥，即可得到镀件。所述清洗步骤为用水冲洗经过化学镀铜的聚酰亚胺薄膜，清洗的时间与次数没有限制，只需将聚酰亚胺薄膜表面的剩余化学镀铜液洗净即可。所采用的水为现有技术中的各种水，如市政自来水、去离子水、蒸馏水、纯净水或者它们的混合物，本品优选为去离子水。所述干燥步骤为本领域技术人员所公知的各种干燥步骤，所述干燥的方法可以采用本领域技术人员公知的方法，如真空干燥、自然干燥、鼓风干燥，本品中优选采用氮气对经过化学镀铜的聚酰亚胺薄膜鼓风1～10min。

以下通过实施例详细说明本品所提供的聚酰亚胺薄膜的化学镀铜液及其表面化学镀铜方法。

本品实施例中除引入活性种铜的聚酰亚胺薄膜之外，其他所采用的原料均由商购得到。所述聚酰亚胺引入活性种铜的方法为表面改性法，具体步骤如下：

（1）前处理：配制无水乙醇与丙酮体积比为3∶1的脱脂液500mL，将40mm×40mm的聚酰亚胺薄膜（Kapton 200-H，Toray Dupont）放置于该脱脂液中超声清洗20min，然后用去离子水清洗干净，干燥；配制5mol/L氢氧化钾溶液，将该氢氧化钾溶液滴于脱脂处理后的聚酰亚胺薄膜，室温放置5min，然后用去离子水清洗干净，并烘干，得到表面部分改性的聚酰亚胺薄膜。

（2）铜离子交换：配制0.05mol/L的硫酸铜溶液，将上述改性后的聚酰亚胺薄膜放入该硫酸铜溶液中，室温浸泡20min，然后用去离子水清洗干净，得到表面部分铜离子交换的聚酰亚胺薄膜。

（3）铜离子还原：配制 0.1mol/L 二甲氨基甲硼烷溶液，将上述表面部分铜离子交换的聚酰亚胺薄膜放入已配制的二甲氨基甲硼烷溶液中，50℃下浸泡 20min，然后用去离子水清洗干净。

通过上述处理即可得到引入活性种铜的聚酰亚胺薄膜。

产品特性 本品所提供的化学镀铜液为中性镀铜液，采用无毒、环保的抗坏血酸或可溶性抗坏血酸盐作还原剂，适用于聚酰亚胺薄膜表面化学镀铜，具有良好的环保效果。

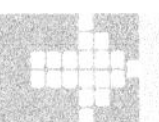

聚酯膜无钯化学镀铜液

原料配比

原　料	配　比
五水硫酸铜	16g
酒石酸钾钠	14g
乙二胺四乙酸二钠	19.5g
氢氧化钠	14g
甲醛	15mL
水	加至 1L

制备方法 将各组分溶于水，搅拌均匀即可。

原料配伍 本品各组分配比范围为：五水硫酸铜 15～17g、酒石酸钾钠 13～15g、乙二胺四乙酸二钠 19.4～19.6g、氢氧化钠 13～15g、甲醛 14～16mL，水加至 1L。

产品应用 本品主要应用于在聚酯膜（PET 膜）上进行无钯化学镀铜。具体的方法包括以下步骤：

（1）PET 膜除油：将 PET 膜放进无水乙醇或丙酮中超声清洗 3～5min，然后在蒸馏水中超声清洗 2～3min，取出晾干或烘干备用。

（2）PET 膜负载光引发剂：所用的光引发剂为二苯甲酮（BP），将 BP 溶解在丙酮中，制得浓度为 0.3～1.0g/L 的 BP 溶液。负载 BP 的方式可以是直接在 PET 膜上涂上 BP 溶液，然后晾干；也可以是将 PET 膜放进 BP 溶液中常温下浸泡 3～15min，然后取出晾干。

(3) 紫外光引发气相接枝丙烯酸：将负载有 BP 的 PET 膜放进反应装置中，反应装置示意图如图 1 所示，其中 1 为丙烯酸溶液，2 为紫外灯，3 为反应容器，4 为聚酯膜（PET 膜）。所用的紫外灯功率为 9W 或 15W，主波长为 254nm。如果使用的紫外灯为 9W，则负载有 BP 的 PET 膜与紫外灯的距离为 1.0～2.0cm，紫外光照射的时间为5～30min；如果使用的紫外灯为 15W，则负载有 BP 的 PET 膜与紫外灯的距离为 1.0～5.0cm，紫外光照射的时间为 5～15min。所用的丙烯酸溶液的质量分数为 10%～50%。

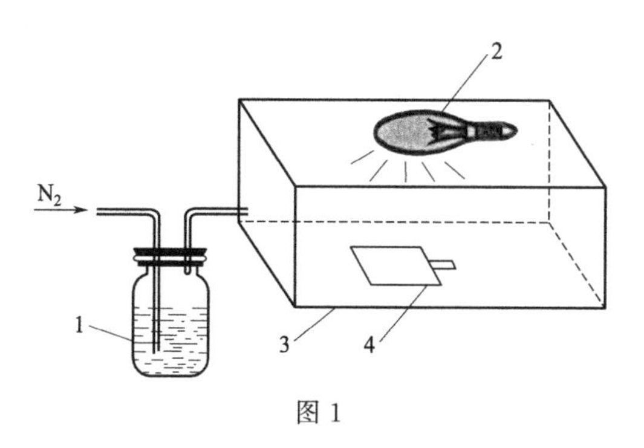

图 1

紫外光引发接枝丙烯酸的方法为气相法，即把负载有 BP 的 PET 膜放进充有丙烯酸蒸气的反应装置中，在紫外光照射下引发接枝丙烯酸。丙烯酸蒸气通过将高纯氮气向丙烯酸溶液鼓泡的方式产生。

(4) 活化：将紫外光引发气相接枝丙烯酸后的 PET 膜放进蒸馏水中超声清洗 2～3min，然后放进 pH 值为 11.50～12.00 的氨水溶液中常温下浸泡 10～20s，再放进浓度为 0.5～1.0g/L 的 $AgNO_3$ 溶液中常温下浸泡 10～30s，最后放进蒸馏水中常温下浸泡清洗 2～5s。

(5) 化学镀铜：将活化后的 PET 膜放进化学镀铜液中进行化学镀铜。化学镀铜液的使用温度为 40～50℃，使用 pH 值为 12～13，化学镀铜的时间为 2～10min。

产品特性 本品提出了以接枝、吸附等方法，引发化学镀铜过程。其工艺流程为：先用无水乙醇或丙酮对 PET 进行除油处理，然后负载光引发剂二苯甲酮（BP），之后在紫外光照射下引发接枝丙烯酸单体。PET 表面接枝上丙烯酸单体后能对银离子进行化学吸附，从而达到活化的目的。

本品无需使用等离子处理设备，工艺简单，并且用 $AgNO_3$ 来代替 $PdCl_2$ 作为化学镀铜的催化剂，有利于降低成本。

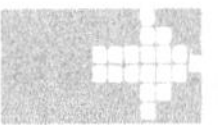

镁及镁合金表面化学镀铜液

原料配比

表 1　除油

原　料	配　比			
	1＃	2＃	3＃	4＃
水玻璃	50g	80g	20g	60g
磷酸钠	40g	—	50g	—
三聚磷酸钠	—	50g	—	40g
氢氧化钠	8g	15g	5g	13g
铬酸钾	5g	7g	7g	5g
水	加至 1L	加至 1L	加至 1L	加至 1L

表 2　酸洗液

原料	配　比																	
	1＃	2＃	3＃	4＃	5＃	6＃	7＃	8＃	9＃	10＃	11＃	12＃	13＃	14＃	15＃	16＃	17＃	18＃
稀硝酸溶液	50mL	150mL	100mL	60mL	120mL	—	—	—	—	—	—	—	—	—	—	—	—	—
醋酸	—	—	—	—	—	40mL	60mL	10mL	20mL	50mL	30mL	—	—	—	—	—	—	—
硝酸钠	—	—	—	—	—	5g	1g	10g	3g	7g	4g	8g	15g	1g	6g	3g	5g	12g
铬酐	—	—	—	—	—	—	—	—	—	—	—	70g	40g	120g	40g	120g	60g	90g
水	加至1L	加至1L	加至1L	加至1L	加至1L	加至1L	加至1L	加至1L	加至1L	加至1L	加至1L	加至1L	加至1L	加至1L	加至1L	加至1L	加至1L	加至1L

表 3　敏化

原　料	配　比					
	1＃	2＃	3＃	4＃	5＃	6＃
氯化亚锡	6g	7g	10g	5g	8g	6g
盐酸	12mL	8mL	1mL	16mL	3mL	12mL
水	加至 1L	加至 1L	加至 1L	加至 1L	加至 1L	加至 1L

表 4 活化

原 料	配 比					
	1#	2#	3#	4#	5#	6#
硝酸银	1g	3g	5g	8g	10g	10g
氨水	适量	适量	适量	适量	适量	适量
去离子水	加至 1L	加至 1L	加至 1L	加至 1L	加至 1L	加至 1L
葡萄糖	45g	60g	30g	35g	55g	50g
乙醇	120mL	80mL	160mL	150mL	140mL	90mL
酒石酸	4g	6g	2g	3g	6g	3g
水	加至 1L	加至 1L	加至 1L	加至 1L	加至 1L	加至 1L

表 5 化学镀铜溶液

原 料	配 比									
	1#	2#	3#	4#	5#	6#	7#	8#	9#	10#
五水硫酸铜	15g	12g	6g	6g	7g	30g	20g	10g	10g	10g
次磷酸钠	—	35g	—	—	—	—	20g	—	—	—
二甲胺硼烷	—	—	3g	—	—	—	—	0.5g	—	—
甲醛	40g	—	—	—	—	60g	—	—	—	—
氢氧化钾	10g	—	—	—	—	20g	—	—	—	—
乙二胺四乙酸钠	—	—	15g	25g	20g	—	—	25g	40g	15g
四丁基氢硼化铵	—	—	—	15g	—	—	—	—	8g	—
水合肼	—	—	—	—	20g	—	—	—	—	25g
十二烷基磺酸钠	—	—	—	0.1g	—	—	—	—	0.2g	—
硼酸	—	40g	—	—	—	—	60g	—	—	—
柠檬酸钠	—	20g	—	—	—	—	30g	—	—	—
硫酸镍	—	0.02g	—	—	—	—	0.6g	—	—	—
硫酸铵	—	—	—	0.02g	—	—	—	—	0.01g	—
硫脲	—	0.0002g	—	—	—	—	0.0001g	—	—	—
酒石酸钾钠	40g	—	10g	—	—	20g	—	5g	—	—
碳酸钠	5g	—	—	—	—	3g	—	—	—	—
硼酸钠	—	—	—	—	10g	—	—	—	—	10g
氢氧化钠	—	—	—	适量	—	—	—	—	适量	—
硫酸	—	—	—	—	适量	—	—	—	—	适量
水	加至 1L	加至 1L	加至 1L	加至 1L	加至 1L	加至 1L	加至 1L	加至 1L	加至 1L	加至 1L

续表

原料	配比									
	11#	12#	13#	14#	15#	16#	17#	18#	19#	20#
五水硫酸铜	4g	7g	4g	4g	4g	10g	17g	8g	6g	6g
次磷酸钠	—	56g	—	—	—	—	45g	—	—	—
二甲胺硼烷	—	—	6g	—	—	—	—	1.5g	—	—
甲醛	10g	—	—	—	—	20g	—	—	—	—
氢氧化钾	4g	—	—	—	—	8g	—	—	—	—
乙二胺四乙酸钠	—	—	4g	10g	25g	—	—	8g	15g	18g
四丁基氢硼化铵	—	—	—	25g	—	—	—	—	20g	—
水合肼	—	—	—	—	15g	—	—	—	—	18g
十二烷基磺酸钠	—	—	—	0.05g	—	—	—	—	0.08g	—
硼酸	—	20g	—	—	—	—	25g	—	—	—
柠檬酸钠	—	10g	—	—	—	—	25g	—	—	—
硫酸镍	—	0.002g	—	—	—	—	0.08g	—	—	—
硫酸铵	—	—	—	0.04g	—	—	—	—	0.03g	—
硫脲	—	0.0003g	—	—	—	—	0.0002g	—	—	—
酒石酸钾钠	60g	—	15g	—	—	30g	—	7g	—	—
碳酸钠	6g	—	—	—	—	5g	—	—	—	—
硼酸钠	—	—	—	—	10g	—	—	—	—	10g
氢氧化钠	—	—	—	适量	—	—	—	—	适量	—
硫酸	—	—	—	—	适量	—	—	—	—	适量
水	加至1L	加至1L	加至1L	加至1L	加至1L	加至1L	加至1L	加至1L	加至1L	加至1L

原料	配比									
	21#	22#	23#	24#	25#	26#	27#	28#	29#	30#
五水硫酸铜	20g	12g	4～10g	9g	9g	27g	12g	11g	7g	7g
次磷酸钠	—	35g	—	—	—	—	48g	—	—	—
二甲胺硼烷	—	—	5g	—	—	—	—	2g	—	—
甲醛	50g	—	—	—	—	25g	—	—	—	—

续表

原料	配比									
	21#	22#	23#	24#	25#	26#	27#	28#	29#	30#
氢氧化钾	13g	—	—	—	—	11g	—	—	—	—
乙二胺四乙酸钠	—	—	20g	—	22g	—	—	11g	—	18g
乙二胺四乙酸	—	—	—	35g	—	—	—	—	19g	—
四丁基氢硼化铵	—	—	—	13g	—	—	—	—	12g	—
水合肼	—	—	—	—	19g	—	—	—	—	19g
十二烷基磺酸钠	—	—	—	0.15g	—	—	—	—	0.15g	
硼酸	—	40g	—	—	—	—	50g	—	—	—
柠檬酸钠	—	20g	—	—	—	—	25g	—	—	—
硫酸镍	—	0.02g	—	—	—	—	0.04g	—	—	—
硫酸铵	—	—	—	0.02g	—	—	—	—	0.02g	—
硫脲	—	0.0002g	—	—	—	—	0.0001g	—	—	—
酒石酸钾钠	38g	—	13g	—	—	27g	—	9g	—	—
碳酸钠	6g	—	—	—	—	5g	—	—	—	—
硼酸钠	—	—	—	—	10g	—	—	—	—	10g
氢氧化钠	—	—	—	适量	—	—	—	—	适量	—
硫酸	—	—	—	—	适量	—	—	—	—	适量
水	加至1L	加至1L	加至1L	加至1L	加至1L	加至1L	加至1L	加至1L	加至1L	加至1L

制备方法 将各组分溶于水，搅拌均匀即可。

原料配伍 除油液各组分配比范围为：水玻璃20～80g、磷酸钠或三聚磷酸钠30～50g、氢氧化钠5～15g、铬酸钾3～7g，水加至1L。

酸洗液选用以下三种溶液的一种：

(1) 稀硝酸溶液50～150mL，水加至1L；

(2) 醋酸和硝酸钠的混合溶液，醋酸10～60mL、硝酸钠1～

10g，水加至1L；

（3）铬酐和硝酸钠的混合溶液，铬酐40～120g、硝酸钠1～15g，水加至1L。

碱洗液为氢氧化钠溶液、氢氧化钾溶液、碳酸钠溶液、碳酸钾溶液、磷酸钠溶液、氨水溶液中的一种或一种以上的组合物，要保证碱洗液的pH值达到12～13。

敏化液：氯化亚锡5～10g、盐酸1～16mL，水加至1L。

活化液：硝酸银1～10g、氨水适量，去离子水加至1L。为了保证化学镀铜的速度，活化液中要加入还原剂。所述还原剂为葡萄糖30～60g、乙醇80～160mL、酒石酸2～6g、去离子水加至1L。还原剂与活化液的体积比为1∶(3～6)。

化学镀铜溶液包括以下几种：

（1）以甲醛为还原剂的化学镀液。各组分配比范围为：五水硫酸铜4～30g、甲醛10～60g、氢氧化钠4～20g或氢氧化钾4～20g或氨水8～30mL三种的一种、酒石酸钾钠20～60g和碳酸钠3～6g的混合液，水加至1L。使用温度为15～50℃。

（2）以次磷酸钠为还原剂的化学镀液。各组分配比范围为：五水硫酸铜7～20、次磷酸钠20～56、硼酸20～60、柠檬酸钠10～30、硫酸镍0.002～0.6、硫脲0.0001～0.0003，水加至1L。使用温度为60～70℃。

（3）以二甲胺硼烷为还原剂的化学镀液。各组分配比范围为：五水硫酸铜4～10g、二甲胺硼烷0.5～6g、乙二胺四乙酸钠4～25g、酒石酸钾钠5～15g或三乙醇胺40～60mL两种的一种，水加至1L。使用温度为50～80℃。

（4）以次四丁基氢硼化铵为还原剂的化学镀液。各组分配比范围为：五水硫酸铜4～10g、乙二胺四乙酸（EDTA）10～40g、四丁基氢硼化铵8～25g、十二烷基磺酸钠0.05～0.2g、硫酸铵0.01～0.04g、氢氧化钠适量（将溶液pH值调节到7），水加至1L。

（5）以水合肼为还原剂的化学镀液。各组分配比范围为：五水硫酸铜4～10g、乙二胺四乙酸钠15～25g、水合肼15～25g、硼酸钠10g、硫酸适量，水加至1L。使用温度为常温。

产品应用 本品主要应用于镁合金表面化学镀铜。

利用本品对镁合金表面进行复合保护，工艺过程如下：

（1）除油：将镁或镁合金放入除油剂中，在常温下浸泡，时间≥30min，擦洗镁或镁合金表面，再用清水冲洗，以保证彻底去除镁或镁合金表面的油脂和灰尘。

（2）酸洗和碱洗：将镁或镁合金放入酸洗液中浸泡1～4min，以去除镁或镁合金表面的氧化物和杂质，直到镁合金表面露出金属光泽。取出镁或镁合金，快速用清水彻底清洗镁或镁合金表面。然后将镁或镁合金放入碱洗液中在常温下浸泡0.5～5min后取出，用清水清洗干净，放入烘干箱中烘干。

（3）涂膜：涂膜可以采取喷涂、刷涂或浸涂的方法。涂膜用的涂膜剂应是具有很好的耐水、耐磨、耐高温、抗化学腐蚀等特性且与基体金属附着良好的绝缘涂料，如有机硅耐热漆、有机钛耐热涂料（WT61-1、WT61-2等）、水玻璃基涂料（JN-801硅酸盐无机涂料等）、有机硅树脂（SF-7406三防清漆等）、硅烷偶联剂（KH550等）。本品采用浸涂的方法。将镁或镁合金垂直浸入涂膜剂中，在温度为15～40℃的条件下对经酸洗、碱洗并彻底烘干的镁或镁合金进行第一次涂膜，镁或镁合金表面在8～30min内基本达到表干，此时将镁或镁合金放入烘干箱内，将温度缓慢升高到150～300℃，在此温度下将镁或镁合金静置1～3h，使镁或镁合金表面的涂膜最终达到实干。再重复1～3次上述步骤，使镁或镁合金表面能覆盖致密的涂膜。

（4）敏化：将镁或镁合金放入敏化液中敏化8～12min，取出，擦干表面过多的溶液。

（5）活化：将镁或镁合金放入活化液中，浸泡处理2～30min。活化的目的是在镁合金表面植入对还原剂的氧化和氧化剂的还原具有催化活性的金属粒子。如果金属粒子的浓度不够，后继化学镀的速度会非常缓慢甚至失败，因而活化液中，硝酸银的浓度不能太低，而且应适量加一点还原剂，使镁或镁合金在短时间内表面覆盖银膜。

（6）化学镀铜：将镁或镁合金清洗后放入镀液中，35～50min后，镁或镁合金表面有一层光亮的铜层，色泽鲜艳，镀层厚度均匀。

产品特性

（1）本品采用的表面处理技术，不经过浸铬酸酸洗和氢氟酸活化的前处理步骤，减少了操作对环境的污染。

（2）采用本品制得的化学镀铜层，厚度均匀，具有金属铜的外观。

(3) 镀层发生破坏时，涂膜可以有效地防止铜镀层与基体金属构成腐蚀原电池，从而延长了镁合金的使用寿命。

(4) 涂膜本身具有很好的耐磨、耐酸和耐碱性，成品在使用过程中即使表面的镀膜有破损，基体也不会被腐蚀，涂膜对基体有一定的保护作用。

(5) 镀铜层具有良好的杀菌消毒性、装饰性和耐蚀性，强化了镁合金性能，扩大了镁合金的使用范围。

(6) 本品所用原料的成本低，操作简单，适于工业化生产。

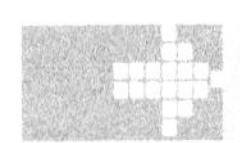

挠性印制线路板的化学镀铜的预处理液

原料配比

原　料	配比(质量份)			
	1#	2#	3#	4#
氢氧化钠	3	11	16	—
氢氧化钾	—	—	—	11
乙醇胺	5	20	15	20
去离子水	92	69	69	69

制备方法　取氢氧化钠或氢氧化钾，搅拌溶于去离子水中，再加入乙醇胺，搅拌直至完全溶解，静置一段时间后使用。

原料配伍　本品各组分质量份配比范围为：多元醇或醇胺3～20、无机碱3～35，去离子水加至100。

所述多元醇是碳数为2～6的一元醇、二元醇或三元醇，可以是乙醇、丙醇、乙二醇、丙二醇、丙三醇中的一种或几种的混合物组成。

所述醇胺是碳数为2～6的一醇胺或二醇胺，可以是乙醇胺、丙醇胺、二乙醇胺、二丙醇胺中的一种或几种的混合物组成。

所述的无机碱为氢氧化钠、氢氧化钾或氢氧化锂中的一种或几种的混合物组成。

产品应用　本品主要应用于挠性印制线路板的化学镀铜的预

处理。

在聚对苯二甲酸乙二酯基材的化学镀铜预处理前先利用热的自来水处理聚对苯二甲酸乙二酯基材，水的温度为60～80℃，处理时间为0.5～5min；然后将聚对苯二甲酸乙二酯基材置于本品的挠性印制线路板的化学镀铜的预处理液中，预处理温度为55～75℃，预处理时间为5～35min，具体时间依材料的厚度和种类而定，从本品的挠性印制线路板的化学镀铜的预处理液中取出基材后在60～80℃左右的热自来水中清洗，再用室温自来水清洗，然后进行化学镀铜。

产品特性 本品有效增强了聚对苯二甲酸乙二酯材料的表面的粗糙度和亲水能力，处理效果明显，能有效改善化学镀铜层在聚对苯二甲酸乙二酯材料表面的覆盖率，增强沉铜层与基材的结合力，从而提高挠性印制电路板金属化的质量；与现在常用的等离子清洗方法相比，可以节省昂贵的等离子清洗设备的投资及运行成本。

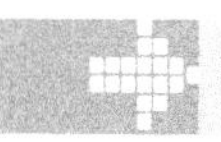

青铜树脂工艺品的化学镀液

原料配比

原　料	配比(质量份)
硫酸铜	30
EDTA二钠盐	12
甲醛	150
三乙醇胺	5
酒石酸钾钠	140
氢氧化钠	50
硫代二甘酸	0.01
氯化钯	1
氯化镍	2
水	加至1000

制备方法

(1) 把硫酸铜倒入镀槽，再倒入适量的水溶解，然后把酒石酸钾钠和EDTA二钠盐用适量的水加热溶解。

（2）将以上铜盐溶液和络合剂溶液搅拌混合，在混合溶液中加入氢氧化钠溶液，调整pH值到11.5，温度保持20℃。

（3）加入三乙醇胺和硫代二甘酸，混合均匀后，再加入蒸馏水至规定的体积。甲醛是最常见的还原剂，甲醛只有在碱性条件下（pH=11～13）才具有还原能力，所以不进行化学镀时，先不要放入甲醛溶液。以上化学电镀液准备完毕后，可把用聚酯不饱和树脂制作的各种工艺品放入电镀槽，放入镀槽前要做粗化处理。

原料配伍 本品各组分质量份配比范围为：硫酸铜25～30、EDTA二钠盐10～12、甲醛130～150、三乙醇胺4～5、酒石酸钾钠120～140、氢氧化钠45～50、硫代二甘酸0.008～0.01、氯化钯0.8～1、氯化镍1～2，水加至1000。

产品应用 本品适合各种填料的树脂工艺品，包括碳酸镁、三氧化二铝、碳酸钙、滑石粉、双飞粉等。

本品化学镀的工艺过程如下：

（1）粗化：在30%硫酸中，30～40℃的温度下，将工艺品浸泡15～30min，然后用清水洗净。

（2）敏化：每升水加40g的氯化亚锡和40mL的盐酸，工艺品放在其中10min，敏化后取出清洗。

（3）活化：将1g氯化钯溶解于100mL盐酸和200mL蒸馏水配成的盐酸溶液中，温度控制在50℃，把经过敏化的艺术品放入活化液中，活化5min，活化液使用时温度过低时用水浴加热。

（4）还原：用氯化钯活化后，用100mL/L的含甲醛37%的水溶液清洗，室温下浸泡30～60s，然后将树脂工艺品放入化学镀槽，化学镀4h后达到一定厚度取出，用高速纤维布轮抛光，然后做仿青铜效果处理。

产品特性 本品的最大优点是可操作性强，可对目前各种流行的实体或空心树脂工艺品进行青铜化学镀。这些有青铜效果的艺术品，可以是动物、人物、古典的酒具、各种鼎爵类青铜器的树脂工艺品，在镀上青铜效果后，无论是质量或表面的纹路、色泽都能和青铜浇注的金属品相媲美，是室内摆饰、墙体挂饰的好作品。本品还可以用于大型城市雕塑的青铜效果化学镀、光亮铜镀等。

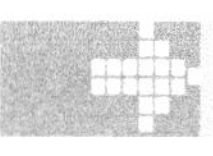

塑料基材的选择性化学镀液

原料配比

表1　粗化液

原　料	配　比
氢氧化钠	10g
高锰酸钾	20g
水	加至100mL

表2　化学镀液

原　料	配　比	
	1#	2#
硫酸铜	3.2g	2g
甲醛	2mL	2mL
EDTA-2Na	6g	6g
酒石酸钾钠	4g	4g
水	200mL	200mL

制备方法　将各组分溶于水，搅拌均匀即可。

原料配伍　本品各组分配比范围为：硫酸铜2～3.2g、甲醛1～3mL、EDTA-2Na 5～7g、酒石酸钾钠3～5g，水200mL。

产品应用　本品主要应用于塑料基材表面的选择性化学镀。包括以下步骤：

(1) 对基材进行前处理；

(2) 在经过前处理后的基材上涂覆纳米金属浆料，干燥；

(3) 将步骤(2)所得的基材进行激光刻蚀，再对激光刻蚀后的基材进行清洗、化学镀，得到镀件。

其中，前处理的技术为本领域技术人员所公知的各种技术。本品对前处理的方法没有特殊要求。一般情况下，前处理包括将塑料基材表面依次进行除油和粗化。

前处理中，除油的目的是除去塑料基材表面的油脂及其氧化物。

除油可采用本领域技术人员所公知的各种方法。本品中采用：将塑料基材浸泡在含有 NaOH 1mol/L、Na_2CO_3 1mol/L、十二烷基磺酸钠 0.1mol/L 的溶液中 5～10min，溶液温度为 50～60℃；取出后用水清洗，浸泡在 1mol/L 的磷酸溶液中 5～10min，然后取出用水清洗。

前处理中，粗化的目的是使塑料表面产生海绵状微孔洞和亲水性能，满足金属镀层结合力强度的要求。粗化的方法为本领域技术人员所公知的各种方法。本品中采用含铬酐、硫酸、$CrCl_3 \cdot 6H_2O$ 的溶液浸泡塑料件 10～15min，溶液温度为 60～70℃，取出后用水清洗。也可采用含 NaOH、$KMnO_4$ 的溶液浸泡塑料件 10～15min，溶液温度为 60～70℃，然后在 40～50℃下用稀盐酸浸洗 5～8min，取出后用水清洗。

本品中，除油和粗化过程中的水洗工序、水洗次数没有特别限制，只要将基材表面的处理液充分去除洗净即可。优选情况下，在除油后进行的水洗次数为 1～3 次；在粗化之后进行的水洗次数为 4～6 次。水洗工序所用的水为现有技术中的各种水，如市政自来水、去离子水、蒸馏水、纯净水或者它们的混合物，本品优选为去离子水。

将经过前处理的塑料基材，垂直贴附于玻璃壁上，在其表面涂覆纳米金属浆料。

纳米金属浆料为包含纳米金属、黏结剂和溶剂的混合物。

纳米金属为金属单质或金属合金。其中，金属单质包含镁、钇、钪、铝、锰、锌、钛、铬、镓、铟、铁、镉、锗、钒、钴、镍、锡、铅、锆、钼、铌、铜、锑、铋、铪、铼、钨、铊、银、钌、钯、铑、锇、钽、铱、铂、金中的一种。所述纳米金属的平均粒径为 15～100nm。

黏结剂为本领域技术人员所常用的各种水溶性黏结剂或非水溶性黏结剂。其中，水溶性黏结剂包括淀粉、聚乙烯醇、聚乙二醇、聚乙烯吡咯烷酮、甲基纤维素、羧甲基纤维素、羟丙基纤维素中的至少一种，非水溶性黏结剂包括环氧树脂、环氧酚醛树脂、酚醛树脂、氯丁橡胶、酚醛氯丁橡胶、聚偏氟乙烯、聚四氟乙烯、聚酰亚胺中的至少一种。

所述非水溶性黏结剂的溶剂包含甲醇、乙醇、正丁醇、醋酸丁酯、甲苯、丙酮、*N*-甲基-2-吡咯烷酮、*N*,*N*-二甲基甲酰胺、*N*,*N*-二甲基乙酰胺、苯、苯乙烯、对二甲苯、间二甲苯、氯仿、乙酸乙酯中的至少一种。

本品所提供的选择性化学镀方法中，以纳米金属浆料的总体积为标准，其中，纳米金属的含量为0.01%～75%；以黏结剂和溶剂的总量为标准，其中黏结剂的含量为0.5%～25%。

塑料基材表面金属浆料的涂覆采用本领域技术人员所公知的各种涂覆方式。本品中所采用的涂覆方式为喷涂、滚涂、旋涂、刮涂、浸涂中的一种。

根据本品所述的方法，在塑料基材上涂覆纳米金属浆料得到浆料层，浆料层的厚度为0.1～20μm。

根据本品所述的方法，所述塑料基材涂覆纳米金属浆料后需进行干燥，所述干燥为本领域技术人员所公知的各种干燥方法。本品所提供的实施例中，优选采用自然风干，但不局限于此。

根据本品所提供的方法，将表面涂覆纳米金属浆料的塑料基材置于激光下进行刻蚀，在基材表面形成电路图案。激光刻蚀条件为：激光波长1064nm，标记电流0～24A，频率1～60kHz，中间延时0～30ms，填充间距≥0.01mm，刻蚀时间1～60s。

激光刻蚀时，激光辐射的区域瞬间温度很高，高于塑料玻璃化温度，塑料基材表面瞬间软化，纳米金属颗粒因此嵌入基材中，大大增强了激光辐射区域的纳米金属颗粒与塑料基材间的结合力。而未经激光辐射的区域，纳米金属仍依靠黏结剂黏附在塑料基材表面。

根据本品所提供的方法，在塑料基材经过激光刻蚀后，需进行清洗。所述清洗为本领域技术人员所公知，本品没有特殊要求。一般情况下，清洗方法为：先采用与所用黏结剂极性相同的溶剂浸泡塑料基材，并用超声波清洗，直至未经激光刻蚀的区域完全干净。

在塑料基材上涂覆纳米金属浆料，干燥，然后对基材进行激光刻蚀以及激光刻蚀后的清洗工序，又统称为布线过程。

将清洗后的塑料基材进行化学镀，即可得所需镀件。所述化学镀技术为本领域技术人员所公知的各种技术，所得镀层优选为还原性不强于纳米金属的金属镀层。本品所提供的实施例中，均优选化学镀铜，但不局限于此。

本品中，非激光辐射区域的金属颗粒与塑料基材间完全靠黏结剂结合，因此非激光辐射区域的纳米金属很容易清洗除尽，不存在纳米金属污染问题，化学镀后得到的镀层精度也很高。

产品特性 本品用于塑料基材表面的选择性化学镀，采用无锡化学镀，工艺流程短，操作简单，生产柔性大，线宽、线距精度高，无需使用特殊塑料基材。

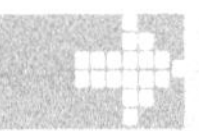

碳化硼粉末表面化学镀铜镀液

原料配比

原料	配比		
	1#	2#	3#
硫酸铜	19.2g	15g	20g
乙二胺四乙酸二钠	25g	20g	30g
酒石酸钾钠	14g	10g	14g
水合肼	16mL	20mL	18mL
水	加至1L	加至1L	加至1L

制备方法 将各组分原料混合均匀即可。

原料配伍 本品各组分配比范围为：硫酸铜15～20g、乙二胺四乙酸二钠20～30g、酒石酸钾钠10～15g、水合肼15～20mL，水加至1L。

其中，以水合肼作为还原剂，以酒石酸钾钠和乙二胺四乙酸二钠作为络合剂。

化学镀液的pH值为12～13。

所述碳化硼粉末的平均粒径为20μm。

产品应用 本品主要用于碳化硼粉末表面化学镀铜。

化学镀铜包括对碳化硼粉末的镀前处理和化学镀处理。其中，镀前处理包括除油处理、碱洗处理、敏化处理和活化处理。

除油处理为，将碳化硼粉末置于丙酮液体中超声搅拌30～40min，取出后于150℃以下的温度下干燥至恒重，备用。

碱洗处理为，将除油处理后的碳化硼粉末置于70～90℃热碱性溶液中超声搅拌清洗30～40min，取出后于150℃以下的温度下干燥至恒重，备用。

敏化处理为，将碱洗处理后的碳化硼粉末置于氯化亚锡和盐酸的混合溶液中搅拌30min，取出后于150℃以下的温度下干燥至恒重，备用。

活化处理为，将敏化处理后的碳化硼粉末置于氯化钯和盐酸的混合溶液中搅拌，取出后于150℃以下的温度下干燥至恒重，备用。

化学镀处理时，化学镀液的温度为70～80℃。

在化学镀处理后，对碳化硼粉末进行抗氧化处理，即将碳化硼粉末真空干燥后浸入油酸形成保护膜。

镀后处理：对化学镀后的碳化硼进行清洗，清洗完后，置于真空干燥箱中在80℃真空干燥，表面水分烘干后，取出观察镀层形貌，进行性能测试。

产品特性

（1）本产品具有以下优点：采用的还原剂为水合肼，价格低廉且不会污染环境，在碱性条件下有很强的还原能力，氧化产物是干净的 N_2，不会引入杂质金属离子；采用的络合剂为酒石酸钾钠和乙二胺四乙酸二钠的双络合剂体系，双络合剂的破络比EDTA容易，对环境污染小且络合能力强，可在高温强碱下长时间保持镀液稳定。

（2）通过采用本产品碳化硼粉末表面化学镀铜的方法，可以在碳化硼粉末表面形成一层纳米级均匀致密的铜镀层，可以有效降低碳化硼粉末与金属基材的润湿角和界面反应。

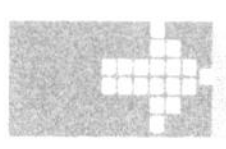

稀土镍基贮氢合金粉的化学镀铜液

原料配比

原料	配比				
	1#	2#	3#	4#	5#
$CuSO_4 \cdot 5H_2O$	7.85g	15.8g	31.5g	15.8g	21.48g
硫酸	3mL	4mL	6mL	4mL	5mL
柠檬酸	10g	12g	15g	—	20g
酒石酸或乳酸或苹果酸	—	—	—	12g	—
富镧稀土	0.8g	1.5g	2g	1.5g	2g
水	加至1L	加至1L	加至1L	加至1L	加至1L

制备方法 将各组分溶于水，搅拌均匀即可。

原料配伍 本品各组分配比范围为：铜盐0.5～50g、酸0.1～28mL、有机羟基羧酸2～20g、富镧稀土0.5～10，水加至1L。

铜盐为硫酸铜、氯化铜、硝酸铜、醋酸铜中的一种，又以硫酸铜、氯化铜中的一种为佳；

酸为硫酸、盐酸、硝酸、磷酸、醋酸中的一种，又以硫酸、盐酸中的一种为好；

有机羟基羧酸为柠檬酸、酒石酸、乳酸、苹果酸中的一种，又以柠檬酸、酒石酸中的一种为佳。

富镧稀土（稀土总量∑RE>99%）含镧20%～90%（质量分数）为宜；

溶剂水为蒸馏水、离子交换水中的一种。

在铜离子（Cu^{2+}）与贮氢合金元素的定向置换反应时，加入一定量的有机羟基羧酸作为反应的稳定剂，尤其是加入柠檬酸、酒石酸中的一种作为反应稳定剂时，可以降低反应的激烈程度，使反应定量平缓地进行。而且有机羟基羧酸，尤其是柠檬酸、酒石酸对在镀覆过程中贮氢合金粉的吸放氢活动也有一定的抑制作用，使得镀覆过程安全、有效，镀后的贮氢合金粉不会发热、自燃。

在化学镀液中加入适量的富镧稀土，能够减少在镀覆过程中稀土的损失，又能提高包铜贮氢合金粉的质量比容量。

产品应用 本品主要应用于稀土镍基贮氢合金粉的化学镀铜。具体方法如下：

在室温下边搅拌边将待镀铜的稀土镍基贮氢合金粉倒入化学镀铜液中，继续搅拌15～80min，停止搅拌，过滤、洗涤，烘干。

在化学镀铜的过程中，待镀铜的稀土镍基贮氢合金粉的平均粒度在40～150μm为好，待镀铜的稀土镍基贮氢合金粉的质量（g）与化学镀铜液的体积（L）比为（1～80）g∶1L。投料完毕后继续搅拌的时间为15～80min，又以20～60min为宜，在此时间范围的±10min内不会影响镀后贮氢合金粉的质量。搅拌的速度以使得贮氢合金粉在化学镀铜液中分布均匀为宜，又以50～120r/min为更佳。用本领域所属普通技术人员均知的方法进行过滤，例如用布氏漏斗进行过滤，用水洗涤2～10次后，再用酒精洗涤，于30～60℃烘干（低于30℃时，烘干的速度太慢）。

产品特性 本品的稀土镍基贮氢合金粉的化学镀铜液配方的优点在于：

（1）由于在本品的配方中加了富镧稀土，减少了在化学镀铜过程中稀土镍基贮氢合金粉中稀土的损失量，又提高了包铜后的贮氢合金粉的容量 10～30mA·h/g。

（2）由于本品的配方中添加了柠檬酸、酒石酸等有机羟基羧酸，使得镀铜后的贮氢合金粉无发热，无自燃现象。

（3）在本品的配方中没有使用有毒的化学试剂，不污染环境，不影响操作人员的身体健康。

（4）本品的化学镀铜方法省去了敏化，活化处理过程，工艺简单，缩短了流程。

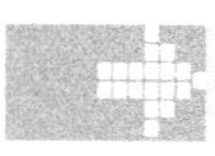

一价铜化学镀铜液

原料配比

原料	配比
氯化钾	40～120g
氨水(25%～28%)	30～100mL
辅助络合剂	5～60g
甲醛(37%)	5～30mL
稳定剂	1～100mg
抗氧化剂	0.5～20.0g
氯化亚铜	5～30g
水	加至 1L

制备方法

（1）将氯化钾、氨水（25%～28%）以及辅助络合剂溶于去离子水中，搅拌均匀，配得溶液 A；

（2）将甲醛（37%）、稳定剂以及抗氧化剂溶于溶液 A 中，并用盐酸或氢氧化钾调整 pH 值至 11.0～13.5，配制得到溶液 B；

（3）称取氯化亚铜，缓慢加入溶液 B 中搅拌至溶解，陈化 24h 后配得一价铜化学镀铜液。

原料配伍 本品各组分配比范围为：氯化钾 40～120g、氨水（25%～28%）30～100mL、辅助络合剂 5～60g、甲醛（37%）5～30mL、稳定剂 1～100mg、抗氧化剂 0.5～20.0g、氯化亚铜 5～30g，水加至 1L。

辅助络合剂为乙二胺、柠檬酸三钠、乙二胺四乙酸二钠、葡萄糖酸钠、三乙醇胺、酒石酸钾钠或谷氨酸钠中的一种或其中几种的组合。

稳定剂为硫脲、2,2′-联吡啶、聚乙二醇（分子量 6000）、吐温 80 或者硫氰酸钾中两种的组合。

抗氧化剂为硫代硫酸钠、次磷酸钠、对苯二酚、邻苯二酚、间苯二酚或者亚硫酸钠中的一种或其中几种的组合。

产品应用 本品主要用于一价铜化学镀铜。

本产品必须升温至 40～70℃才能在具有催化活性的基体表面正常工作，且镀液的装载量为 0.2～4.0dm^2/L。

产品特性 本产品通过在碱性溶液中添加亚铜离子的络合剂——氯离子、氨和其他辅助络合剂，以及可以防止亚铜离子在水溶液中发生氧化的抗氧化剂，维持了镀液中亚铜离子的稳定，并保证了整个化学镀铜溶液体系正常工作的基础。因此当镀液升温至合适的温度并且存在具有催化活性的界面时，就可以通过催化活性界面对溶液中甲醛的催化氧化来化学还原亚铜离子，从而获得铜镀层。本产品通过一价铜化学镀铜液进行化学镀铜时，由于镀液中铜的价态为+1 价，因此在消耗等当量甲醛的情况下可以化学还原出更大当量的金属铜，不仅提高了生产效率，而且可以节省化学镀铜过程中甲醛的使用量，对化学镀铜生产过程的环保化和资源节约化可以起到极大的推动作用。

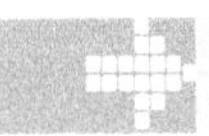

印刷线路板化学镀铜液

原料配比

原料	配比(质量份)		
	1#	2#	3#
五水硫酸铜	15	13	10
次磷酸钠	35	32	30
硼酸	10	12	15

续表

原 料		配比(质量份)		
		1#	2#	3#
络合剂	柠檬酸钠	16	—	—
	酒石酸钾钠	—	12	—
	N-羟乙基乙二胺三乙酸钠	—	—	12
	三异丙醇胺	—	—	6
稳定剂	对苯磺酰胺	0.05	—	—
	2-巯基苯并噻唑	—	0.08	—
	二乙基二硫代氨基甲酸钠	—	—	0.10
催化剂	氯化钯	1.50	—	—
	六水硫酸镍	—	0.90	0.50
表面活性剂	聚乙二醇	0.10	0.08	—
	聚乙二醇硫醚	—	—	0.05
氢氧化钠		18	17	15
去离子水		320	310	300

制备方法 向带有搅拌器的容器中加入300～320份的去离子水，开启搅拌，依次加入10～15份的五水硫酸铜、30～35份的次磷酸钠、10～15份的硼酸、12～18份的络合剂、0.05～0.1份的稳定剂、0.5～1.5份的催化剂、0.05～0.1份的表面活性剂、15～18份的氢氧化钠，以100r/min的转速进行搅拌分散0.5～1h，停止搅拌，出料即得所述的印刷线路板化学镀铜液。

原料配伍 本品各组分质量份配比范围：五水硫酸铜10～15、次磷酸钠30～35、硼酸10～15、络合剂12～18、稳定剂0.05～0.1、催化剂0.5～1.5、表面活性剂0.05～0.1、氢氧化钠15～18，去离子水300～320。

络合剂是氨三乙酸钠、柠檬酸钠、酒石酸钾钠、*N*-羟乙基乙二胺三乙酸钠、三乙醇胺、三异丙醇胺中的一种或几种；

稳定剂是2-巯基苯并噻唑、2,2′-联吡啶、对苯磺酰胺和二乙基二硫代氨基甲酸钠中的任一种；

催化剂优选六水硫酸镍和氯化钯；

表面活性剂是聚乙二醇或聚乙二醇硫醚。

产品应用 本品主要用于印刷线路板化学镀铜。

使用时，将印刷线路板化学镀铜液与去离子水按1∶(2.5～3)的比例进行稀释后，调节稀释后镀铜液体系的pH值为10～11，于60～70℃对活化过的印刷线路板进行化学镀铜。

产品特性 本产品采用以次磷酸钠为主还原剂，加以五水硫酸铜、硼酸、络合剂、稳定剂、催化剂、表面活性剂和氢氧化钠，制成化学镀铜液，稀释后用于对印刷线路板进行化学镀铜，达到活化的印刷线路板非导体表面的金属化和印刷线路板孔内金属化的效果。具有工艺参数范围宽，镀液寿命长，且无有害的甲醛蒸气的优点。

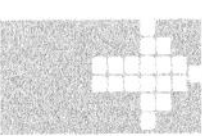

印刷线路板化学镀铜活化液

原料配比

原料		配比(质量份)		
		1#	2#	3#
二水合氯化亚锡		200	100	300
氯化钯		4	2	6
氯化钠		160	150	180
三水合锡酸钠		5	4	8
添加剂	尿素	25	—	20
	硫脲	—	30	—
还原剂	4-羟基-3-甲氧基苯甲醛	1	—	—
	4-甲氧基水杨醛	—	0.5	—
	3,5-二甲氧基-4-羟基苯甲醛	—	—	2
去离子水		550	500	600

制备方法

(1) 向带有搅拌器的容器中加入150～180份氯化钠和500～600份蒸馏水，开启搅拌，待氯化钠完全溶解后，停止搅拌，制成氯化钠溶液；取制成的氯化钠溶液质量的10%，加入2～6份氯化钯，搅拌至氯化钯完全溶解，制成A液；

(2) 将100～300份的二水合氯化亚锡加入到制成的余下的氯化

钠溶液中，再加入 0.5～2 份的还原剂，搅拌至二水合氯化亚锡完全溶解，制成 B 液；

(3) 在 550kHz 的超声波作用和 27～30℃的温度下，将 A 液缓慢加入到 B 液中，待混合溶液变为棕黑色后，继续超声波分散 10min，最后加入 4～8 份三水合锡酸钠和 20～30 份添加剂，超声分散使之完全溶解，升温至 45～60℃，熟化 3～5h，即得印刷线路板化学镀铜活化液。

原料配伍 本品各组分质量份配比范围为：二水合氯化亚锡 100～300，氯化钯 2～6，氯化钠 150～180，三水合锡酸钠 4～8，添加剂 20～30，还原剂 0.5～2，去离子水 500～600。

所述的添加剂是尿素或硫脲；

所述的还原剂是 4-羟基-3-甲氧基苯甲醛、3-羟基-4-甲氧基苯甲醛、4-甲氧基水杨醛、3,5-二甲氧基-4-羟基苯甲醛中的任一种。

产品应用 本品主要用于印刷线路板化学镀铜的活化。

产品特性 本产品采用氯化钠溶液将氯化钯制成 A 液、将二水合氯化亚锡与还原剂制成 B 液，超声作用下，将 A 液分散于 B 液中，辅以三水合锡酸钠、添加剂、还原剂作为辅助稳定剂，制成化学镀铜活化液，用于印刷线路板进行化学镀铜前的活化处理，达到印刷线路板非导体表面的活化和印刷线路板孔内活化的效果。该活化液以氯化钠为主稳定剂，可称之为氯化钠基活化液，以氯化钠中的氯离子使活化液保持稳定，具有盐酸含量低，稳定性高，节省原材料，减少环境污染和不损伤印刷线路板基板的优点。

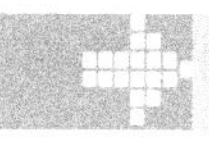

硬质合金钢制件表面化学镀铜液

原料配比

表 1 碱洗液

原 料	配 比
NaOH	30g
Na_2CO_3	20g
OP-10 乳化剂	1～2 滴
水	加至 1L

表 2　酸洗活化液

原　料	配　比
H_2SO_4	6.5g
HCl	8g

表 3　化学镀铜液

原　料	配　比
$CuSO_4 \cdot 5H_2O$	5g
乙二胺四乙酸二钠	10g
酒石酸钾钠	5g
去离子水	加至 1L
亚铁氰化钾	1g
双氧水	0.2mL
氢氧化钠	10g
甲醛	10mL

制备方法　将 $CuSO_4 \cdot 5H_2O$、乙二胺四乙酸二钠、酒石酸钾钠、去离子水配比制成中间液，并搅拌均匀，再取适量亚铁氰化钾、适量双氧水、氢氧化钠、甲醛放入中间溶液内，并搅拌均匀，制得硬质合金制件表面化学镀铜液。

原料配伍　本品各组分质量份配比范围为：$CuSO_4 \cdot 5H_2O$ 3～20g、乙二胺四乙酸二钠 5～30g、酒石酸钾钠 2～10g、亚铁氰化钾 0.1～3g、双氧水 0.05～0.2mL、氢氧化钠 9～11g、甲醛 9～11mL，去离子水加至 1L。

产品应用　本品主要应用于硬质合金钢制件表面化学镀铜。方法依次按照如下步骤进行：

（1）采用碱洗液，对硬质合金钢制件实施除油、脱脂 5～15min；

（2）再采用酸洗活化液，对经除油脱脂的硬质合金钢制件实施活化处理 10min；

（3）将存放有配制好的所述镀铜液置入容器内，在温水浴中隔水加热至 15～45℃，再保温 0～5min，若室温在所述温度（15～45℃）范围内时，可以不用加热；

（4）最后将硬质合金钢制件放入所述镀铜液中，采用通常的化学镀方法，实施镀铜处理 10～40min，取出用去离子水冲洗，吹风机吹干后，用锡纸包裹备用。

产品特性 本品的方法简单易行，基本无环境污染，镀铜液可以重复使用，生产成本低廉；由于镀铜前作了碱洗除油脱脂和酸洗活化处理，不但省掉了传统镀铜方法的粗化、敏化等中间处理步骤，有效提高了生产率、降低了生产成本，而且硬质合金钢制件表面洁净度高，镀铜层附着力强，镀层厚度均匀性好，提高了制成品的质量。

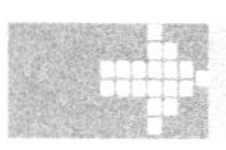

油箱油量传感器塑料管化学镀铜液

原料配比

原料	配比		
	1#	2#	3#
硫酸铜	25g	12g	5g
氢氧化钠	25g	12g	5g
酒石酸盐	35g	25g	40g
甲醛	15mL	15mL	18mL
碳酸钠	15g	6g	10g
氯化镍	18g	10g	15g
水	加至1L	加至1L	加至1L

制备方法 将各组分溶于水，搅拌均匀即可。

原料配伍 本品各组分配比范围为：硫酸铜5～30g、氢氧化钠5～30g、酒石酸盐20～45g、甲醛10～20mL、碳酸钠5～20g、氯化镍5～20g，水加至1L。

产品应用 本品不仅适用于塑料管的化学镀铜，还适用于其他不导电塑料件的镀铜。

本品应用于油箱油量传感器塑料管化学镀铜的工艺由以下步骤组成：

（1）化学除油：将油箱油量传感器塑料管放入碱溶液中进行化学除油；

（2）粗化：将上述油箱油量传感器塑料管通过机械或化学浸蚀除

去憎水层，使表面由疏水变为亲水；

（3）敏化：把上述塑料管零件放入含有亚锡离子的溶液中，使其表面吸附一层容易氧化的二价锡；

（4）活化：把上述敏化后的塑料管零件放入含有银离子的溶液中，还原出一层具有催化作用的金属银，作为化学镀铜时氧化还原反应的催化剂；

（5）化学镀铜：将上述处理后的油箱油量传感器塑料管放入含有铜离子盐、金属碱、络合剂、还原剂、稳定剂、活化剂的镀铜溶液中进行氧化还原反应，沉积金属铜；

（6）化学镀铜后，立即进行硫酸型酸性电镀铜，增加铜层的厚度。

产品特性 本品采用化学沉积的方法使塑料管表面获得一层能够导电的膜层，使其能够进行电镀。膜层具有金属铜的紫红色。这种化学镀铜后再电镀铜，得到的镀铜层与油箱油量传感器塑料管基体有非常好的结合力，镀铜结晶细致、均匀，且具有美丽的玫瑰色金属光泽。解决了常规化学镀铜溶液不稳定、易分解、膜层覆盖不完整的缺陷；提高了单位体积溶液的承载力；满足了油箱油量传感器塑料管镀铜的需要。

本品提供的油箱油量传感器塑料管化学镀铜工艺方法简单，易于控制调整，溶液沉积速度较快、化学稳定性较好，使用寿命长。解决了传统工艺槽液自分解快、失效快、化学镀铜层覆盖不完整的问题。

本品工艺与传统工艺比较，维护简单，成本低，镀铜质量好。零件镀铜的返修率降低65%以上，生产效率提高两倍。

制备木质电磁屏蔽材料的化学镀液

原料配比

表1 稳定液

原料	配比					
	1#	2#	3#	4#	5#	6#
聚乙二醇	50g	80g	100g	60g	50g	70g
甲醛	加至1L	加至1L	加至1L	加至1L	加至1L	加至1L

表 2　敏化液

原　料	配　比					
	1#	2#	3#	4#	5#	6#
氯化亚锡	10g	15g	20g	20g	20g	25g
盐酸	30mL	30mL	35mL	40mL	45mL	50mL
水	加至 1L	加至 1L	加至 1L	加至 1L	加至 1L	加至 1L

表 3　活化液

原　料	配　比					
	1#	2#	3#	4#	5#	6#
氯化钯	0.25g	0.25g	0.5g	0.5g	0.75g	1g
38%盐酸	20mL	30mL	25mL	30mL	40mL	40mL
水	加至 1L	加至 1L	加至 1L	加至 1L	加至 1L	加至 1L

表 4　镀铜溶液

原　料	配　比					
	1#	2#	3#	4#	5#	6#
硫酸铜	8g	8g	10g	12g	15g	15g
甲醛	6mL	8mL	10mL	10mL	10mL	12mL
乙二胺四乙酸盐	35g	40g	45g	50g	50g	45g
聚乙二醇(聚合度 6000)	0.025g	0.03g	0.025g	0.045g	0.03g	0.04g
2,2′-联吡啶	15g	15g	25g	15g	35g	30g
水	加至 1L	加至 1L	加至 1L	加至 1L	加至 1L	加至 1L

表 5　钝化液

原　料	配　比					
	1#	2#	3#	4#	5#	6#
苯并三氮唑(BTA)	5g	6g	6g	8g	8g	10g
柠檬酸	10g	20g	20g	25g	20g	30g
磺基水杨酸	2g	8g	8g	5g	8g	10g
水	加至 1L	加至 1L	加至 1L	加至 1L	加至 1L	加至 1L

制备方法

(1) 将硫酸铜溶于水中，搅拌至全部溶解；

(2) 加入络合剂，并充分搅拌；

(3) 溶液呈酸性，调整 pH 值至 7～8；

(4) 依次加入除甲醛以外的其他试剂；

(5) 升温至 50℃；

(6) 加入甲醛，并充分混合搅拌；

(7) 用蒸馏水调至规定的体积，并用氢氧化钠溶液调整至规定的 pH 值。

原料配伍 本品各组分配比范围为：硫酸铜 8～15g、甲醛 6～12mL、乙二胺四乙酸盐 35～50g、聚乙二醇 0.025～0.045g、2,2′-联吡啶 15～35g，水加至 1L。

稳定液组分配比：聚乙二醇 50～100g，甲醛加至 1L。

敏化液组分配比：氯化亚锡 10～25g、盐酸 30～50mL，水加至 1L。

活化液组分配比：氯化钯 0.25～1g、38%盐酸 20～40mL，水加至 1L。

钝化液组分配比：BTA 5～10g、柠檬酸 10～30g、磺基水杨酸 2～10g，水加至 1L。

产品应用 本品主要应用于木质电磁屏蔽材料的制备。工艺流程：基材处理→尺寸稳定处理→清洗处理→敏化处理→活化处理→化学镀→镀层检查→镀后处理→热压胶合→涂饰处理→成品。

详细步骤：

(1) 基材处理

① 用高目数砂纸将工件的 2 个面磨光，除去毛刺、杂质。

② 将工件浸入 70℃的自来水中浸煮 10min。

③ 烘干或自然晾干。

(2) 尺寸稳定处理及清洗处理

① 将工件放入尺寸稳定液中浸泡 10min，进行尺寸稳定处理。其间，适当晃动工件，以保证工件各个表面被稳定液浸渍。

② 浸渍取出后用甲苯清洗，去除工件死角处的固体物。

③ 烘干或自然晾干。

(3) 敏化活化处理

① 在常温下配制敏化液与活化液。敏化、活化液在失效之前可

重复使用多次。

② 处理过程：蒸馏水水洗 1～2min，敏化液中浸泡 1～2min，自来水洗 15～30s，蒸馏水水洗 15s，活化液中浸泡 1～2min，蒸馏水水洗 30～60s。

③ 烘干或自然晾干。

(4) 化学镀铜

① 常温下配制镀铜液。

② 配制 pH 调整剂，即氢氧化钠水溶液，用来调整溶液的 pH 值。

③ 预热工件。

④ 加热镀液，使镀液温度达到 50℃，加入甲醛，充分搅拌。将工件浸入镀液中，用压缩空气搅拌镀液。每批工件出槽后，测定 pH 值，并用氢氧化钠水溶液调整镀铜液的 pH 值。

⑤ 停工后，继续用压缩空气搅拌镀液，并加入稀硫酸溶液，调整 pH 值至 9 左右。

(5) 镀后处理

① 取出工件后用 50℃的自来水清洗 5min；

② 将工件放入钝化液中浸泡 5min；

③ 取出后，充分水洗；

④ 烘干或自然晾干。

(6) 热压胶合　通过热压将化学镀铜的薄木与木质材料胶合，热压温度在 90℃，时间为 1min。

(7) 着色/涂饰处理

① 通过不同的化学溶液进行着色。比如黑色：硫化钠 5～12.5g/L、氯化铵 20～200g/L，室温涂布后放置数分钟。铜绿色：硝酸铜 25g/L、氯化铵 25g/L、氯化钾 25g/L，常温下涂布。

② 无须打磨，直接喷漆。采用封闭或是开放漆均可，所采用的漆种包括硝基漆、水性漆、PU 漆、金属漆等。

产品特性

(1) 外观。经化学镀铜处理后的薄木不仅可以作为基底镀层，又具有一定装饰性。镀铜层经热压胶合之后依旧可以保证其光亮度、金属质感，且镀层均匀连续。

(2) 镀铜层厚度与方块电阻。顺纹和横纹方向上的电阻随着镀层厚度的增加最后的方块电阻（方块电阻的定义是：在长和宽相等的样品上测量的金属化镀膜的电阻。方块电阻的大小与样品尺寸无关）都达到 0.07Ω/口左右，二次镀覆时完全可以采用电镀或电刷镀等工艺。当镀层厚度达到 3.5μm 时，已经完全覆盖了木材纹理表面，使得木材表面呈现金属特征和性质。

（3）电磁屏蔽效能。在 9～1500MHz 的频率范围内进行电磁屏蔽效能的测定，化学镀铜电磁屏蔽材料的电磁屏蔽效能范围大约是 25～40dB。其中，从低频到高频，屏蔽效能有逐渐降低的趋势。

2 镀锡液

 化学镀锡液（1）

原料配比

原料	配比									
	1#	2#	3#	4#	5#	6#	7#	8#	9#	10#
氯化亚锡（$SnCl_2 \cdot 2H_2O$）	10g	10g	—	—	20g	10g	5g	15g	—	—
硫酸亚锡（$SnSO_4$）	—	—	10g	5g	—	5g	—	—	20g	20g
浓盐酸	20mL	20mL	8mL	8mL	40mL	40mL	50mL	40mL	20mL	20mL
硫脲[$SC(NH_2)_2$]	35g	35g	30g	40g	35g	30g	40g	35g	30g	30g
次磷酸钠（$NaH_2PO_2 \cdot H_2O$）	10g	15g	20g	15g	20g	5g	10g	18g	20g	20g
去离子水	加至1L	加至1L	加至1L	加至1L	加至1L	加至1L	加至1L	加至1L	加至1L	加至1L

制备方法

（1）取5～20g可溶性锡盐溶于8～50mL浓盐酸中，得到锡盐浓盐酸溶液，备用；

（2）取30～40g硫脲溶解于部分水（一般为总用水量的30%～60%）中，得到硫脲水溶液，向硫脲水溶液中加入5～20g的次磷酸钠，待次磷酸钠完全溶解后再加入步骤（1）制得的锡盐浓盐酸溶液，加水定容至1L，即得化学镀锡液。

原料配伍 本品各组分配比范围为：可溶性锡盐 5～20g、浓盐酸 8～50mL、硫脲 30～40g、次磷酸钠 5～20g，加水定容至 1L。

可溶性锡盐为氯化亚锡和/或硫酸亚锡，当可溶性锡盐为氯化亚锡和硫酸亚锡的组合时，氯化亚锡和硫酸亚锡之间的配比可为任意值。

次磷酸钠也可先配成水溶液，再加入到硫脲水溶液中，配制次磷酸钠水溶液时的用水量一般为总用水量的 20%～30%。

产品应用 本品主要用于化学镀锡。

用化学镀锡液对碳材料进行锡包覆制备锡/碳复合材料的方法，具体是：取碳材料，研磨或不研磨，按 1g∶(50～150)mL 的质量体积比加入到化学镀锡液中，于 60～80℃水浴中搅拌 10～60min 后超声振荡 5～20min，抽滤，水洗，直至滤液中没有氯离子，烘干即得。

碳材料可以是碳微球、石墨或活性炭。石墨或活性炭可从市场上直接购买。碳微球可以是中间相碳微球、多孔碳微球、微孔碳微球，其中中间相碳微球可从市场上直接购买，多孔碳微球和微孔碳微球可按现有常规方法进行制备，具体可以按以下方法进行制备：取浓度为 1～3mol/L 的糖类水溶液置于高压反应釜中，于 150～180℃条件下加热 10～12h，得到碳微球前躯体，过滤，洗涤，烘干后置于管式炉中，在氮气保护气氛、700～1100℃条件下碳化 2～5h，得到微孔碳微球或多孔碳微球。所述的糖类物质可以是葡萄糖、蔗糖、阳离子可溶性淀粉或双醛可溶性淀粉。

当碳材料需要研磨时，一般是将碳材料研磨至 200 目以下；当碳材料为石墨或活性炭时，如果购买的产品粒径已在 200 目以下，则不需要研磨。

碳材料与化学镀锡液的质量体积比优选为 1g∶(60～100)mL。

产品特性 本产品采用特殊配比的镀锡液对碳材料进行锡包覆，使锡能够均匀的包覆在碳材料的表面，方法简单易控，且制得的锡/碳复合材料作为锂离了电池负极材料具有高比容量以及优异的循环性能。

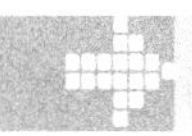

化学镀锡液（2）

原料配比

原料		配比（质量份）							
		1#	2#	3#	4#	5#	6#	7#	8#
锡盐	硫酸亚锡	10	—	—	—	10	10	10	10
	氯化亚锡	—	12	—	5	—	—	—	—
	甲基磺酸锡	—	—	15	—	—	—	—	—
络合剂	柠檬酸钠	30	—	—	—	30	40	30	30
	柠檬酸	—	40	—	10	—	—	—	—
	柠檬酸钾	—	—	50	—	—	—	—	—
	甲基磺酸	20	—	—	10	20	—	20	20
	甲基磺酸钠	—	30	—	—	—	—	—	—
	甲基磺酸钾	—	—	70	—	—	—	—	—
	氨基磺酸	10	12	20	5	10	15	10	10
磺酸类促进剂	十二烷基硒代磺酸钾	3	4	5	1	3	3	—	—
	十二烷基磺酸钠	—	—	—	—	—	—	0.5	—
	十二烷基磺酸钾	—	—	—	—	—	—	—	0.6
	乙基硒代磺酸钠	—	—	—	—	—	—	1	—
	甲基硒代硫酸钠	—	—	—	—	—	—	—	1.2
表面活性剂	PEG1000	0.05	0.08	0.1	0.01	—	0.05	0.05	0.05
促进剂	硫脲	6	7	20	1	—	6	6	6
还原剂	氯化钛	4	5	6	3	4	4	4	4
pH调节剂	氨水	7	9	10	1	7	7	7	7
水		加至1000	加至1000	加至1000	加至1000	加至1000	加至1000	加至1000	加至1000

制备方法 先将锡盐、络合剂、还原剂分别溶于水制备各自的水溶液，然后将锡盐水溶液与络合剂水溶液先混合，再加入磺酸类促进剂，最后与还原剂水溶液混合，再加入其余原料混合即得到所述化学镀锡液。

原料配伍 所述化学镀锡液中含有锡盐、络合剂、还原剂和促进剂。其中，所述还原剂为氯化钛；促进剂中含有磺酸类促进剂。磺酸类促进剂选自A、B、C中的至少一种，其中A为十二烷基硒代磺酸盐，B为十二烷基磺酸盐与硒代磺酸盐的混合物，C为十二烷基磺酸盐与硒代硫酸盐的混合物。

磺酸类促进剂的含量可根据镀液中锡盐和还原剂的含量进行适应性选择。优选情况下，所述化学镀锡液中，锡盐的含量为5～15g/L，还原剂的含量为3～6g/L，磺酸类促进剂的含量为1～5g/L。

锡盐为化学镀锡的主盐，用于提供Sn^{2+}，可与还原剂反应生成单质Sn并沉积于待镀件表面，形成镀锡层。优选情况下，本产品中的锡盐可采用现有技术中常用的氯化亚锡、硫酸亚锡、磺酸锡中的任意一种或多种，没有特殊限定。所述锡盐的含量在本领域的常用范围内即可，例如，可为5～15g/L，但不局限于此。本产品中，所述还原剂为氯化钛，它能与Sn^{2+}反应还原出Sn，并使其在待镀件表面沉淀下来。

三络合剂体系为水溶性醋酸盐、水溶性甲基磺酸盐与氨基磺酸的混合物。

柠檬酸类络合剂选自柠檬酸、水溶性柠檬酸盐中的任意一种。所述水溶性柠檬酸盐可采用柠檬酸钠或柠檬酸钾，但不局限于此。所述甲基磺酸类络合剂选自甲基磺酸、水溶性甲基磺酸盐中的任意一种。所述水溶性甲基磺酸盐可采用甲基磺酸钠或甲基磺酸钾等各种常用的水溶性甲基磺酸盐，本产品没有特殊限定。

化学镀锡液中，柠檬酸类络合剂的含量为10～50g/L，甲基磺酸类络合剂的含量为10～70g/L，氨基磺酸的含量为5～20g/L。

促进剂中除采用本产品特定的磺酸类促进剂之外，还可含有现有技术中常见的其他各种促进剂，例如可以为硫脲，但不局限于此。优选情况下，所述硫脲的含量为1～20g/L。

化学镀锡液中还可含有现有技术中常用的各种表面活性剂，以提高镀层质量。例如，所述表面活性剂可以采用聚乙二醇（PEG），但不局限于此。更优选情况下，所述化学镀锡液中，表面活性剂的含量为0.001～0.1g/L。其中，聚乙二醇可采用PEG1000，但不局限于此。

化学镀锡液中还含有pH调节剂，用于保证本产品的化学镀锡液为碱性镀液体系，为化学镀锡提供一个碱性环境。所述pH调节剂可采用现有技术中常用的各种碱性物质，例如可以采用氢氧化钠、氢氧化钾或氨水，优选为氨水，更优选采用25%的氨水，但不局限于此。本产品中，对于所述pH调节剂的用量没有特殊限定，至调节化学镀锡液体系pH值为8～10即可。更优选情况下，所述化学镀锡液中，所述pH调节剂的含量为1～10g/L。

产品应用 本品主要用于化学镀锡。

产品特性

（1）本产品中磺酸类促进剂的作用是促进化学镀锡，其中十二烷基磺酸的结构单元具有一定的表面活性，能降低氢离子的残留，而硒代磺酸结构能使一定量的硒最后在镀层与金属锡共沉积，从而提高镀层的光亮性。而磺酸结构则能与Sn^{2+}形成复配物，从而有利于后续化学还原反应中的锡电子转移，通过控制晶粒生长过程提高光亮性。即采用本产品提供的磺酸类促进剂作为化学镀锡的促进剂，能有效提高镀液的稳定性和增加镀层表面的光亮性。

（2）络合剂的作用是与Sn^{2+}形成稳定的络合物，防止Sn^{2+}在碱性条件下生成$Sn(OH)_2$沉淀，同时还能防止锡离子直接与还原剂反应造成的镀液失效。所述络合剂可采用现有技术中常用的各种络合剂。在本产品的化学镀锡液中采用三络合剂体系，同时配合使用磺酸类络合剂，使得本产品的化学镀锡液不仅可以在低温下使用，同时使其稳定性得到提高，活性增强，还能控制镀锡反应的进行。其中，柠檬酸类络合剂为强络合剂，其能与锡离子形成稳定的络合物，即使在高碱性条件下不会形成$Sn(OH)_2$沉淀，同时控制镀锡反应的进行。而甲基磺酸类络合剂则为相对较弱的络合剂，其与强络合剂（即柠檬酸类络合剂）以及氨基磺酸配合使用时能调整镀锡的外观以及镀液的稳定性。

（3）本产品通过在氯化钛系还原剂化学镀锡液中新增磺酸类促进

剂，能有效改善镀液的活性和稳定性，同时还能保证镀液的长时间稳定性，使得后续化学镀形成的化学镀锡层致密性高、表层光亮，解决了现有化学镀锡液稳定性差、镀层稀松且易发暗的技术问题。

（4）本产品由于活性高、稳定性好，能保证镀层质量，使其具有致密性高、表层光亮的优点。

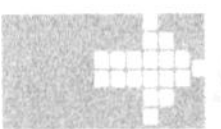

化学镀锡液（3）

原料配比

原料	配比(质量份)					
	1#	2#	3#	4#	5#	6#
氯化亚锡	7	12	—	—	7	7
硫酸亚锡	—	—	15	—	—	—
磺酸锡	—	—	—	5	—	—
醋酸钠	12	20	—	10	12	30
醋酸钾	—	—	30	—	—	—
EDTA 二钠	50	60	—	10	50	—
EDTA 二钾	—	—	70	—	—	—
氨基磺酸	10	12	15	5	10	20
半胱氨酸	2	4	5	1	2	2
OP-10	0.01	0.01	0.01	0.01	—	0.01
硫脲	2	5	2	2	—	2
氯化钛	4	6	6	3	4	4
氨水	4	5	4	4	4	4
水	加至1000	加至1000	加至1000	加至1000	加至1000	加至1000

制备方法 先将锡盐、络合剂、还原剂分别溶于水制备各自的水溶液，然后将锡盐水溶液与络合剂水溶液先混合，再加入半胱氨

酸，最后与还原剂水溶液混合，即得所述化学镀锡液。

原料配伍 所述化学镀锡液中含有锡盐、络合剂、还原剂和促进剂，其中，所述还原剂为氯化钛，所述促进剂中含有半胱氨酸。

锡盐为化学镀锡的主盐，用于提供 Sn^{2+}，可与还原剂反应生成单质 Sn 并沉积于待镀件表面，形成镀锡层。优选情况下，本产品中，所述锡盐可采用现有技术中常用的氯化亚锡、硫酸亚锡、磺酸锡中的任意一种或多种，本产品没有特殊限定。所述锡盐的含量在本领域的常用范围内即可，例如，可为 5～15g/L，但不局限于此。本产品中，所述还原剂为氯化钛，它能与 Sn^{2+} 反应还原出 Sn，并使其在待镀件表面沉淀下来。

半胱氨酸的含量可根据镀液中锡盐和还原剂的含量进行适应性选择。优选情况下，所述化学镀锡液中，锡盐的含量为 5～15g/L，还原剂的含量为 3～6g/L，半胱氨酸的含量为 1～5g/L。半胱氨酸是化学镀锡的促进剂，其能与 Sn^{2+} 形成复配物，从而有利于后续化学还原反应中锡电子的转移，通过控制晶粒生长过程提高镀层的光亮性。即采用本产品提供的半胱氨酸作为化学镀锡的促进剂，能提高镀速和增加镀层表面的光亮性。

络合剂的作用是防止 Sn^{2+} 在碱性条件下生成 $Sn(OH)_2$ 沉淀，其能与 Sn^{2+} 形成稳定的络合物，同时还能防止锡离子直接与还原剂反应造成的镀液失效。所述络合剂可采用现有技术中常用的各种络合剂。在本产品的化学镀锡液中采用三络合剂体系，同时配合使用半胱氨酸，使得本产品的化学镀锡液不仅可以在低温使用，同时其稳定性得到提高，活性强，还能控制镀锡反应的进行。具体地，所述三络合剂体系为水溶性醋酸盐、水溶性 EDTA 盐与氨基磺酸的混合物。其中，水溶性 EDTA 盐为强络合剂，其能与锡离子形成稳定的络合物，即使在高碱性条件下不会形成 $Sn(OH)_2$ 沉淀，同时控制镀锡反应的进行。而水溶性醋酸盐则为相对较弱的络合剂，其与强络合剂（即水溶性 EDTA 盐）以及氨基磺酸配合使用时能调整镀锡的外观和镀速以及镀液的稳定性。其中，水溶性 EDTA 盐可采用 EDTA 二钠或 EDTA 二钾，水溶性醋酸盐可采用醋酸钠或醋酸钾等各种常用的水溶性盐，本产品没有特殊限定。更优选情况下，所述化学镀锡液中，水溶性醋酸盐的含量为 10～30g/L，水溶性 EDTA 盐的含量为 10～

70g/L，氨基磺酸的含量为5～20g/L。

促进剂中除采用本产品特定的半胱氨酸之外，还可含有现有技术中常见的其他各种促进剂，例如可以为硫脲，但不局限于此。优选情况下，所述硫脲的含量为1～10g/L。

化学镀锡液中还可含有现有技术中常用的各种表面活性剂，以提高镀层质量。例如，所述表面活性剂可以采用OP-10，但不局限于此。更优选情况下，所述化学镀锡液中，表面活性剂的含量为0.001～0.1g/L。

化学镀锡液中还含有pH调节剂，用于保证本产品的化学镀锡液为碱性镀液体系，为化学镀锡提供一个碱性环境。所述pH调节剂可采用现有技术中常用的各种碱性物质，例如可以采用氢氧化钠、氢氧化钾或氨水，优选为氨水，更优选采用25%的氨水，但不局限于此。本产品中，对于所述pH调节剂的用量没有特殊限定，调节化学镀锡液体系pH值为8～10即可。更优选情况下，所述化学镀锡液中，pH调节剂的含量为1～10g/L。

质量指标

化学镀锡液	光亮性	稳定性	镀速/(μm/h)
1#	光亮	5h	9.6
2#	光亮	5h	12.3
3#	光亮性不均匀，不够致密	3h	13.1
4#	光亮	6h	7.7
5#	较光亮，不够致密	5h	8.3
6#	较光亮	4h	9.4

产品应用 本品主要用于化学镀锡。

产品特性 本产品通过在氯化钛系还原剂化学镀锡液中新增半胱氨酸，能有效改善镀液的活性和稳定性，同时还能保证镀液的长时间稳定性，使得后续化学镀时镀速得到大大提高，形成的化学镀锡层致密性高、表层光亮，解决了现有化学镀锡液镀速慢、镀层稀松且易发暗的技术问题。

化学镀锡液（4）

原料配比

原料	配比				
	1#	2#	3#	4#	5#
硫酸亚锡	10g	40g	25g	30g	35g
浓硫酸(含量98%)	20mL	70mL	35mL	55mL	60mL
Schiff碱	0.1g	3g	2g	2.5g	3g
聚乙二醇6000	0.005g	0.015g	0.01g	0.012g	0.013g
次磷酸钠(含1个结晶水)	—	80g	30g	45g	50g
脒基硫脲	0.02g	0.08g	0.05g	0.07g	0.08g
盐酸吡硫醇	0.01g	0.06g	0.04g	0.05g	0.02g
4,4′-(2-吡啶亚甲基)二苯酚	0.01g	0.05g	0.03g	0.04g	0.05g
葡萄糖醛酸	0.2g	0.05g	0.3g	0.6g	0.4g
去离子水或蒸馏水	加至1L	加至1L	加至1L	加至1L	加至1L

制备方法 首先将浓硫酸缓慢加入去离子水中（总水量的50%～70%），然后依次将硫酸亚锡、Schiff碱、聚乙二醇6000、次磷酸钠、脒基硫脲、盐酸吡硫醇、4,4′-(2-吡啶亚甲基)二苯酚和葡萄糖醛酸加入稀释后的硫酸中，充分溶解后将溶液过滤并用去离子水配至规定体积。

原料配伍 本品各组分配比范围为：硫酸亚锡10～40g、浓硫酸（含量98%）20～70mL、Schiff碱0.1～3g、聚乙二醇6000 0.005～0.015g、次磷酸钠（含1个结晶水）0～80g、脒基硫脲0.02～0.08g、盐酸吡硫醇0.01～0.06g、4,4′-(2-吡啶亚甲基)二苯酚0.01～0.05g、葡萄糖醛酸0.05～0.6g，去离子水或蒸馏水加至1L。

所述的Schiff碱为水杨醛缩氨基硫脲。

所述的硫酸亚锡可以用氯化亚锡替代。

产品应用 本品主要应用于化学镀锡。

本品化学镀锡溶液用在钢铁、铜或铜合金材料表面置换镀锡，其工作温度为20～65℃，施镀时间为30～90s，镀层厚度为0.45～1.42μm，常温下镀液可稳定保存90天以上。

产品特性 镀锡溶液中含有络合剂Schiff碱和脒基硫脲，可有效降低铜的电极电位，使置换反应能够进行；盐酸吡硫醇能使镀层光亮度增加；4,4′-(2-吡啶亚甲基)二苯酚和葡萄糖醛酸的使用使镀液更稳定，常温下镀液可稳定保存90天以上。该镀锡工艺过程易于控制，既可在钢材上，也能在铜或铜合金材料表面置换镀锡。使用该镀锡溶液得到的镀层厚度范围宽，能够满足多数用户的要求。

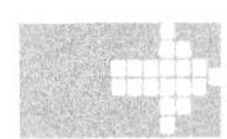

化学镀锡液(5)

原料配比

原　料	配比(质量份)
甲烷磺酸锡	20
盐酸	150
磺酸盐	20
苯二酚	3
苯甲醛	2
聚乙氧基胺	1
聚苯乙烯化酚	2
水	加至1000

制备方法 将各组分溶于水，混合均匀即可。

原料配伍 本品各组分质量份配比范围为：甲烷磺酸锡10～50、盐酸50～200、磺酸盐10～50、苯二酚0.2～5、苯甲醛0.5～3、聚乙氧基胺1～10、聚苯乙烯化酚1～10，水加至1000。

产品应用 本品主要用于化学镀锡。

产品特性 本产品配方合理，镀液稳定性好，所镀的产品镀层均匀，焊接性能好，表面光亮，适合各种 PCB 板、引线框架、线材等对镀层的需求。

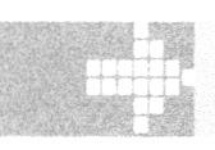

半光亮无铅化学镀锡液

原料配比

原 料	配 比		
	1#	2#	3#
硫酸亚锡	15g	20g	30g
硫酸	50mL	40mL	30mL
乙二胺四乙酸	3g	3g	5g
硫脲	80g	100g	120g
柠檬酸	10g	20g	25g
次磷酸钠	80g	80g	100g
明胶	0.3g	0.3g	0.5g
苯甲醛	0.5mL	1mL	1mL
水	加至 1L	加至 1L	加至 1L

制备方法

（1）将乙二胺四乙酸用蒸馏水溶解，形成 A 液。

（2）在硫酸中加入硫酸亚锡，搅拌使之溶解形成 B 液。

（3）将 B 液在搅拌下加入 A 液中，形成 C 液。

（4）用蒸馏水溶解硫脲（80℃），在搅拌下加入 C 液中，形成 D 液。

（5）用蒸馏水溶解次磷酸钠，在搅拌下加入 D 液中，形成 E 液。

（6）用硫酸或氨水调整 E 液的 pH 值，定容后获得化学镀锡液。

原料配伍 本品各组分配比范围为：硫酸亚锡 15～30g、硫脲 60～120g、柠檬酸 10～25g、乙二胺四乙酸 3～5g、硫酸 25～55mL、明胶 0.2～1g、苯甲醛 0.5～2mL，水加至 1L。

质量指标

检验项目	检验结果		
	1#	2#	3#
化学镀层厚度/μm	26.4	22.7	32.7
外观	银白色	银白色	银白色
锡含量/%	93.4	92.8	94.6
孔隙率	低于4个/6cm²	低于4个/6cm²	低于4个/6cm²
钎焊性	在焊剂为25%的松香异丙醇，焊料为60%锡+40%铅的锡铅合金中的润湿时间低于2s，钎焊性好		
存放时间	在空气中放置3个月后，镀层外观色泽无变化		

产品应用 本品主要应用于化学镀锡。

化学镀锡液使用时的工艺条件：镀液温度为80～90℃，pH值为0.8～2，化学镀时间为3h，镀液装载量为0.8～1.5dm²/L，机械搅拌速度控制在50～100r/min。

产品特性

(1) 在铜及铜合金基体上实现了锡的连续自催化沉积，沉积速度快，可以获得不同厚度的半光亮、银白色的锡-铜合金化学镀层。

(2) 明胶和苯甲醛的加入，明显提高了化学镀锡层的平整度，晶粒细化明显，孔隙率低。

(3) 配制好的化学镀锡液在室温下及生产过程中均为透明溶液，无白色絮状物质析出。

(4) 镀液配方简单，易于控制，工艺参数范围宽。

(5) 镀液稳定，使用寿命长，批次生产稳定性高。1L化学镀液能够镀覆的表面积为12～13dm²，厚度为3～5μm。

(6) 化学镀层为半光亮、银白色，含有少量的铜，化学镀锡层厚度在5～7μm时，即可满足钎焊性的要求。

(7) 化学镀层和铜基体结合牢固，无起皮、脱落及剥离。经钝化处理后，在空气中放置3个月后，镀层外观无变化。

(8) 镀液的均镀和深镀能力强，在深孔件、盲孔件以及一些难处理的小型电子元器件和PCB印刷线路板等产品的表面强化处理中应用前景广泛。

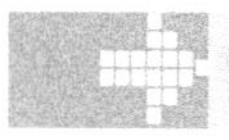

玻璃纤维表面化学镀锡镍液

原料配比

原料	配比(质量份)		
	1#	2#	3#
氯化锡	40	45	50
氯化镍	15	20	15
次磷酸钠	60	65	70
柠檬酸钠	90	95	95
水	加至 1000	加至 1000	加至 1000

制备方法 分别用蒸馏水溶解氯化锡、氯化镍、次磷酸钠和柠檬酸钠；将已完全溶解的氯化锡和氯化镍溶液混合均匀后，加入到柠檬酸钠溶液中，搅拌均匀，将次磷酸钠溶液缓慢加入上述柠檬酸钠溶液中，并稀释至所需体积，用盐酸调节 pH 值至 3～6。

原料配伍 本品各组分质量份配比范围为：氯化锡 30～60、氯化镍 10～30、次磷酸钠 40～80、柠檬酸钠 70～100，水加至 1000。

产品应用 本品主要应用于玻璃纤维表面镀锡镍。

玻璃纤维的预处理工艺步骤如下：

(1) 用丙酮除油，并用蒸馏水进行水洗；

(2) 将步骤 (1) 处理过的玻璃纤维浸入浓度为 0.5%～5%的硅烷偶联剂溶液中，浸渍 2～20min，过滤，烘干；

(3) 将步骤 (2) 处理过的玻璃纤维浸入浓度为 40%～65%的硝酸溶液进行粗化处理 10～60min，硝酸溶液的温度维持在 40～80℃。

(4) 将步骤 (3) 处理过的玻璃纤维浸入浓度为 5～20g/L $SnCl_2 \cdot 2H_2O$ 和 10～30g/L HCl 混合溶液中进行敏化处理。

(5) 将步骤 (4) 处理过的玻璃纤维在 0.1～2g/L $PdCl_2$ 和 1～

20mL/L HCl混合溶液中进行活化处理。

玻璃纤维表面化学镀锡镍工艺步骤如下：

(1) 将预处理工艺处理后的玻璃纤维放入配制好的镀液中进行化学镀锡镍，施镀温度80～100℃，施镀时间0.5～5h；

(2) 将上述制得的镀锡镍玻璃纤维烘干，烘干温度60～100℃。

产品特性

(1) 所制得的化学镀锡镍玻璃纤维有良好的导电特性，表面含Sn 10%～40%，含Ni 2%～20%。

(2) 与常用的球形、片状等电磁力功能填料相比，化学镀锡镍玻璃纤维是一种微米级纤维材料，对改善涂层功能骨架有良好作用。

(3) 化学镀锡镍玻璃纤维的制备均在低温下进行，节约能源，使用方便。

(4) 化学镀锡镍玻璃纤维的制备方法简单、方便、易于操作和控制，完全使用常规设备，可广泛用于非金属粉体上化学镀锡镍工艺中，投资不大，风险较小，便于推广。

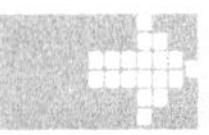

低温化学镀锡液

原料配比

原料		配比				
		1#	2#	3#	4#	5#
A溶液	硫酸亚锡	20g	45g	30g	40g	30g
	98%浓硫酸	20mL	50mL	30mL	45mL	30mL
	聚乙二醇6000	0.05g	0.25g	0.1g	0.2g	0.15g
	三乙醇胺	0.1g	0.4g	0.2g	0.3g	0.25g
	平平加O	0.02g	—	0.01g	0.005g	0.01g
	去离子水或蒸馏水	加至1L	加至1L	加至1L	加至1L	加至1L
B溶液	硫脲	50g	20g	40g	100g	20g
	98%浓硫酸	40mL	20mL	30mL	50mL	20mL
	去离子水或蒸馏水	加至1L	加至1L	加至1L	加至1L	加至1L

制备方法

(1) A溶液的制备：首先将浓硫酸缓慢加入部分去离子水或蒸馏水中，然后依次将硫酸亚锡、聚乙二醇6000、三乙醇胺、平平加O加入，充分溶解后用去离子水或蒸馏水配至规定体积。

(2) B溶液的制备：将浓硫酸缓慢加入部分去离子水或蒸馏水中，然后加入硫脲，充分溶解后用去离子水或蒸馏水配至规定体积。

原料配伍 本品各组分配比范围如下。A溶液：硫酸亚锡20～45g、98%浓硫酸20～50mL、聚乙二醇0.05～0.25g、三乙醇胺0.1～0.4g、平平加O 0～0.02，去离子水或蒸馏水加至1L。B溶液：硫脲20～100g、98%浓硫酸20～50mL，去离子水或蒸馏水加至1L。

所述硫酸亚锡可以用氯化亚锡或四氯化锡五水合物代替。

所述三乙醇胺可用二乙醇胺或乙醇胺代替。

产品应用 本品主要应用于化学镀锡。

镀锡的方法：将施镀材料铜或铜合金先在A溶液中浸泡30～180s，再在B溶液中浸泡60～300s，即可完全施镀，A溶液、B溶液的工作温度为10～35℃。

产品特性 本品采用A、B两组溶液进行施镀，实现了低温(10～35℃)镀锡的可能。施镀材料在A溶液中通过静电、范德华力、氢键的作用多层吸附Sn^{2+}（或Sn^{4+}），在B溶液中通过硫脲及其衍生物降低铜的氧化还原电位，使吸附的亚锡离子通过近距离置换反应还原成锡，这样使镀锡在低温下就可快速进行。在A溶液中由于不发生化学反应，所以溶液可长时间保存，即使是在空气中有少量Sn^{2+}被氧化成Sn^{4+}，Sn^{4+}也可在B溶液中还原成金属锡。锡盐的水解反应属吸热反应，由于本方法施镀温度低，适当的酸度就可抑制锡盐的水解，不必另加络合剂；由于Sn^{4+}利用本方法也较易还原成锡，所以A溶液也不必加入抗氧化剂；在B溶液中，没有或有少量的Sn^{2+}或Sn^{4+}，有适量的酸存在就不会发生水解，溶液也可长期保存。在A、B两组溶液中均未加入还原剂、抗氧化剂、络合剂，其他添加剂的量很小，所以废镀液的处理要容易得多。

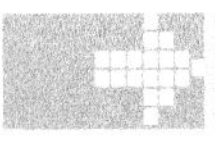

硅酸钙镁矿物晶须表面化学镀锡镍镀液

原料配比

原　料	配比(质量份)		
	1#	2#	3#
氯化亚锡	30	40	40
硫酸镍	10	12	14
次磷酸钠	35	40	45
乳酸	90	95	95
水	加至1000	加至1000	加至1000

制备方法

(1) 分别用蒸馏水溶解氯化亚锡、硫酸镍、次磷酸钠和乳酸；

(2) 将已完全溶解的氯化亚锡和硫酸镍溶液混合均匀后，加入到乳酸溶液中，搅拌均匀；

(3) 将次磷酸钠溶液缓慢加入步骤 (2) 所配好的溶液，并稀释至所需体积，用盐酸调节 pH 值至 2～6。

原料配伍 本品各组分质量份配比范围为：氯化亚锡 20～50、硫酸镍 5～20、次磷酸钠 25～60、乳酸 60～100，水加至1000。

产品应用 本品主要应用于电磁波屏蔽、吸波、隐身与抗静电等特殊领域。

硅酸钙镁矿物晶须的化学镀工艺步骤如下：

(1) 用丙酮除油，并用蒸馏水进行水洗；

(2) 将步骤 (1) 处理过的硅酸钙镁矿物晶须浸入浓度为 0.5%～5%的硅烷偶联剂溶液中，浸渍 2～20min，过滤，烘干；

(3) 将步骤 (2) 处理过的硅酸钙镁晶须浸入浓度为 40%～65%的硝酸溶液进行粗化处理，处理 10～60min，硝酸溶液的温度维持在 40～80℃；

(4) 将步骤 (3) 处理过的硅酸钙镁晶须浸入浓度为 $SnCl_2$ ·

$2H_2O$ 5～20g/L 和 10～30g/L HCl 混合溶液中进行敏化处理；

（5）将步骤（4）处理过的硅酸钙镁晶须在 $PdCl_2$ 0.1～2g/L 和 HCl 1～20mL/L 混合溶液中进行活化处理；

（6）将预处理工艺处理后的硅酸钙镁矿物晶须放入本品配制好的镀液中进行化学镀锡镍，施镀温度 60～100℃，施镀时间 0.5～5h；

（7）将上述所制得的镀锡镍硅酸钙镁导电矿物晶须烘干，烘干温度 60～120℃。

上述方法制备的硅酸钙镁导电矿物晶须经过显微镜观察，镀层致密；用 X 射线能谱仪测试表面化学成分，含 Sn 10%～30%，Ni 2%～10%。

产品特性

（1）所制得的化学镀锡镍硅酸钙镁导电矿物晶须有良好的导电特性，表面含 Sn 10%～30%，Ni 2%～10%。

（2）与常用的球形、片状等电磁功能填料相比，化学镀锡镍硅酸钙镁矿物导电矿物晶须是一种微米级针状单晶体晶须材料，对改善涂层功能骨架有良好作用。

（3）化学镀锡镍硅酸钙镁导电矿物晶须的制备均在低温下进行，节约能源，使用方便。

（4）化学镀锡镍硅酸钙镁导电矿物晶须的制备方法简单、方便、易于操作和控制，完全使用常规设备，可广泛用于非金属粉体上化学镀锡镍工艺中，投资不大，风险较小，便于推广。

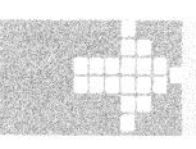

环保型化学镀锡液

原料配比

原　料	配比(质量份)
氯化锡	30
氯化镍	20
硫酸钴	5
次磷酸钠	70
苹果酸	10
酒石酸钾钠	5

续表

原　料	配比(质量份)
盐酸	15
柠檬酸铵	5
水	加至1000

制备方法　将各组分混合均匀即可。

原料配伍　本品各组分质量份配比范围为：氯化锡30～50、氯化镍20～30、硫酸钴2～5、次磷酸钠50～100、苹果酸10～20、酒石酸钾钠5～10、盐酸5～20、柠檬酸铵5～10，水加至1000。

产品应用　本品主要用于环保型化学镀锡。

产品特性　本产品配方合理，环保无污染，所生产的产品表面光洁度高、导电性能好。

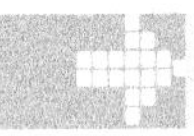

铜及铜合金化学镀锡液

原料配比

原　料	配比(质量份)						
	1#	2#	3#	4#	5#	6#	7#
甲磺酸锡	77.2	50	—	77	—	77	77
甲磺酸银	2.01	1	—	—	—	—	2.01
对甲酚磺酸银	—	—	—	—	—	1.3	—
对氨基苯磺酸	—	—	—	—	—	—	48
甲磺酸	144	144	—	—	—	144	144
乙磺酸	—	—	—	—	—	—	—
2-羟基乙磺酸	—	63	230	—	—	—	—
2-羟基乙磺酸锡	—	—	84	—	—	—	—
2-羟基乙磺酸银	—	—	1.2	—	—	—	—
2-羟基丙磺酸锡	—	—	—	—	100	—	—
2-羟基丙磺酸银	—	—	—	1.3	5	—	—
2-羟基丙磺酸	—	—	—	210	—	—	—

续表

原料	配比(质量份)						
	1#	2#	3#	4#	5#	6#	7#
酒石酸	—	—	—	120	—	—	—
柠檬酸	153	153	195	—	153	—	—
乳酸	—	—	75	—	—	—	—
对甲酚磺酸	94	—	—	94	—	94	—
葡萄糖酸	—	—	—	—	—	145	—
磺基水杨酸	—	—	—	—	62	—	56
β-环糊精	15	5	15	15	15	15	20
氨基苯酚	—	—	—	—	—	—	60
硫脲	76	45	98	76	76	76	76
3-羟基丙磺酸	—	—	—	—	210	—	—
1,3-二甲基硫脲	60	—	—	—	—	—	—
甲基胍	—	—	—	—	26	—	—
2,4,6-三硫缩三脲	—	—	102	—	—	—	—
2,4,6-三氯苯甲醛	—	—	—	—	4	—	—
2,2-二硫吡啶	—	—	—	30	—	—	—
2,2-二硫苯胺	—	—	—	—	—	52	—
2,4-二硫缩二脲	—	—	—	—	—	—	35
次磷酸钠	45	—	45	45	—	45	60
麝香草酚	—	—	—	20	—	—	—
抗败血酸	—	—	24	—	24	24	—
苯甲醛	—	—	4	4	—	—	9
次磷酸	—	30	—	—	44	—	—
对苯二酚	15	5	—	—	—	—	—
α-吡啶甲酸	—	3	—	—	—	4	—
氯化十六烷基吡啶	—	—	10	—	—	—	—
溴化十六烷基吡啶	—	5	—	—	—	—	—
氯化十六烷基三甲铵	—	—	—	—	10	10	—
咪唑	5	—	—	—	—	—	—
辛基酚聚氧乙烯醚(OP-10乳化剂)	7	—	—	7	—	—	7
去离子水	加至1000	加至1000	加至1000	加至1000	加至1000	加至1000	加至1000

制备方法 将各组分溶于水混合均匀即可。

原料配伍 本品各组分质量份配比范围为：有机混合酸150～500、有机锡盐50～100、有机银盐1～5、络合剂45～200、还原剂30～60、稳定剂10～80、乳化剂5～20、光亮剂3～20，去离子水加至1000。

有机混合酸至少为甲磺酸、乙磺酸、2-羟基乙磺酸、2-羟基丙磺酸、3-羟基丙磺酸、柠檬酸、酒石酸、乳酸、葡萄糖酸、对甲酚磺酸、对氨基苯磺酸、磺基水杨酸和草酸中的两种。

有机锡盐为有机酸的锡二价盐，至少为甲磺酸锡、2-羟基乙磺酸锡和2-羟基丙磺酸锡中的一种。

有机银盐至少为甲磺酸银、2-羟基乙磺酸银、2-羟基丙磺酸银和对甲酚磺酸银中的一种。

络合剂至少为硫脲、1,3-二甲基硫脲、2,4-二硫缩二脲、2,4,6-三硫缩三脲、2,2-二硫吡啶、2,2-二硫苯胺、甲基胍和胍基乙酸中的一种。

还原剂至少为次磷酸和次磷酸钠中的一种。

稳定剂至少为抗败血酸、氨基苯酚、对苯二酚、邻苯二酚和麝香草酚中的一种与β-环糊精的组合物。

乳化剂至少为溴化十六烷基吡啶、氯化十六烷基吡啶、溴化十六烷基三甲铵、氯化十六烷基三甲铵和辛基酚聚氧乙烯醚（OP-10乳化剂）中的一种。

光亮剂至少为咪唑、α-吡啶甲酸、苯甲醛和2,4,6-三氯苯甲醛中的一种。

本品的原理是：利用络合剂与二价锡离子形成的配合物来降低铜的电极电位，通过置换反应铜被锡置换出来，当铜表面全被锡覆盖后，再在其表面通过自催化还原沉积锡，使镀锡层不断增厚；同时加入有机混合酸、有机银盐、β-环糊精来有效克服镀锡层产生锡须。加入稳定剂不仅可以防止镀锡液产生沉淀，同时具有防止镀锡层表面氧化的特性。

产品应用 本品主要应用于敷铜或铜合金的线路板，也适用于其他铜材的镀锡防腐等。

产品特性 铜及其合金只需经4～8min化学镀锡处理，就可简便、快捷地在其表面获得光亮、平整、不会产生锡须的具有一定厚度的锡层。本品不仅适用于敷铜或铜合金的线路板（PCB），也适用于其他电子元件，黄铜、红铜等铜合金（Cu的质量分数>70%）的铜件的化学镀锡，各种铜线材、气缸活塞、活塞环等镀锡，铜材料的镀锡防腐等。

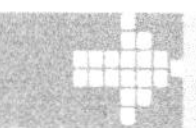

烷基磺酸化学镀锡液

原料配比

原料	配比					
	1#	2#	3#	4#	5#	6#
甲烷磺酸亚锡	5g	15g	15g	—	—	—
甲烷磺酸	100g	100g	140g	—	—	—
硫脲	100g	100g	120g	—	—	—
柠檬酸	—	5g	10g	—	—	—
次磷酸钠	100g	100g	100g	—	—	—
聚乙二醇	5g	5g	5g	—	—	2g
甲酚磺酸	—	—	5g	—	—	—
2-羟基丁基-1-磺酸银	—	—	10mg	—	—	—
间苯二酚	10g	—	—	—	—	4g
对苯二酚	—	5g	—	—	—	—
羟基甲烷磺酸银	—	10mg	—	—	—	—
乙烷磺酸铋	25mg	—	—	—	—	—
丁炔二醇	2g	—	—	—	1.5g	—
己炔二醇	—	1g	—	—	—	—
羟基丙烷吡啶鎓盐	—	—	1g	—	—	1.5g
乙烷磺酸亚锡	—	—	—	40g	—	—
丙烷磺酸	—	—	—	250g	—	—
丙烯基硫脲	—	—	—	250g	—	—
富马酸	—	—	—	20g	—	—
甲醛	—	—	—	150g	—	—
聚氧乙烯烷基胺	—	—	—	10g	—	2g

续表

原　料	配　比					
	1#	2#	3#	4#	5#	6#
聚氧乙烯山梨糖醇酯	—	—	—	10g	—	—
苯酚磺酸	—	—	—	25g	—	—
丙烷磺酸镍	—	—	—	30mg	—	—
丙烷磺酸吡啶鎓盐	—	—	—	3g	—	—
2-丙烷磺酸亚锡	—	—	—	—	30g	—
2-羟基乙基-1-磺酸	—	—	—	—	200g	—
亚乙基硫脲	—	—	—	—	100g	—
酒石酸	—	—	—	—	100g	—
氨基硼烷	—	—	—	—	50g	—
聚氧乙烯烷基芳基醚	—	—	—	—	5g	—
聚乙烯亚胺	—	—	—	—	5g	—
抗坏血酸	—	—	—	—	7g	—
均苯三酸	—	—	—	—	2g	—
2-丙烷磺酸铜	—	—	—	—	100mg	—
2-羟基乙基-1-磺酸亚锡	—	—	—	—	—	20g
羟基甲烷磺酸	—	—	—	—	—	120g
硫代甲酰胺	—	—	—	—	—	100g
葡萄糖酸	—	—	—	—	—	50g
次磷酸铵	—	—	—	—	—	90g
聚氧乙烯壬酚醚	—	—	—	—	—	2g
邻苯二酚	—	—	—	—	—	4g
2-丙烷磺酸锆	—	—	—	—	—	50mg
水	加至1L	加至1L	加至1L	加至1L	加至1L	加至1L

制备方法　将各组分溶于水混合均匀即可。

原料配伍　本品各组分配比范围为：有机磺酸锡盐1～40g、有机酸5～250g、络合剂5～300g、还原剂20～150g、表面活性剂0.5～50g、抗氧化剂0.1～25g、贵金属盐1～500mg、光亮剂0.5～3g。

所述的有机磺酸锡盐为甲烷磺酸亚锡、乙烷磺酸亚锡、丙烷磺酸亚锡、2-丙烷磺酸亚锡、羟基甲烷磺酸亚锡、2-羟基乙基-1-磺酸亚锡或 2-羟基丁基-1-磺酸亚锡等。

所述的有机酸为烷基磺酸或烷醇基磺酸。所述的烷基磺酸包括甲烷磺酸、乙烷磺酸、丙烷磺酸、2-丙烷磺酸等。所述的烷醇基磺酸包括羟基甲烷磺酸、2-羟基乙基-1-磺酸和 2-羟基丁基-1-磺酸等。

所述的络合剂为硫脲及其衍生物，或者是硫脲及其衍生物和有机羧酸的混合物。所述的硫脲衍生物包括硫代甲酰胺、硫代乙酰胺、亚乙基硫脲、丙烯基硫脲、2-巯基苯并噻唑和 EDTA 等。所述的有机羧酸包括葡萄糖酸、酒石酸、富马酸和柠檬酸等。

所述的还原剂为次磷酸钠、次磷酸钾、次磷酸铵、有机硼烷、甲醛、联氨、硼氢化钠或氨基硼烷等。

在镀锡液中加入非离子表面活性剂旨在改善镀液性能，有利于获得平滑的锡镀层。因此，所述的表面活性剂为非离子表面活性剂，而适宜的非离子表面活性剂采用聚氧乙烯烷基芳基醚、聚氧乙烯壬酚醚、聚氧乙烯烷基胺、聚氧乙烯山梨糖醇酯、聚乙烯亚胺和聚乙二醇等。它们可以单独或者混合使用。

在镀锡液中加入防氧化剂旨在防止镀液中的二价锡离子氧化成四价锡离子，保持镀液和合金镀层组成的稳定性。因此，所述的适宜的抗氧化剂有抗坏血酸及其钠、钾等碱金属盐，邻苯二酚，间苯二酚，对苯二酚，甲酚磺酸及其钠、钾等碱金属盐，苯酚磺酸及其钠、钾等碱金属盐，连苯三酚和均苯三酸等。它们可以单独或者混合使用。

所述的贵金属盐为银、铋、镍、锆或铜的烷基磺酸盐或烷醇基磺酸盐，例如甲烷磺酸盐、乙烷磺酸盐、丙烷磺酸盐、2-丙烷磺酸盐、羟基甲烷磺酸盐、2-羟基乙基-1-磺酸盐和 2-羟基丁基-1-磺酸盐等，它们可以单独或混合使用。

所述的光亮剂为吡啶衍生物或炔醇类化合物。所述的吡啶衍生物包括丙烷磺酸吡啶鎓盐、羟基丙烷吡啶鎓盐等；所述的炔醇类化合物包括己炔二醇、丁炔二醇和丙炔醇乙氧基化合物等。

产品应用 本品主要应用于化学镀锡。

本品镀锡工艺包括以下步骤：

（1）将铜或铜合金待镀工件进行预处理，预处理包括除油、酸洗、微蚀和预镀。

（2）将经预处理的铜或铜合金工件放入烷基磺酸化学镀锡液中进行镀锡，镀锡操作时，化学镀锡浴槽温度为 50～65℃，镀液 pH 值为

1.0～2.5，时间为 15～30min。

(3) 镀锡后进行中和和防变色处理。

步骤 (1) 中所述的预镀处理是在化学镀锡之前，在铜或铜合金工件上置换一层薄而均匀的锡层，然后在该层上化学镀锡，提高镀层的结合力。

步骤 (3) 采用现有技术中的方法进行中和和防变色处理即可。

产品特性 本品采用预浸化学镀两步法镀锡，镀层光亮，施镀 20min 厚度可达 2.5μm，无须晶生长，因此采用本品在印制线路板或电子元器件表面化学镀上的锡合金层，具有良好的可焊性，确保印制电路板表面具有良好的可焊性，保证接插件或表面贴装件与电路所在位置达到牢固的结合。镀液中不含对环境有害的铅、镉等重金属，难处理的络合剂和螯合剂，对助焊剂无攻击性，本品镀锡液及其方法适宜于 PCB 版、IC 引线架、连接器等无铅可焊性镀层的需求。

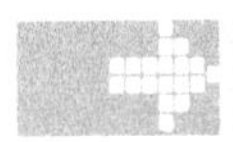

锡的连续自催化沉积化学镀液

原料配比

原　料	配　比		
	1#	2#	3#
氯化亚锡	30g	20g	15g
盐酸	40mL	50mL	60mL
乙二胺四乙酸二钠	5g	3g	3g
硫脲	120g	100g	80g
柠檬酸	—	20g	15g
柠檬酸三钠	30g	—	—
次磷酸钠三钠	—	80g	80g
次磷酸钠	100g	—	—
明胶	0.5g	0.3g	0.3g
苯甲醛	1mL	1mL	0.5mL
水	加至 1L	加至 1L	加至 1L

制备方法

（1）将乙二胺四乙酸二钠用蒸馏水溶解，形成A液。

（2）在盐酸中加入氯化亚锡，搅拌使之溶解形成B液。

（3）将B液在搅拌下加入A液中，形成C液。

（4）用蒸馏水溶解硫脲，在搅拌下加入C液中，形成D液。

（5）用蒸馏水溶解柠檬酸三钠，在搅拌下加入D液中，形成E液。

（6）用蒸馏水溶解明胶至溶液透明，过滤后加入E液中。

（7）将苯甲醛加入E液中。

（8）用盐酸或氨水调整E液的pH值，定容、过滤后获得化学镀锡液。

原料配伍 本品各组分配比范围为：主络合剂硫脲60～120g、辅助络合剂柠檬酸三钠或柠檬酸15～30g、还原剂次磷酸钠或次磷酸钠三钠40～100g、抗氧化剂乙二胺四乙酸二钠3～5g、稳定剂盐酸35～65mL、明胶0.2～1g、苯甲醛0.5～2mL。

质量指标

检验项目	检验结果		
	1#	2#	3#
化学镀层厚度/μm	31.4	25.5	21.2
外观	银白色、半光亮	银白色、半光亮	银白色、半光亮
锡含量/%	95.8	93.6	92.8
孔隙率	低于4个/6cm²	低于4个/6cm²	低于4个/6cm²
钎焊性	在焊剂为25%的松香异丙醇，焊料为60%锡+40%铅的锡铅合金中的润湿时间低于2s，钎焊性好		
存放时间	在空气中放置3个月后，镀层外观色泽无变化		

产品应用 本品主要应用于化学镀锡。

产品特性

（1）在铜基上实现了锡的连续自催化沉积，沉积速度快，可以获得不同厚度的银白色、半光亮的锡-铜合金化学镀层。

（2）明胶和苯甲醛在化学镀液中的加入，使晶粒细化明显，镀层表面平整度提高，孔隙率降低。

（3）镀液配方简单，易于控制，工艺参数范围宽。

（4）镀液稳定，使用寿命长，批次生产稳定性高。以沉积厚度为3～5μm计，1L化学镀锡液的镀覆面积为12～13dm^2。

（5）化学镀层为半光亮、银白色，厚度在5～7μm时，可以满足钎焊性要求。

（6）化学镀层和铜基体结合牢固，无起皮、脱落及剥离。

（7）化学镀层经钝化处理后，抗变能力强。

（8）镀液的均镀和深镀能力强，在深孔件、盲孔件以及一些难处理的小型电子元器件和PCB印刷板线路等产品的表面强化处理中应用前景广泛。

3 镀银液

化学镀银液(1)

原料配比

原料		配比				
		1#	2#	3#	4#	5#
银盐	硝酸银	0.5g	0.5g	—	—	—
	甲基磺酸银	—	—	0.1g	3g	8g
络合剂	柠檬酸铵	0.5g	0.5g	0.25g	7.5g	16g
	硫酸铵	0.5g	0.5g	—	—	—
	半胱氨酸	1mg	1mg	1mg	6mg	15mg
表面活性剂	十二烷基硫酸钠	3mg	13mg	50mg	15mg	30mg
氧化镧		—	—	—	50mg	5mg
硫酸高铈		—	—	1mg	8mg	10mg
添加剂	苯并三氮唑	1mg	1mg	0.2mg	5mg	20mg
	PEG-1000	10mg	20mg	—	—	50mg
	PEG-4000	—	—	10mg	—	—
	PEG-400	—	—	—	30mg	—
pH调节剂	氢氧化钠	适量(使镀液pH=9)	适量(使镀液pH=9.5)	适量(使镀液pH=8.6)	适量(使镀液pH=8.2)	适量(使镀液pH=10.2)
水		加至1L	加至1L	加至1L	加至1L	加至1L

制备方法 将各组分混合均匀即可。

原料配伍 本品各组分配比范围为：银盐0.1～8g、络合剂

0.25～18g、表面活性剂 3～50mg/L、添加剂 10～70mg/L，水加至 1L。

本化学镀银液还包括硫酸高铈 1～10mg/L、氧化镧 5～50mg/L。

硫酸高铈可以和镀银层共沉积，使镀层更加细腻，发白。同时加入氧化镧效果更好。

银盐为硝酸银、甲基磺酸银和碘化银中的至少一种；所述络合剂为柠檬酸铵、半胱氨酸、乙二胺和酒石酸中的至少一种：所述 pH 调节剂为氢氧化钠和氢氧化钾中的一种或两种；所述表面活性剂为十二烷基硫酸钠和十二烷基苯磺酸钠中的一种或两种。

添加剂为苯并三氮唑和聚乙二醇（PEG），苯并三氮唑和聚乙二醇的质量比为 1∶2.5～50；聚乙二醇为 PEG-1000 或 PEG-400。化学镀银液的 pH 值为 8.2～10.2。

产品应用 本品主要用于化学镀银。将待镀工件放置到化学镀银液中进行化学镀，化学镀银液的温度为 41～46℃，镀银时间为 5～9min。

在化学镀银后要对银层进行保护处理。保护处理的方法为：利用络合剂苯并三氮唑、四氮唑以及十二硫醇与银络合吸附，形成有机保护膜，防止银层被硫化物等腐蚀变色。

在化学镀银之前要对工件进行前处理。所述前处理包括除油、酸蚀。在除油和酸蚀之后都要进行多次水洗。

化学镀银的具体步骤：

（1）除油：将铜质待镀工件进行超声除油；

（2）酸蚀：将步骤（1）得到的待镀工件用稀酸溶液浸泡除去待镀工件表面的氧化层；

（3）化学镀银：将化学镀银液加热到 45℃，然后将步骤（2）得到的待镀工件放置在加热后的化学镀银液中反应 9min；

（4）保护处理：将步骤（3）得到的镀件放置在银保护剂中处理 3min，然后烘干得到镀银产品。

产品特性

（1）本产品中的 PEG-1000 和 PEG-400 不仅具有研磨和分散作用，能增强金属表面的光泽，同时是一种良好的表面活性剂，能够明显降低表面张力和表面自由能，使银离子和铜层充分接触，发生置换反应，形成致密的具有金属光泽的银层。同时苯并三氮唑可以与银原子形成共价键和配位键，相互交替成链状聚合物，在银层表面组成多层保护膜，使银层表面不起氧化还原反应，起防蚀作用。苯并三氮唑还是良好的紫外光吸收剂，对于对紫外光敏感的银层可起到稳定作用。

（2）本化学镀银液及其化学镀银方法适合于 SBID（super beam induced deposition，超级激光诱导沉积，是一种塑料组合物及其表面选择性金属化工艺。具体是用高能粒子束轰击材料表面，还原出金属晶核，然后用化学镀铜的方法在高能粒子束轰击的表面处镀上一层金属铜，接着再用传统的电镀，使铜层加厚来生产电路板的技术）和 LDS 工艺生产的 3D 手机天线及相关产品的镀银需求，因该化学镀银液呈弱碱性，避免了酸对镀铜线的侵蚀，且 PEG-1000 或 PEG-400 和苯并三氮唑的加入，使化学镀产品的镀层细腻有光泽。

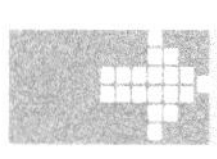

化学镀银液（2）

原料配比

原　料	配比(质量份)	
	1#	2#
硝酸银	15	22
丁二酰亚胺	85	115
酒石酸	30	22
三乙醇胺	10	16
甲基磺酸	20	15
氢氧化钾	—	适量
水	加至 1000	加至 1000

制备方法

（1）用蒸馏水将硝酸银稀释成透明溶液；

（2）用蒸馏水将丁二酰亚胺溶解；

（3）在搅拌条件下将步骤（1）得到的溶液缓慢加入到步骤（2）

得到的溶液中，使银离子充分被络合；

(4) 向步骤 (3) 得到的溶液中缓慢加入酒石酸、三乙醇胺和甲基磺酸；

(5) 在步骤 (4) 得到的溶液中加入适量的氢氧化钠或氢氧化钾调节溶液的酸碱度，使溶液的 pH 值为 9～11；

(6) 用蒸馏水定容步骤 (5) 得到的溶液。

原料配伍 本品各组分质量份配比范围为：硝酸银 5～30、丁二酰亚胺 30～160、酒石酸 10～38、辅助络合剂 6～68、碱适量，水加至 1000。

所述碱为氢氧化钠或氢氧化钾。

每升镀银液中硝酸银的加入量为 5～30g，添加量偏低时，沉积速率慢，镀液不稳定；加入量过高时，产生的结晶粗糙，附着力差。丁二酰亚胺的加入量为 30～160g，添加量偏低时，沉积速率慢，镀银层附着力差；添加量偏高时，镀液沉积速率快，镀银层粗糙。

溶液中加入酒石酸、三乙醇胺和甲基磺酸作为络合剂（其中，三乙醇胺、甲基磺酸为辅助络合剂），以提高镀银液的稳定性。每升镀银液中酒石酸的添加量为 10～38g，三乙醇胺的添加量为 1～38g，甲基磺酸的添加量为 5～30g，络合剂添加量偏低作用不明显，添加量过高会导致镀层光亮欠佳。

本产品中加入氢氧化钠或氢氧化钾作为镀液 pH 值的调节剂，以稳定镀液的酸碱度。每升溶液中加入适量的氢氧化钠或氢氧化钾，将镀液的 pH 值调节至 9～11。

产品应用 本品主要用于化学镀银。

镀银液在 30～50℃的条件下使用，浸镀时间为 3～10min。

产品特性

(1) 镀层与基体附着力及均镀能力强，镀层结晶细致，外观光泽好，沉积速度快，导电、导热性能优良，可焊接性好，即镀层的综合质量好，因此本品可代替肼、甲醛、二甲氨基硼烷作还原剂的化学镀工艺直接镀银。

(2) 已配制好的化学镀银溶液的储存性能稳定，储存期可达一年，因而镀液配制的灵活性强，避免了镀液的浪费。

（3）化学镀银液使用方便，广泛应用于电子器件及塑料等金属或非金属基体材料上。

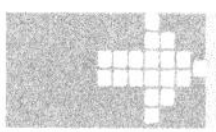

化学镀银液（3）

原料配比

原料		配比				
		1#	2#	3#	4#	5#
银盐	硝酸银	0.5g	—	—	3g	8g
	碘化银	—	5g	—	—	—
	二十烷酸银	—	—	0.1g	—	—
络合剂	柠檬酸铵	0.5g	0.5g	0.25g	7.5g	10g
	硫酸铵	0.5g	0.5g	—	—	—
	半胱氨酸	1mg	1mg	1mg	5mg	10mg
硫酸高铈		1mg	10mg	5mg	3mg	10mg
表面活性剂	十二烷基硫酸钠	3mg	3mg	10mg	8mg	30mg
	PEG-1000	10mg	7mg	—	—	70mg
	PEG-300	—	—	40mg	—	—
	PEG-6000	—	—		20mg	—
苯并三氮唑		—	—	0.2mg	0.5mg	3mg
氧化镧		5mg	20mg	20mg	10mg	50mg
pH调节剂	氢氧化钠	适量(使镀液pH=9.0)	适量(使镀液pH=9.8)	适量(使镀液pH=8.8)	适量(使镀液pH=8.6)	适量(使镀液pH=8.3)
水		加至1L	加至1L	加至1L	加至1L	加至1L

制备方法 将各组分混合均匀即可。

原料配伍 本品各组分配比范围为：银盐0.1～8g、络合剂0.25～12g、表面活性剂10～100mg、添加剂6～60mg，水加至1L。

添加剂包括氧化镧和硫酸高铈，氧化镧和硫酸高铈的质量比为2～5：1。化学镀银液的pH值为8.3～9.8。

银盐、pH调节剂和表面活性剂没有特别的限制，可以为本领域常用的各种银盐、pH调节剂和表面活性剂。本产品中，银盐为硝酸银、碘化银和二十烷酸银中的至少一种；pH 调节剂为氢氧化钠和氢氧化钾中的一种或两种；表面活性剂为十二烷基硫酸钠、PEG-1000、PEG-300、十二烷基苯磺酸钠和 PEG-6000 中的至少一种。

化学镀银液还包括苯并三氮唑，苯并三氮唑的浓度为 0.2～3mg/L。苯并三氮唑可以在化学镀时阻止银层发生氧化或腐蚀。

产品应用 本品主要用于化学镀银。待镀工件可以为金属活性比银强的金属，如铜、镍、铁和铝。

化学镀银的方法：将待镀工件放入化学镀银液中进行化学镀，镀液的温度为 41～46℃，化学镀银的时间为 5～9min。

为了更好地保护镀银层，该方法还应包括在化学镀银后对银层的保护处理。所述保护处理的方法为：利用苯并三氮唑、四氮唑以及十二硫醇与银形成络合保护层，达到保护镀银层目的。

为了使镀银层的结合力更好，该方法还应包括在化学镀银之前的前处理。所述前处理包括除油、酸蚀。在除油和酸蚀之后都要进行多次水洗。

化学镀银工艺流程：

（1）除油：将铜质待镀工件进行超声除油；

（2）酸蚀：将步骤（1）得到的待镀工件用稀酸溶液浸泡除去氧化层；

（3）化学镀银：将化学镀银液加热到 45℃，然后将步骤（2）得到的待镀工件放入加热后的化学镀银液中反应 9min；

（4）保护处理：将步骤（3）得到的镀件放入银保护剂中处理 3min，然后烘干得到镀银产品。

产品特性

（1）本产品中的氧化镧和硫酸高铈都可以和镀银层发生共沉积，填补置换银间的空隙，使镀层更加细腻，致密，具有金属光泽，达到改进镀层的效果。

（2）本化学镀银液及其化学镀银方法适合于 SBID（super beam induced deposition，超级激光诱导沉积，是一种塑料组合物及其表面选择性金属化工艺，具体是用高能粒子束轰击材料表面，还原出金属晶核，然后用化学镀铜的方法在高能粒子束轰击的表面处镀上一层金属铜，接着再用传统的电镀，使铜层加厚来生产电路板的技术）和LDS工艺生产的3D手机天线及相关产品的镀银需求，因该化学镀银液呈弱碱性，避免了酸对镀铜线的侵蚀，且由于添加了硫酸高铈和氧化镧，通过共沉积和吸附作用，镀层更细腻、药水更稳定。

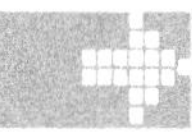

化学置换镀银液

原料配比

表1 镀银添加剂

原料		配比				
		1#	2#	3#	4#	5#
第一组分	绿原酸	1g	1g	1g	1g	1g
	烟酸	750g	500g	600g	550g	500g
	3,4′,4″,4‴-四磺酸酞菁铜四钠盐	100g	250g	180g	200g	150g
第二组分	聚乙二醇6000	1g	1g	1g	1g	1g
	平平加	0.5g	1.2g	0.8g	0.9g	0.5g
	抗坏血酸	0.6g	0.1g	0.4g	0.3g	0.5g
第三组分	2-巯基苯并噻唑	1g	1g	1g	1g	1g
	苯并三氮唑	0.8g	1.5g	1.1g	1g	1g
	苄基硫脲盐酸盐	1.5g	1g	1.3g	1.3g	1g
第一组分		1g	1g	1g	1g	1g
第二组分		0.01g	0.1g	0.05g	0.02g	0.07g
第三组分		0.12g	0.05g	0.08g	0.1g	0.09g

表2 镀液

原料	配比				
	1#	2#	3#	4#	5#
硝酸银	30g	20g	12g	25g	15g
乙二胺	50mL	40mL	20mL	45mL	35mL
镀银添加剂	15mL	12mL	8mL	10mL	8mL
蒸馏水	加至1L	加至1L	加至1L	加至1L	加至1L

制备方法

(1) 镀银添加剂的制备：将绿原酸、烟酸、3,4′,4″,4‴-四磺酸酞菁铜四钠盐按配比混合，溶于蒸馏水中，制成第一组分；将聚乙二醇6000、平平加、抗坏血酸按配比混合，溶于蒸馏水中，制成第二组分；将2-巯基苯并噻唑、苯并三氮唑、苄基硫脲盐酸盐按配比混合，溶于蒸馏水中，制成第三组分；将所制得的第一组分、第二组分、第三组分按配比混合，搅拌均匀，制成镀银添加剂。

(2) 镀液的制备：将硝酸银、乙二胺、镀银添加剂按配比混合，溶于适量蒸馏水中，搅拌均匀，最后用水调整到总体积为1L，即为镀液。

原料配伍 本品各组分配比范围为：硝酸银10～30g、乙二胺20～50mL、镀银添加剂8～15mL，蒸馏水加至1L。

其中，镀银添加剂由第一组分、第二组分和第三组分组成。

所述第一组分由以下组分组成：绿原酸1、烟酸500～750、3,4′,4″,4‴-四磺酸酞菁铜四钠盐100～250。

所述第二组分由以下组分组成：聚乙二醇6000 1、平平加0.5～1.2、抗坏血酸0.1～0.6。

所述第三组分由以下组分组成：2-巯基苯并噻唑1、苯并三氮唑0.8～1.5、苄基硫脲盐酸盐1～1.5。

产品应用 本品主要应用于化学镀银。

本镀银添加剂的应用包括如下步骤：

(1) 将硝酸银、乙二胺、镀银添加剂按下列组成配制成镀液：硝酸银12～30g/L、乙二胺20～50mL/L、镀银添加剂8～15mL/L。

(2) 取100L镀液置于3m×0.2m×0.2m的镀槽中，镀液温度维持在20～40℃范围内；

(3) 将欲施镀的直径为0.2～0.6mm的铁基线材进行除油、酸洗、水洗、吹干（风刀）再进入镀槽中，以0.5～3m/min的速度在镀液中运行；

(4) 施镀线材从镀液中被牵引出来后，进行抛光；

(5) 施镀过程中，适时补加硝酸银，以使Ag^{+}浓度不低于6g/L，每施镀100kg线材，补加镀银添加剂8～10mL/L，镀液呈浑浊状态后，停止施镀，更换镀液。

产品特性 应用本品镀银添加剂的镀银，不需要使用氰化物与还原剂（如葡萄糖），能对铁基线材连续施镀，利于工业生产。

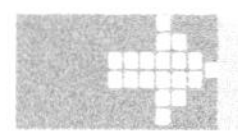

涤纶织物化学镀银用镀银液

原料配比

原料		配比
银盐溶液	$AgNO_3$	10g
	氨水	60mL
	乙二胺	20mL
	硫代硫酸钠	5g
	氢氧化钾	8g
	水	加至1L
还原剂溶液	葡萄糖	8g
	酒石酸钾钠	2g
	乙醇	40mL
	聚乙二醇1000	80mg
	水	加至1L

制备方法 将各组分混合均匀即可。

原料配伍 本品各组分配比范围如下。

银盐溶液：$AgNO_3$ 5～10g、氨水55～65mL、乙二胺15～25mL、硫代硫酸钠5～10mL、氢氧化钾5～10g，水加至1L；

还原剂溶液：葡萄糖5～10g、酒石酸钾钠1～5g、乙醇35～45mL、聚乙二醇1000 70～80mg，水加至1L。

产品应用 本品主要用于涤纶织物的化学镀银。涤纶织物化学镀银的方法如下：

（1）将涤纶织物（聚对苯二甲酸乙二醇酯）进行洗涤、除油、粗化、敏化、活化处理。

洗涤及除油的具体步骤为：洗衣粉 2g/L，温度 80℃，时间 30min。

粗化的具体方法为，将经过洗涤及除油的涤纶织物放入粗化液中粗化，粗化液的组成为：氢氧化钠 80～250g/L，温度 70～90℃，时间 10～50min。

敏化的具体步骤为：敏化液组成为：10～30g/L $SnCl_2$、20mL/L 浓 HCl；粗化后的涤纶织物在敏化液中浸渍时间为 10min、敏化液温度为 30℃；然后用流动水缓慢漂洗。

活化的具体步骤为：活化液组成为：0.2～0.4g/L $PdCl_2$、4mL/L 浓 HCl；敏化后的涤纶织物在活化液中浸渍时间为 10min、活化液温度为 30℃；然后用流动水缓慢漂洗。

(2) 将步骤 (1) 所得的涤纶织物进行还原处理后化学镀银。具体为：将涤纶织物用镀银液中的还原剂溶液浸渍处理 1～5s，处理温度为 25℃；再用银盐溶液和还原剂溶液按 1∶2～3 的体积比配制成的混合液进行化学镀银处理，施镀温度为 25～30℃、反应时间为 60～80min、溶液 pH 值为 12.5。

(3) 清洗步骤 (2) 所得的镀银涤纶织物。

采用上述方法得到的镀银涤纶织物的镀银层的抗变色防护方法：

(1) 将镀银后的涤纶织物进行酸活化。具体步骤为：在质量分数为 10%的硫酸溶液中活化 5min，用去离子水冲洗。

(2) 将经步骤 (1) 所得涤纶织物表面自组装成膜。自组装体系及成膜条件如下：L-半胱氨酸 0.1～0.3mol/dm^3、异丙醇 40g/dm^3；成膜温度 30～50℃、成膜时间 30～60min。

(3) 将经过步骤 (2) 所得涤纶织物在 40℃去离子水中浸泡 10min 以除去表面物理吸附的 L-半胱氨酸，吹干。

产品特性

本产品方法通过三种还原剂复配的镀银液配方设计，制得化学镀银层质量优良的涤纶织物；进而采用 L-半胱氨酸在银镀层表面自组装成膜，显著提高了银镀层的抗变色性能，制得导电性优、抗电磁屏蔽性能优、防变色性好的银镀层涤纶织物。可广泛应用于电子产品和器件的导电胶带和导电泡棉，又可以做成屏蔽服、屏蔽帽等。

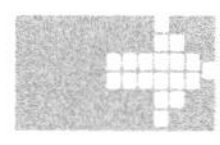

非金属材料表面自组装化学镀银镀液

原料配比

原　料		配　比
A 溶液	$AgNO_3$	0.01～0.09g
	水	5～8mL
	NaOH	0.1～0.5g
	氨水	适量
B 溶液	葡萄糖	0.02～0.08g
	酒石酸	0.02～0.08g
	水	5～8mL
	乙醇	1～2mL
	水	3～5mL

制备方法

（1）A 溶液的制备：将 $AgNO_3$ 溶于 5～8mL 水中，在搅拌下滴加氨水，直至析出的 Ag_2O 沉淀完全溶解；然后，加入 NaOH，溶液再次变黑，继续滴加氨水至完全澄清。

（2）B 溶液的制备：将葡萄糖与酒石酸溶于 5～8mL 水中，冷却后加入乙醇和 3～5mL 水。

（3）将 A 溶液与 B 溶液按 1∶1 的体积比混合，即得所需化学镀银液。

原料配伍　本品各组分质量份配比范围如下。

A 溶液：$AgNO_3$ 0.01～0.09g、水 5～8mL、NaOH 0.1～0.5g。

B 溶液：葡萄糖 0.02～0.08g、酒石酸 0.02～0.08g、水 5～8mL、乙醇 1～2mL、水 3～5mL。

产品应用　本品主要应用于非金属材料表面自组装化学镀银。

将经过处理的带有金或银溶胶的硅基底放入化学镀液中，室温下反应 15～120s，具体时间根据实际需要控制。

产品特性

（1）使用化学镀的方法得到银的沉积层，适用于多种表面形态的基底的加工与修饰的需要，特别适用于光学元件上镀银膜，方法简单，成本低，有利丁规模加工。

（2）使用小颗粒的金或银纳米粒子为化学镀的催化剂对修饰的基底进行活化，再进行化学镀，不但化学镀过程更容易被引发，而且通过对纳米粒子粒径的控制，可以保证对银沉积层的生长速度的控制。

（3）制备出的银膜光亮、导电，具有和本体电极一致的电化学性质，还可以应用于（光谱）电化学研究领域中。

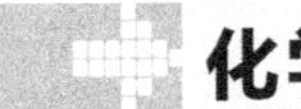

化学镀纳米银液

原料配比

原料		配比(质量份)	
		1#	2#
镀液 A	硝酸银	2	20
	氨水	3	50
	水	加至 1000	加至 1000
镀液 B	水合肼	3	—
	维生素 C	—	105
	聚乙二醇	0.05	—
	吐温 80	—	1
	不饱和脂肪马来酸	0.01	—
	苯亚甲基丁二酸	—	0.2
	水	加至 1000	加至 1000

制备方法

（1）按照镀液 A 的配方配制所需银盐溶液，充分搅拌，使其分散均匀；

（2）再按照镀液B的配方配制还原剂、有机添加剂和其他添加剂的混合溶液；

（3）化学镀时，在快速搅拌情况下，将镀液B缓慢滴入镀液A中，5～30min滴完；

（4）混合后继续搅拌即为化学镀纳米银液。

原料配伍 本品各组分质量份配比范围如下。

镀液A：银盐1～20、氨水3～50，水加至1L。

镀液B：还原剂3～105、有机添加剂0.05～1、其他添加剂0.01～0.2，水加至1L。

其中镀液A中所述的银盐为硝酸银。镀液B中所述的还原剂为水合肼或维生素C中的一种；所述的有机添加剂为聚乙二醇或吐温80中的一种；所述的其他添加剂为不饱和脂肪马来酸或苯亚甲基丁二酸中的一种。

产品应用 本品主要用于铜件的镀银。铜件的镀银的方法步骤：

（1）铜件先经过除油液除油，再用浸蚀液侵蚀后，用本产品的化学镀纳米银液进行化学镀。化学镀时必须将铜件固定在镀液A中，整个过程都是在搅拌和温度为25℃下进行，滴加完后，陈化5～60min。

（2）镀后用清水冲洗。

除油液的组成为：NaOH 8～12g/L，Na_2CO_3 50～60g/L，Na_3PO_4 50～60g/L，Na_2SiO_3 5～10g/L。

浸蚀液的组成为：H_2SO_4 600～800g/L，HCl 5～15g/L，HNO_3 400～600g/L。浸蚀温度为30～50℃。

产品特性

（1）本产品利用化学方法在铜件表面镀上纳米银镀膜，由于镀银层中银的颗粒为纳米级，所以其在铜件表面紧密结合，镀后无脱落或起泡现象。

（2）本产品的镀液稳定性能高，方法简单易行。

（3）本产品无毒无害，且原料来源广泛，价格相对低廉。

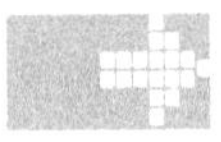

铜粉表面化学镀银液

原料配比

原料		配比				
		1#	2#	3#	4#	5#
银氨溶液	硝酸银	3g	1.2g	4.2g	4.2g	9g
	去离子水	200g	100g	230g	230g	500g
	氨水	19mL	10mL	22mL	22mL	50mL
	氢氧化钠	1g	0.4g	1g	1g	2.5g
	氨水	5mL	2.5mL	7mL	7mL	15mL
还原液	去离子水	200g	100g	240g	240g	500g
	葡萄糖	15g	5g	14g	14g	30g
	乙醇	24mL	11mL	18mL	18mL	40mL
	聚乙二醇	6g	1.8g	5g	5g	10g
	十二烷基磺酸钠	2g	—	—	—	1.5g
	柠檬酸钠	—	0.7g	—	—	1g
	醋酸钠	—	—	1.5g	1g	1g
	草酸钠	—	—	—	0.8g	—

制备方法

(1) 还原液制备：将分散剂、稳定剂、乙醇、聚乙二醇加入去离子水中构成还原液。

(2) 银氨溶液制备：取硝酸银加入去离子水中，加入氨水，搅拌使硝酸银水溶解透明，然后加入氢氧化钠，搅拌溶液发生沉淀，再加入氨水，溶液再次透明，得到银氨溶液。

原料配伍 本品各组分配比范围为：硝酸银 1～10g、分散剂 0.2～15g、稳定剂葡萄糖 5～30g、乙醇 10～40mL、聚乙二醇 1～10g、氨水 10～65mL、氢氧化钠 0.1～5g、去离子水 100～1000g。

分散剂为醋酸钠、草酸钠、柠檬酸钠、十二烷基磺酸钠的一种或几种的混合物。

产品应用 本品主要应用于铜粉表面化学镀银。

在搅拌的条件下，将银氨溶液加入还原液中，然后加入铜粉，10～50min的完成铜粉表面的化学镀银。

产品特性 本品提供的银包铜粉制备工艺，原料组成简单，符合环保需要，易于大规模生产，而且将铜粉和还原液加入银氨溶液中，可以减少或消除容器壁上的银镀层，减少浪费，银转化率高。获得的银包铜粉电阻率小于 $2\times10^{-4}\Omega\cdot cm$；以环氧树脂为基体，添加60%～75%（质量分数）的银包铜粉，制备的各向同性热固化导电胶电阻率小于 $6\times10^{-4}\Omega\cdot cm$，具有较高的抗氧化能力。

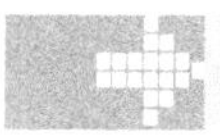

微碱性化学镀银液

原料配比

原　料	配比(质量份)						
	1#	2#	3#	4#	5#	6#	7#
硝酸银	0.6	—	6	10	—	1	—
三乙烯四胺	20	—	—	—	—	—	—
甘氨酸	10	—	—	—	—	—	—
柠檬酸	5	—	—	—	—	—	—
$Ag^+\{[Ag(NH_3)_2]^+\}$	—	2	—	—	—	—	—
EDTA	—	30	—	—	—	—	—
硝酸铵	—	40	—	—	—	—	—
乳酸	—	2	—	—	—	—	—
DTPA	—	—	40	—	—	—	—
柠檬酸三铵	—	—	30	—	—	—	—
碳酸铵	—	—	—	40	—	—	—
磺基水杨酸	—	—	—	40	—	—	—
丙氨酸	—	—	—	40	—	60	—
硫酸银	—	—	—	—	3	—	—
硫酸铵	—	—	—	—	20	—	50
亚氨二磺酸	—	—	—	—	30	—	—

续表

原　料	配比(质量份)						
	1#	2#	3#	4#	5#	6#	7#
柠檬酸铵	—	—	—	—	2	—	—
磷酸铵	—	—	—	—	—	20	—
邻苯二甲酸	—	—	—	—	—	10	—
氨磺酸银	—	—	—	—	—	—	8
氨磺酸	—	—	—	—	—	—	30
酒石酸	—	—	—	—	—	—	20
去离子水	加至1000	加至1000	加至1000	加至1000	加至1000	加至1000	加至1000

制备方法 将各组分溶于水，混合均匀即可。

原料配伍 本品各组分质量份配比范围为：银离子或银络离子0.1～50、胺类络合剂1～80、氨基酸类络合剂1～80、多羟基酸类络合剂1～80。

银络离子选自银氨络离子、银胺络离子、银-氨基酸络离子、银-卤化物络离子、银-亚硫酸盐络离子或银-硫代硫酸盐络离子中的至少一种。

胺类络合剂选自氨、柠檬酸三铵、磷酸铵、硫酸铵、硝酸铵、醋酸铵、碳酸铵、甲胺、乙胺、乙二胺、1,2-丙二胺、1,3-丙三胺、二乙烯三胺、三乙烯四胺、三胺基三乙胺、咪唑、氨基吡啶、苯胺或苯二胺中的至少一种。

氨基酸类络合剂选自甘氨酸、α-丙氨酸、β-丙氨酸、胱氨酸、邻氨基苯甲酸、天冬氨酸、谷氨酸、氨磺酸、亚氨二磺酸、氨二乙酸、氨三乙酸（NTA）、乙二胺四乙酸（EDTA）、二乙三氨五乙酸（DTPA）、羟乙基乙二胺三乙酸（HEDTA）或芳香环氨基酸（如吡啶-二甲酸）中的至少一种。

多羟基酸类络合剂选自柠檬酸、酒石酸、葡萄糖酸、苹果酸、乳酸、1-羟基亚乙基-1,1-二膦酸、磺基水杨酸、邻苯二甲酸或它们的碱金属盐或铵盐中的至少一种。

产品应用 本品主要应用于化学镀银。

在化学镀工艺中，用氨水调节pH值至7.8～10.2，采用该镀银液在温度约 40～70℃下对工件施镀约 0.5～5min 即可。

产品特性

（1）镀液不含硝酸，无咬蚀铜线或侧蚀问题。

（2）镀液不含缓蚀剂及渗透剂，为全络合剂系统。所得银层为纯银层，具有优良的导电性、防变色性能和很低的高频损耗，易清洗、低接触电阻和高的打线强度。

（3）纯银层焊接时焊球内没有气孔，焊接强度高。

（4）镀液的 pH 值为 8～10，呈微碱性，不会攻击绿漆，施镀时间可达 1～5min，可以保证盲孔内全镀上银。

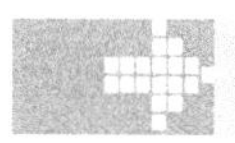

有机纤维的化学镀银液

原料配比

原料		配比					
		1#	2#	3#	4#	5#	6#
镀银液	$AgNO_3$	25g	35g	5g	25g	30g	20g
	$NH_3 \cdot H_2O$	15mL	17mL	15mL	25mL	15mL	10mL
还原剂	$C_6H_{12}O_6$	45g	45g	25g	45g	35g	10g
水		加至 1L	加至 1L	加至 1L	加至 1L	加至 1L	加至 1L

制备方法

将各组分混合均匀即可。

原料配伍 本品各组分配比范围为：$AgNO_3$ 5～35g、$NH_3 \cdot H_2O$ 10～25mL、$C_6H_{12}O_6$ 1～45g，水加至 1L。

产品应用 本品主要应用于有机纤维的化学镀银。

（1）前处理工艺：将原料缠绕成所需要的匝，浸入丙酮溶液中，放到超声清洗器中清洗 5～15min，然后取出晾干；分别用硝酸溶液（0.1～0.5mol/mL）和盐酸溶液（0.05～0.40mol/mL）进行表面活化处理，30～180min 后取出，用去离子水清洗，烘干；放入敏化剂（$SnCl_2$ 溶液 10～30g/L）中敏化 10～480min，取出用去离子水洗净，烘干；放入催化剂（$PdCl_2$ 溶液 0.05～0.25g/L）中催化 10～

480min，取出用去离子水洗净，烘干。

(2) 化学镀银工艺：将经过前处理的原料放入镀池中，取适量的镀银液和还原液倒入镀池中，并将原料淹没。镀池的温度控制在20～45℃，并需要不断搅动原料使镀层均匀。镀膜结束后将产品取出，用清水清洗干净，晾干或烘干即可。

具体的镀膜过程为：$AgNO_3$ 和 $NH_3 \cdot H_2O$ 作用形成稳定的络银离子，当遇到还原性较强的基团或离子时，Ag^+ 被还原出来，然后在活泼的原料纤维表面吸附，沉积，当达到连续覆盖并具有一定厚度时，即得到我们所需要的产品。

产品特性

(1) 前处理工艺非常重要。其中原料表面的清洁状况，活化剂的浓度和活化时间的长短，敏化剂和催化剂的浓度，以及敏化和催化时间的长短等都直接影响到镀层和产品的质量，需要较严格地控制。前处理工艺的每一步的缺少都将影响到产品的质量，甚至制备不出合格的产品。通过本品的前处理工艺可以使原料表面得到充分的活化、敏化和催化，大大地提高了镀银的均匀性和镀层的附着强度。

(2) 镀银液和还原液的配比对所制备的低电阻率导电纤维的质量有较大的影响。通过控制配比可获得不同厚度和颜色的镀层。

(3) 镀池的温度对镀速、镀层的颜色和质量也有比较明显的影响，温度高的条件下施镀，镀速快，颜色偏黄，镀层的附着强度降低；温度低则镀速慢，镀层薄。

(4) 本品制备的低电阻率导电纤维的镀层为银灰色（有时表面稍微有黄色），表面均匀、有光泽，镀层晶粒大小及分布均匀，电阻率低，镀层附着力高；本品工艺简单，成本低廉，纤维可以成匝施镀，可以直接用于工业化大批量生产。

4 镀合金液

Mg-Gd-Y-Zr 镁合金化学镀镍液

原料配比

表 1　除油溶液

原　料	配　比
碳酸钠	30g
磷酸钠	30g
OP-10	2mL
水	加至 1L

表 2　活化溶液

原　料	配　比
草酸铬	92g
水	加至 1L

表 3　酸洗溶液

原　料	配　比
硝酸	90mL
铬酸	90g
水	加至 1L

表 4　浸锌溶液

原　料	配　比
氧化锌	25g
羟基亚乙基二磷酸	75mL

续表

原　料	配　比
乙二胺	15mL
磷酸	9mL
水	加至1L

表5　化学镀镍溶液

原　料	配　比
碱式碳酸镍	15g
次磷酸钠	30g
氢氟酸	45mL
乳酸	33mL
硫酸镉	0.003g
碘酸钾	0.006g
水	加至1L

表6　钝化溶液

原　料	配　比
铬酐	50g
水	加至1L

制备方法　将各组分溶于水，搅拌均匀即可。

原料配伍　本品各组分配比范围如下：

除油溶液：碳酸钠29～31g、磷酸钠29～31g、OP-10 1～2mL，水加至1L。

活化溶液：草酸铬91～92g，水加至1L。

酸洗溶液：硝酸89～91mL、铬酸89～91g，水加至1L。

浸锌溶液：氧化锌20～30g、羟基亚乙基二磷酸70～80mL、乙二胺12～18mL、磷酸8～10mL，水加至1L。

化学镀镍溶液：碱式碳酸镍12～18g、次磷酸钠25～35g、氢氟酸40～50mL、乳酸18～35mL、光亮剂硫酸镉和碘酸钾0.003～

0.006g，水加至1L。

钝化液：铬酐49～51g，水加至1L。

产品应用 本品主要应用于Mg-Gd-Y-Zr镁合金化学镀镍。

本品化学镀镍工艺，按如下操作步骤进行：

(1) 将镁合金分别用180＃、360＃、1000＃、1500＃砂纸水磨，直至表面干净、无明显杂质。

(2) 将打磨后的镁合金浸入除油溶液中进行除油。操作温度为75℃，处理时间为1min。

(3) 用清水冲洗镁合金30s，洗去表面的除油溶液。

(4) 将镁合金浸入活化溶液。操作温度为室温，处理时间为30s。

(5) 用清水冲洗镁合金30s，洗去表面的活化溶液。

(6) 将镁合金浸入酸洗溶液。操作温度为室温，处理时间为90s。

(7) 用清水冲洗镁合金30s，洗去表面的酸洗溶液。

(8) 将镁合金浸入活化溶液中进行再活化。操作温度为室温，处理时间为5s。

(9) 用清水冲洗镁合金30s，洗去活化溶液。

(10) 将镁合金浸入浸锌溶液中进行浸锌处理。操作温度为85℃，溶液pH值为9.5，处理时间1min。

(11) 用清水冲洗镁合金30s，洗去表面浸锌溶液。

(12) 将镁合金浸入化学镀镍溶液中进行化学镀镍。操作温度为80～85℃，溶液pH值为4.8，时间为2h。

(13) 用清水将镀镍后的镁合金表面的化学镀镍溶液冲洗干净，室温晾干。

(14) 将镀镍后的镁合金浸入钝化溶液中进行钝化处理。操作温度为82～85℃，处理时间为5min。

(15) 用清水将镁合金表面的钝化溶液冲洗干净，室温晾干。

产品特性

(1) 采用现有的预处理方法以及镀液对Mg-Gd-Y-Zr镁合金进行化学镀镍，易出现部分未能上镀，甚至脱皮、鼓泡等现象，导致镀层性能不佳，结合力不强，不能起到防护的作用。而本发明根据 Mg-Gd-Y-Zr 镁合金的自身特点，在预处理方法上进行大的改进，首次创新出一套适合于 Mg-Gd-Y-Zr 镁合金的化学镀镍方法。较现有化学镀镍方法，能连续施镀 2h，不发生脱皮、鼓泡，且能够全部上镀，镀速快，镀层耐蚀性好，与基体结合力强。

(2) 本品化学镀镍采用的主盐为碱式碳酸镍，对镁合金基体腐蚀性小，操作简单，镀液稳定性好，易于维护。

(3) 本品的预处理方法，溶液成分简单、易于控制、工艺稳定。

(4) 由本品浸锌溶液得到的浸锌层均匀且结合力良好。

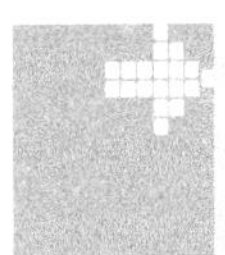

Mg-Li 合金表面化学镀 Ni-W-P 三元合金的镀液

原料配比

原料			配比		
			1#	2#	3#
Ni-W-P 三元镀液	Ni-P 二元镀液	碳酸镍	10g	8g	15g
		柠檬酸钠	5g	3g	10g
		氟化氢铵	20g	16g	30g
		次磷酸钠	30g	25g	35g
		氨水	30mL	30mL	28～30mL
		氢氟酸	10mL	12mL	12mL
		水	加至 1L	加至 1L	加至 1L
	钨酸钠		20g	15g	25g
	氨水		适量	适量	适量
	Ni-P 二元镀液		加至 1L	加至 1L	加至 1L

制备方法

(1) Ni-P 二元镀液的制备：将碳酸镍于 1000mL 烧杯中用适量水

溶解，分别加入柠檬酸钠和1/2的氟化氢铵，将烧杯放入恒温水浴锅中，在80～90℃下加热搅拌溶解，直至溶液无气泡放出为止，将此烧杯从水浴锅取出，另取一个250mL烧杯，将次磷酸钠用适量水溶解后加入到此前的1000mL烧杯中，在搅拌下加入剩余氟化氢铵，再加入氨水和氢氟酸，将溶液pH值调节至5～6.5，最后用水稀释到所需体积，搅拌均匀后待用。

（2）Ni-W-P三元镀液的制备：取已配好的Ni-P二元镀液，加入钨酸钠，缓慢加入适量氨水，并搅拌，充分溶解钨酸钠，然后用氢氟酸把pH值调节至7～8。

原料配伍 本品各组分配比范围为：

Ni-P二元镀液：碳酸镍8～15g、柠檬酸钠3～10g、氟化氢铵16～30g、次磷酸钠25～35g、氨水28～30mL、氢氟酸8～12mL，水加至1L。Ni-W-P三元镀液：钨酸钠15～25g、氨水适量，Ni-P二元镀液加至1L。

产品应用 本品主要应用于Mg-Li合金表面化学镀Ni-W-P三元合金。

本品化学镀方法如下：

（1）基材的前处理：Mg-Li合金基材的尺寸为25mm×15mm×2mm，用280#碳化硅金相砂纸将其表面打磨光滑平整且无明显划痕，以除去基材表面的杂物及氧化层；将打磨好的样品在无水乙醇中超声清洗5～10min，除去表面油污与打磨时留在基材上的合金碎屑；在85% H_3PO_4 50mL/L与65% HNO_3 10mL/L的混合酸液中酸洗20～50s，进一步去除氧化层使基材表面彻底洁净，同时钝化基材表面，用去离子水去除残留在基材表面的酸液，以免酸液滞留腐蚀基材；采用40%氢氟酸250～380mL/L的溶液酸活化，活化时间为5～40min，使基材表面具有催化活性；所用酸洗液和酸活化液经酸的组分浓度调整后可反复使用20次左右。

（2）施镀：在带搅拌装置的1000mL玻璃烧杯中将基材浸置于600～800mL的Ni-P二元镀液中，采用数显恒温水浴锅，在恒温水浴下搅拌施镀，施镀温度为76～82℃，时间为25～40min，得到Mg-Li合金的化学镀Ni-P二元合金镀层；将所得二元合金镀层样品浸入三元镀液中，在（88±2）℃的恒温水浴下施镀，时间为20～35min，制得 Mg-Li 合金的化学镀 Ni-W-P 三元合金镀层；使用后的二元和三元镀液经组分浓度调整后可循环反复使用 15 次左右。

（3）装料：在高铝坩埚中加入烘干的石墨粉，将化学镀 Ni-W-P 三元合金样品埋入石墨粉中进行保护。

（4）热处理：将装料后的坩埚放入马弗炉中对化学镀 Ni-W-P 三元合金样品进行热处理，处理温度为 250～300℃，保温 1h，随炉冷却至室温。

（5）取样：从马弗炉内的坩埚中取出产物，从而得到表面具有 Ni-W-P 三元合金结构镀层的 Mg-Li 合金材料。

本品所需的镀层制备装置简单易操作，主要由两部分组成：加热用数显恒温水浴锅、施镀搅拌装置。两者之间的作用与相互关系如下：数显恒温水浴锅装置，用于加热镀液、实现对施镀温度的调整；施镀搅拌装置，利用它可以实现镀液的搅拌和施镀；两部分协调运作保证化学镀充分进行。

本品所需的镀层热处理方法简单且易操作，所需主要由三部分组成：马弗炉、高铝或石墨坩埚、烘干的石墨粉。三者之间的作用与相互关系如下：坩埚置于马弗炉内，用于承载镀态样品；烘干的石墨粉包埋镀态样品是防止马弗炉中的空气在高温条件下对样品的氧化。

产品特性

（1）在 Mg-Li 合金表面化学镀 Ni-W-P 三元合金结构，使材料耐腐蚀性和硬度显著提高。本品采用碱式碳酸镍为主盐，避免了传统的化学镀镍以硫酸镍为主盐所存在的 SO_4^{2-} 会强烈地腐蚀 Mg-Li 合金基材的弊端，使在 Mg-Li 合金表面化学镀 Ni-W-P 三元合金工艺更稳定和可靠。

（2）本品的工艺简单，易于实现工业化。本制备方法原料易得，镀液的配制、再生简单，施镀也简单，因此工艺操作简单；同时制备、热处理设备简单，镀液及酸活化液的再生设备简单，便于工业化作业。

（3）本品中使用的镀液、酸洗液和酸活化液可以反复循环使用。本品使用后的镀液、酸洗液和酸活化液，经组分浓度调整后可以转变为可循环使用约 15 次的溶液。

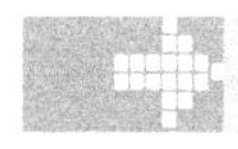

不锈钢表面化学镀镍磷镀液

原料配比

表 1　高磷化学镀镍溶液

原　料	配　比
$NiSO_4 \cdot 6H_2O$	25～30g
$NaH_2PO_2 \cdot H_2O$	20～25g
$CH_3CHOHCOOH$	17～25g
$CHOHCH_2(COOH)_2$	12～20g
丙酸	8～15g
Pb^{2+}	1.8～2.2mL
水	加至 1L

表 2　中磷化学镀镍溶液

原　料	配　比
$NiSO_4 \cdot 6H_2O$	20～30g
$NaH_2PO_2 \cdot H_2O$	25～35g
醋酸钠	17～25g
羟基乙酸钠	25～35g
稳定剂 Pb^{2+}	1.8～2.2mL
水	加至 1L

制备方法　将各组分溶于水，搅拌均匀即可。

原料配伍　本品各组分配比范围为：镍盐 20～30g、还原剂 20～35g、助剂 35～70g，水加至 1L。

镍盐为化学镀镍磷溶液中的主盐，可采用硫酸镍 $NiSO_4 \cdot 6H_2O$、氯化镍 $NiCl \cdot 6H_2O$、次磷酸镍 $Ni(H_2PO_2)_2 \cdot 6H_2O$ 或醋酸镍 $Ni(CH_3COO)_2 \cdot 4H_2O$ 等。由于氯离子的存在会降低镀层的耐蚀性，还会产生拉应力，因而一般不采用氯化镍做主盐，而醋酸镍

$Ni(CH_3COO)_2 \cdot 4H_2O$ 和次磷酸镍 $Ni(H_2PO_2)_2 \cdot 6H_2O$ 的价格较高，因而一般也不采用，较佳的是采用硫酸镍 $NiSO_4 \cdot 6H_2O$。

还原剂采用次磷酸盐，用于将金属镍从镍盐的水溶液中还原出来并沉积在奥氏体不锈钢的表面。较佳的是采用次亚磷酸钠 $NaH_2PO_2 \cdot 6H_2O$，其价格低、镀液容易控制，在水中易于溶解，而且所得镀层性能良好。

常用的助剂为络合剂和稳定剂，还可根据需要添加缓冲剂、加速剂、光亮剂、润湿剂等，组分和含量可根据需要加以确定。化学镀镍磷溶液中除了主盐与还原剂以外，最重要的组成成分是络合剂。络合剂可以防止镀液析出沉淀，增加镀液稳定性、提高沉积速率并延长镀液使用寿命。常用的络合剂主要是脂肪族羧酸及其取代衍生物［例如：采用丁二酸、柠檬酸（2-羟基丙烷-1，2，3-三羧酸）、乳酸 $CH_3CHOHCOOH$、苹果酸（羟基丁二酸）$CHOHCH_2(COOH)_2$ 及甘氨酸等］或采用它们的盐类（例如：醋酸钠 CH_3COONa 或羟基乙酸钠 $HOCH_2COONa$）。乙酸常用作缓冲剂，丙酸则常用作加速剂。化学镀镍磷溶液是一个热力学不稳定体系，而稳定剂的作用就在于抑制镀液的自发分解。稳定剂通常分为四类：重金属离子、含氧酸盐、含硫化合物、有机酸衍生物。化学镀镍磷常用的稳定剂为重金属离子，例如：采用铅离子 Pb^{2+}。缓冲剂的加入是为了稳定镀速及保证镀层质量。化学镀镍体系必须具备缓冲能力，使镀液能维持在一定 pH 值范围内，加入 pH 值缓冲剂起到稳定调节 pH 值的作用，而化学镀镍溶液中常用的一元或二元有机酸及其盐类不仅具备络合镍离子的能力，而且具有缓冲性能，例如丙酸 C_2H_5COOH、醋酸钠 CH_3COONa 或羟基乙酸钠 $HOCH_2COONa$ 兼有络合剂和缓冲剂的作用。另外，为了增加化学镀的沉积速率，可在镀液中加入加速剂，因为短链饱和脂肪酸的阴离子有加速沉积速率的作用，因而化学镀镍中的许多络合剂也兼有加速剂的作用。

产品应用 本品主要应用于奥氏体不锈钢表面化学镀镍磷。

利用本品在奥氏体不锈钢表面化学镀镍磷的方法，包括如下步骤：

（1）除油：采用有机溶液除去奥氏体不锈钢表面的油污。本步骤所采用的有机溶液为汽油、煤油、苯类、酮类、氯化烷烃或烯烃溶液，有机溶液除油的特点是除油速度快，经除油后的溶剂还可回收再利用，一般不腐蚀金属，但除油容易不彻底。

(2) 清洗：将除油处理后的奥氏体不锈钢用冷水清洗1～3min。

(3) 磷化处理：将奥氏体不锈钢放入磷化液中在80～90℃下浸泡10～20min。所述磷化液包含：NaOH 40～60g/L，Na_2CO_3 20～30g/L，$Na_3PO_4 \cdot 12H_2O$ 50～70g/L，Na_2SiO_3 5～10g/L。所述磷化处理能够利用碱性溶液的皂化作用和乳化作用除去油污，另外还能够形成磷化膜转接层，起到增加镀层的附着力的作用。

(4) 清洗：将经过磷化处理后的奥氏体不锈钢先用25～40℃的温水清洗1～3min，再用冷水冲洗1～3min。

(5) 酸液活化处理：将经过除油、磷化处理后的奥氏体不锈钢在室温下放入混酸活化液中浸蚀1～3min。所述活化液为50%盐酸和10% H_2SO_4 的混合液。

(6) 清洗：将经过酸液活化处理后的奥氏体不锈钢用纯净水冲洗1～3min。

(7) 阳极处理：将经过酸液活化处理后的奥氏体不锈钢接阳极，放入电镀槽中浸入电镀液进行阳极处理。所述电镀液为氨基磺酸镍配方，包含：氨基磺酸镍250～350g/L，金属镍50～100g/L，氨基磺酸10～30g/L，盐酸10～15mL/L。反应温度为室温，电流密度为3～10A/dm^2，时间为1～3min，pH值为1～1.5，阳极处理用于形成过渡镍磷层，有利于后续的化学镀镍磷。

(8) 清洗：将经过阳极处理的奥氏体不锈钢用纯净水浸泡1～3min。

(9) 中和：将经过阳极处理的奥氏体不锈钢在8%～15%的氨水中浸泡10～30s，再在纯净水中浸泡1～3min，用以调节过渡镍磷层的pH值。

(10) 化学镀镍磷(Ni-P)：在化学镀镍磷(Ni-P)溶液中进行化学浸镀，反应条件为，pH值4.5～5、温度86～94℃、时间1～3h。化学镀镍是在金属盐和还原剂共同存在的溶液中靠自催化的化学反应而在金属表面沉积金属镀层的成膜技术，化学镀镍所镀出的镀层为镍磷合金镀层，可以根据需要来选择镀层中的含磷量，分为低磷化学镀镍、中磷化学镀镍或高磷化学镀镍。

(11) 后处理：当镍磷镀层需要较高硬度或耐磨性时，可以对经过化学镀镍磷后的奥氏体不锈钢进行后处理，即先将奥氏体不锈钢放入 150～250℃烘箱中进行 1～3h 去应力处理，再放入 380～400℃烘箱中进行 0.5～1h 热处理，热处理后的样品硬度达到 900～1000HV，显著提高了样品的硬度和耐磨性能。

其中步骤（1)～(6）属于奥氏体不锈钢的前处理步骤，用于得到适合进行化学镀镍磷的铝奥氏体不锈钢表面。

产品特性 本品工艺简单，可以根据需要来选择镀层中的含磷量，能够在奥氏体不锈钢的外表面形成一层均匀且具有良好的耐酸、碱、盐性能的镍磷镀层，扩大了奥氏体不锈钢的应用领域。

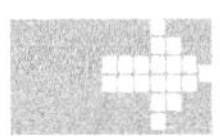

表面金属化复合材料的光催化化学镀液

原料配比

原料		配比	
		1#	2#
$CuSO_4 \cdot 5H_2O$		16g	—
$NiSO_4 \cdot 6H_2O$		—	30g
HCHO		16mL	—
$NaH_2PO_2 \cdot H_2O$		—	30g
混合络合剂	$KNaC_4H_4O_6 \cdot 4H_2O$	15g	—
	$Na_2EDTA \cdot 2H_2O$	24g	—
	$C_6H_5Na_3O_7 \cdot 2H_2O$	—	20g
混合添加剂	$C_{10}H_8N_2$	0.024g	—
	$K_4Fe(CN)_6 \cdot H_2O$	0.012g	—
水		加至 1L	加至 1L

制备方法 将各组分溶于水，搅拌均匀即可。

原料配伍 本品各组分配比范围为：金属盐 16～30g、还原剂 HCHO 16mL 或 $NaH_2PO_2 \cdot H_2O$ 30g、络合剂 20～40g、添加剂 0～0.036g，水加至 1L。

金属盐为铜盐、银盐、镍盐、铝盐、金盐、镁盐、钛盐或者是铁盐。

还原剂为 HCHO、$NaH_2PO_2 \cdot H_2O$ 或 $HO(CH_2CH_2O)_nH$（$n=4\sim450$）。

络合剂为 $KNaC_4H_4O_6 \cdot 4H_2O$、$Na_2EDTA \cdot 2H_2O$ 或 $C_6H_5Na_3O_7 \cdot 2H_2O$。

添加剂为 $C_{10}H_8N_2$、$K_4Fe(CN)_6 \cdot H_2O$。

产品应用 本品主要应用于表面金属化复合材料的光催化化学镀。

本品所述表面金属化复合材料的光催化化学镀工艺如下：

（1）将半导体纳米无机粉体或表面包覆半导体纳米无机粉体的基体材料直接浸入含有表面所需负载金属的金属盐的化学镀液中，在温度为 0～80℃下，不停搅拌；

（2）在波长为 200～400nm 的紫外光下照射 0.1～40min 进行化学镀，反应期间用碱溶液维持镀液 pH 值为 7～13；

（3）将表面镀覆金属的复合材料取出，洗涤，于 50～200℃真空或保护性气体气氛下烘干处理 30～180min，即可制得表面金属化复合材料。

产品特性 本品的优点在于，利用半导体纳米无机粉体在能量等于或大于其带隙能的光子照射下，会激发产生大量的电子-空穴对，而电子具有还原作用，有助于加速金属离子还原的特点。将其与传统化学镀中的还原剂作用相结合，能提高镀速和生产效率，降低产品成本，制备表面金属层均匀、金属颗粒细小的高质量、低成本的表面金属化复合材料。

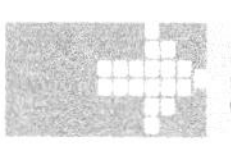

玻璃微珠化学镀 Ni-P 合金镀液

原料配比

表 1　除油液

原　料	配　比		
	1#	2#	3#
氢氧化钠	10g	5g	8.5g

续表

原　料	配　比		
	1#	2#	3#
碳酸钠	15g	10g	12g
磷酸钠	35g	30g	32g
OP-10 乳化剂	10mL	5mL	7mL
水	加至 1L	加至 1L	加至 1L

表 2　敏化液

原　料	配　比		
	1#	2#	3#
氯化亚锡	15g	10g	12g
盐酸(37%)	100mL	50mL	75mL
水	加至 1L	加至 1L	加至 1L

表 3　活化液

原　料	配　比		
	1#	2#	3#
氯化钯	1g	0.5g	0.8g
盐酸(37%)	15mL	10mL	12mL
水	加至 1L	加至 1L	加至 1L

表 4　化学镀镍液

原　料	配　比		
	1#	2#	3#
硫酸镍	30g	25g	28g
次磷酸钠	30g	25g	30g
醋酸钠	20g	10g	15g
柠檬酸钠	20g	10g	15g
水	加至 1L	加至 1L	加至 1L

制备方法 将各组分溶于水，搅拌均匀即可。

原料配伍 本品各组分配比范围如下：

除油液：氢氧化钠 5～10g、碳酸钠 10～15g、磷酸钠 30～35g、OP-10 乳化剂 5～10mL，水加至 1L。

敏化液：氯化亚锡 10～15g、盐酸（37%）50～100mL，水加至 1L。

活化液：氯化钯 0.5～1g、盐酸（37%）10～15mL，水加至 1L。

化学镀镍液：硫酸镍 25～30g、次磷酸钠 25～30g、醋酸钠 10～20g、柠檬酸钠 10～20g，水加至 1L。

产品应用 本品主要应用于玻璃微珠化学镀 Ni-P 合金。

玻璃微珠化学镀 Ni-P 合金工艺，包括如下步骤：

（1）玻璃微珠超声波除油：超声过程控制温度为 20～30℃，时间为 3min，然后倾倒出除油液，用蒸馏水清洗玻璃微珠直至微珠表面不残留有除油液；

（2）玻璃微珠敏化：将经超声波除油后的玻璃微珠置于敏化液中敏化，敏化过程控制温度为 20～30℃，敏化时间为 2min，然后倾倒出敏化液，用蒸馏水清洗玻璃微珠直至微珠表面不残留有敏化液；

（3）玻璃微珠活化：将经敏化处理后的玻璃微珠置于活化液中活化，活化过程控制 pH 值为 1.5～2.5，温度为 20～30℃，活化时间为 3min，然后倾倒出活化液，用蒸馏水清洗玻璃微珠直至微珠表面不残留有活化液；

（4）玻璃微珠化学镀 Ni-P：将经活化处理后的玻璃微珠置于化学镀镍液中进行化学镀，化学镀 Ni-P 过程中控制 pH 值为 4.5～5.5，温度为 50～60℃，施镀时间为 30min，然后用蒸馏水清洗 3～4 次并置于干燥箱中控制温度为 25℃进行烘干，最终获得 Ni-P 沉积层均匀的玻璃微珠化学镀 Ni-P 合金。

上述的玻璃微珠化学镀 Ni-P 工艺中，微珠前处理工序间的清洗十分重要。微珠的尺寸很小，容易流动，为了保证镀层的质量和各种溶液不被污染，工序间的清洗在搅拌下至少 3 次以上才能清洁。

另外，选择化学镀镍液的施镀温度也很关键，若将化学镀镍液的温度加热到 85～90℃时对玻璃微珠进行化学镀，由于温度高时化学镀反应速率很快，大量析出的金属 Ni 来不及覆盖在玻璃微珠表面，以致镀液内和微珠间散落有较多的金属颗粒，导致微珠表面的镀层不均匀、不连续、镀层发黑，大部分微珠表面甚至无镀层。此外如果镀液温度过高，还会造成次磷酸钠的分解，导致镀液杂质含量升高、镀液失效。

产品特性 本品采用普通的化学镀镍液配方，通过优化镀液温度及时间变化时对微珠表面化学镀 Ni-P 沉积层均匀性的影响，通过施镀前后玻璃微珠 SEM 和 EDS 的分析和成分测试，最终获得 Ni-P 沉积层均匀的玻璃微珠化学镀 Ni-P 合金。而且经过化学镀以后微珠表面元素 O、Si 含量下降，而 Ni、P 含量增多，其中 Ni 的含量达 58.76%～68.41%，P 的含量达 8.87%～10.04%。据文献报道，现有技术中玻璃微珠化学镀后 Ni 的含量达 37.08%，P 的含量达 0.64%，由此可知依靠现有技术获得的沉积层中 Ni、P 含量偏低，沉积层结晶组织不是非晶态，沉积层的防腐蚀性能差。而本发明经优化后的工艺所得微珠表面 Ni 的含量较未优化的提高了 21.68%～31.33%，P 的含量较未优化的提高了 8%～9%，Ni-P 沉积层为非晶态结晶组织，沉积层的防腐蚀性能更好。

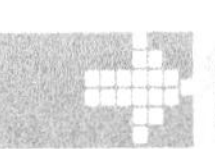

玻璃纤维表面镀五元合金镀液

原料配比

原　料	配　比
硫酸镍	2.1g
硫酸钴	1.1g
硫酸亚铁	0.8g
三氧化二镧	0.12g
柠檬酸钠	3.5g
苹果酸	0.9g
丁二酸	0.6g
次磷酸钠	3g
硫酸铵	4.1g

续表

原　料	配　比
硫脲	0.02g
尿素	1.35g
浓盐酸	2.5～5.5mL
水	100mL

制备方法

（1）取硫酸镍、硫酸钴、硫酸亚铁放入250mL烧杯中，加入95mL的蒸馏水。

（2）取三氧化二镧放入50mL的烧杯中，加入5mL蒸馏水和2.5～5.5mL浓盐酸，常温下在磁力搅拌器中搅拌溶液，溶解后加入步骤（1）中的250mL烧杯中。

（3）取柠檬酸钠、苹果酸、丁二酸、次磷酸钠、硫酸铵、硫脲和尿素依次放入步骤（1）中的250mL的烧杯中，搅拌至完全溶解，滴入氨水调节pH=8.0±0.2，配成化学镀液。

原料配伍　本品各组分配比范围为：硫酸镍1.8～2.6g、硫酸钴0.6～1.8g、硫酸亚铁0.5～1.7g、三氧化二镧0.02～0.18g、柠檬酸钠3～3.5g、苹果酸0.8～1.7g、丁二酸0.6～1.5g、次磷酸钠2.1～3.5g、硫酸铵3.8～5g、硫脲0.008～0.05g、尿素0.9～2.1g、浓盐酸2.5～5.5mL，水100mL。

产品应用　本品主要应用于玻璃纤维表面化学镀。

本品应用方法：将前处理好的玻璃纤维放入盛有已配好的化学镀液的烧杯中，水浴加热，在50～70℃下反应20～60min，反应结束后，取出玻璃纤维，用蒸馏水清洗3次，在烘箱中干燥0.5h，干燥温度在（70±5）℃。

产品特性　在镀液中加入稀土氧化物La_2O_3，不仅提高镀液的稳定性和利用率，而且提高了合金镀层中金属元素Ni、Co、Fe的含量，并在合金镀层中引入了稀土元素La，大大降低了磷含量，同时还能降低化学镀的施镀温度。在化学镀液中加入适量的La_2O_3，所制得合金镀层中磷含量在3%～17%，而传统以金属为基体的化学镀合金层中磷含量在15%～30%。化学镀后的玻璃纤维有良好的导电性，可作为导电填料与电损耗吸收剂使用。

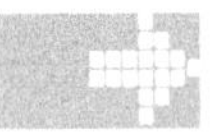 玻璃纤维化学镀四元合金镀液（1）

原料配比

原　料	配　比
硫酸镍	1.91g
硫酸亚铁	0.82g
三氧化二镧	0.1g
柠檬酸钠	3.8g
苹果酸	1.12g
丁二酸	0.85g
次磷酸钠	2.7g
硫酸铵	4g
硫脲	0.02g
尿素	1.1g
浓盐酸	2.5～5.5mL
水	100mL

制备方法

(1) 取硫酸镍、硫酸亚铁放入250mL烧杯中，加入95mL的蒸馏水。

(2) 取三氧化二镧放入50mL的烧杯中，加入5mL蒸馏水和2.5～5.5mL浓盐酸，常温下在磁力搅拌器中搅拌溶液，溶解后加入步骤(1)中的250mL烧杯中。

(3) 取柠檬酸钠、苹果酸、丁二酸、次磷酸钠、硫酸铵、硫脲和尿素依次放入步骤(1)中的250mL的烧杯中，搅拌至完全溶解，滴入氨水调节pH=8.0±0.2，配成化学镀液。

原料配伍　本品各组分配比范围为：硫酸镍1.6～2.6g、硫酸亚铁 0.5～1.7g、三氧化二镧 0.01～0.18g、柠檬酸钠 3～5g、苹果酸 0.5～1.6g、丁二酸 0.6～1.4g、次磷酸钠 2～3.5g、硫酸铵 3.6～5.5g、硫脲 0.008～0.05g、尿素 0.9～2.1g、浓盐酸 2.5～5.5mL，水 100mL。

产品应用 本品主要应用于玻璃纤维的化学镀。

本品应用方法：将前处理好的玻璃纤维放入盛有已配好的化学镀液的烧杯中，水浴加热，在 50～70℃下反应 20～60min，反应结束后，取出玻璃纤维，用蒸馏水清洗 3 次，在烘箱中干燥 0.5h，干燥温度在（70±5）℃，即制得玻璃纤维化学镀 Ni-Co-La-P 四元合金镀层。

产品特性 在镀液中加入稀土氧化物 La_2O_3，不仅提高镀液的稳定性和利用率，而且提高了合金镀层中金属元素 Ni、Fe 的含量，并在合金镀层中引入了稀土元素 La，大大降低了 P 含量，同时还能降低化学镀的施镀温度。在化学镀液中加入适量的稀土氧化物，所制得合金镀层中磷含量在 1.8%～17%，而传统以金属为基体的化学镀合金层中磷含量在 15%～32%。化学镀后的玻璃纤维有良好的导电性，可作为导电填料与电损耗吸收剂使用。

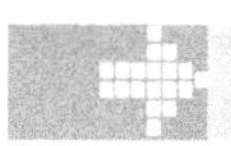

玻璃纤维化学镀四元合金镀液（2）

原料配比

原　料	配　比
硫酸镍	1.8g
硫酸钴	0.9g
三氧化二镧	0.11g
柠檬酸钠	3.5g
苹果酸	0.9g
丁二酸	0.86g
次磷酸钠	2.8g
硫酸铵	4.1g

续表

原　料	配　比
硫脲	0.02g
尿素	1.25g
浓盐酸	2.5～5.5mL
水	100mL

制备方法

(1) 取硫酸镍、硫酸钴放入250mL烧杯中，加入95mL的蒸馏水。

(2) 取三氧化二镧放入50mL的烧杯中，加入5mL蒸馏水和2.5～5.5mL浓盐酸，常温下在磁力搅拌器中搅拌溶液，溶解后加入步骤(1)中的250mL烧杯中。

(3) 取柠檬酸钠、苹果酸、丁二酸、次磷酸钠、硫酸铵、硫脲和尿素依次放入步骤(1)中的250mL的烧杯中，搅拌至完全溶解，滴入氨水调节pH=8.0±0.2，配成化学镀液。

原料配伍 本品各组分配比范围为：硫酸镍1.6～2.7g、硫酸钴0.6～1.8g、三氧化二镧0.02～0.18g、柠檬酸钠3～5g、苹果酸0.5～1.8g、丁二酸0.6～1.4g、次磷酸钠2～3.4g、硫酸铵3.6～5.5g、硫脲0.008～0.05g、尿素0.9～2.1g、浓盐酸2.5～5.5mL，水100mL。

产品应用 本品主要应用于玻璃纤维化学镀。

本品应用方法：将前处理好的玻璃纤维放入盛有已配好的化学镀液的烧杯中，水浴加热，在50～70℃下反应20～60min，反应结束后，取出玻璃纤维，用蒸馏水清洗3次，在烘箱中干燥0.5h，干燥温度在(70±5)℃，即制得玻璃纤维化学镀Ni-Co-La-P四元合金镀层。

产品特性 在镀液中加入稀土氧化物La_2O_3，不仅提高镀液的稳定性和利用率，而且提高了合金镀层中金属元素Ni、Co的含量，并在合金镀层中引入了稀土元素La，大大降低了P含量，同时还能降低化学镀的施镀温度。在化学镀液中加入适量的稀土氧化物所制得合金镀层中磷含量在6%～23%，而传统以金属为基体的化学镀合金层中磷含量在15%～33%。化学镀后的玻璃纤维有良好的导电性，可作为导电填料与电损耗吸收剂使用。

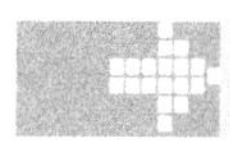

不锈钢表面的化学镀 Ni-P 合金的镀液

原料配比

表1　高磷化学镀液

原　料	配比(质量份)
硫酸镍	25～30
次磷酸钠	25～30
主络合剂 A	15～26
辅络合剂 B	4～10
辅络合剂 C	4～15
丁二酸	12～20
乙二胺	5～15
KIO_3	0.01～0.04
乙酸钠	10～20
水	加至1000

表2　中磷化学镀液

原　料	配比(质量份)
硫酸镍	25～30
次磷酸钠	25～30
乳酸	13～28
丙二酸	5～15
丁二酸	12～20
KIO_3	0.01～0.04
乙酸钠	10～20
水	加至1000

制备方法 将各组分溶于水，搅拌均匀即可。

原料配伍 本品各组分质量份配比范围如下。

高磷化学镀液：硫酸镍 25～30、次磷酸钠 25～30、主络合剂 A 15～26、辅络合剂 B 4～10、辅络合剂 C 4～15、丁二酸 12～20、乙二胺 5～15、KIO_3 0.01～0.04、乙酸钠 10～20，水加至 1000。

中磷化学镀液：硫酸镍 25～30、次磷酸钠 25～30、乳酸 13～28、丙二酸 5～15、丁二酸 12～20、KIO_3 0.01～0.04、乙酸钠 10～20，水加至 1000。

产品应用 本品主要应用于不锈钢表面化学镀。

本品化学镀的步骤如下：

(1) 除油：为了保证不锈钢表面的除油效果，采用有机溶剂和碱洗两种除油工序。

有机溶剂除油有机溶剂采用丙酮（或氯仿），浸泡 1～2min。

第一次水洗：在室温下水洗 2min。

碱液除油：碱液为普通的除油剂，用工业用水配制，采用 Na_2CO_3、$Na_2PO_4 \cdot 12H_2O$、NaOH、OP-10 的混合液，温度为 (80±5)℃，浸泡 20min。

第二次水洗：除油彻底后进行水洗，先采用 30℃左右的温水洗。

第三次水洗：接着用室温水洗，两道水洗后进行活化。

(2) 活化：活化液是硫酸与盐酸的混合酸，浸泡 1～2min 进行活化。

(3) 闪镀镍：按 Woods 预镀镍法进行工艺控制，电流密度为 $2A/dm^2$，时间 5min。

第四次水洗：在室温下用水浸泡 2min；

(4) 第一次中和：在室温下用 15%氨水中进行中和，浸泡 1min；

第五次水洗：在 30℃下用纯水或蒸馏水浸泡 2min；

(5) 化学镀镍：在磷化学液中镀镍 2h；

第六次水洗：在室温下用水浸泡 1min；

(6) 第二次中和：用 8%～10% 的 NaOH 稀碱液在室温下浸泡 1min；

第七次水洗：在室温下用水浸泡 2min；

(7) 干燥：在 (80±10)℃下干燥 10min；

(8) 除氢：在 190℃下进行除氢 1h；

(9) 钝化封孔：用铬酸盐钝化法浸泡 10min，进行钝化封孔；

第八次水洗：在室温下用水浸泡 2min；

(10) 第二次干燥：在 (80±10)℃下干燥 10min，然后进行性能检验。

产品特性 本品的工艺过程可在不锈钢表面生成一种结合力非常牢固的化学镀镀层。可根据镀层的应用需要，选择低磷化学镀镍、中磷化学镀镍或高磷化学镀镍。镀层有很好的光泽性，表观非常细腻，手感柔滑，色泽为银白色。

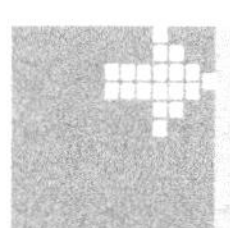

不锈钢表面高磷化学镀 Ni-P 合金的化学镀液

原料配比

原　料	配比(质量份)
硫酸镍	25
次磷酸钠	30
乳酸	19
柠檬酸	6
EDTA 二钠	7.5
甘氨酸	5
羟基乙酸	6
KIO_3	0.02
乙酸钠	13
丁二酸	16
水	加至 1000

制备方法 将各组分溶于水，搅拌均匀即可。

原料配伍 本品各组分质量份配比范围为：硫酸镍 25～30、

次磷酸钠 25～30、乳酸 15～30、柠檬酸 4～10、EDTA 二钠 4～15、甘氨酸 5～15、羟基乙酸 5～18、KIO_3 0.01～0.04、乙酸钠 10～20、丁二酸 12～20，水加至 1000。

本品的配方是以硫酸镍为主盐；以次磷酸钠为还原剂；以乳酸为主络合剂，以提高镀速和镀液稳定性，延长镀液的使用寿命；以柠檬酸、EDTA 二钠、甘氨酸、羟基乙酸为辅助络合剂，以提高镀层的含磷量和细化镀层的晶粒度，使镀层致密，降低孔隙率；以丁二酸为促进剂，提高镀液的镀速和稳定镀液；稳定剂选定为 KIO_3；缓冲剂选定为乙酸钠。

产品应用 本品主要应用于不锈钢表面化学镀。

采用以下工艺进行化学镀：有机溶剂除油→水洗 1→碱液除油→水洗 2→水洗 3→活化→闪镀镍（Woods 预镀镍）→水洗 4→中和 1→纯水洗 5→化学镀镍（本品的化学镀镀液）→水洗 6→中和 2→水洗 7→水分干燥 1→除氢→钝化封孔→水洗 8→水分干燥 2→性能检验。

本品化学镀镀液的工艺条件为：pH 值 4.5～5.0，温度（80±5)℃，施镀时间 2h。本品配方的化学镀镀液镀速在 11～13μm/h，镀层含磷量在 10.5%～13%，镀液稳定性超过 2500s。

产品特性 本品的化学镀镀液，在不锈钢表面镀出的高磷镀层，具有优良的耐酸、碱和盐腐蚀性，特别是耐 Cl^- 腐蚀性优于 304 不锈钢本体；在力学性能方面，镀层硬度在 450～550HV，高于 304 不锈钢本体。提高了不锈钢耐 Cl^- 的腐蚀性和耐磨性，扩大了不锈钢的应用领域。

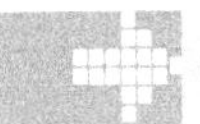

低温化学镀 Ni-Cu-P 溶液

原料配比

原料	配比						
	1#	2#	3#	4#	5#	6#	7#
硫酸镍	35g	35g	35g	35g	40g	40g	35g
硫酸铜	0.2g	0.2g	0.4g	0.4g	0.2g	0.2g	0.2g
次磷酸钠	25g	25g	30g	30g	30g	30g	30g

续表

原料	配比						
	1#	2#	3#	4#	5#	6#	7#
乙酸钠	8g	10g	8g	10g	8g	10g	8g
柠檬酸三钠	25g	30g	25g	30g	30g	25g	25g
乳酸	22mL	28mL	28mL	22mL	22mL	28mL	22mL
丁二酸	8g	10g	10g	8g	10g	8g	8g
甘氨酸	0.01g	0.01g	0.01g	0.01g	0.01g	0.01g	0.01g
氟化氢铵	0.2g	0.2g	0.2g	0.2g	0.2g	0.2g	0.2g
碘化钾	0.008g	0.008g	0.008g	0.008g	0.008g	0.008g	0.008g
硫脲	0.0015g	0.0015g	0.0015g	0.0015g	0.0015g	0.0015g	0.0015g
水	加至1L	加至1L	加至1L	加至1L	加至1L	加至1L	加至1L

制备方法

(1) 按照配方分别准确称取各固体药品并用少量的蒸馏水溶解；

(2) 将镍盐的溶液在不断搅拌下倒入含络合物的溶液中；

(3) 加入还原剂溶液并在搅拌下倒入步骤 (2) 的溶液中；

(4) 分别将稳定剂、缓冲剂溶液在充分搅拌下倒入步骤 (3) 的溶液中；

(5) 用蒸馏水稀释至计算体积；

(6) 用氨水调整 pH 值至 5.8～6.4；

(7) 过滤除去镀液中的沉积物，即可使用。

原料配伍 本品各组分配比范围为：硫酸镍 35～40g、硫酸铜 0.2～0.4g、次磷酸钠 25～30g、乙酸钠 8～10g、柠檬酸三钠 25～30g、乳酸 22～28mL、丁二酸 8～10g、甘氨酸 0.01g、氟化氢铵 0.2g、碘化钾 0.008g、硫脲 0.0015g，水加至1L。

其中，硫酸镍和硫酸铜为镀液的主盐；次磷酸钠为还原剂；乙酸钠为缓冲剂；柠檬酸三钠是主络合剂；乳酸为辅助络合剂；丁二酸、甘氨酸和氟化氢铵为联合加速剂；碘化钾、硫脲为稳定剂。

在该配方中，化学镀镍溶液中的主盐是镍盐、铜盐，由硫酸镍 $NiSO_4 \cdot 6H_2O$ 和硫酸铜 $CuSO_4 \cdot 5H_2O$ 提供化学镀反应过程中所需

要的 Ni^{2+} 和 Cu^{2+}。化学镀镍所用的还原剂次磷酸钠含有两个或多个活性氢，还原 Ni^{2+}、Cu^{2+} 就是靠还原剂的催化脱氢进行的。

在还原剂次磷酸钠作用下，硫酸镍 $NiSO_4 \cdot 6H_2O$ 浓度的变化对镀速有着明显的影响。随硫酸镍浓度的增加镀速会明显提高。镀液中 Ni^{2+} 浓度的增加，提高了化学镀镍的还原电极电势，由于反应物浓度增大，氧化还原电位正移，反应自由能变化向负方向移动，使反应速率增大，表现为沉积速率加快；当浓度达到 35～40g/L 时，镀速最高；其后再提高 Ni^{2+} 浓度，镀液稳定性将下降，易造成镀液自分解。硫酸铜 $CuSO_4 \cdot 5H_2O$ 作为镀液的主盐，虽然浓度较低，但对镀速的影响很大。随铜盐浓度的增加镀速会降低，这主要是因为金属铜对次磷酸根脱氢缺乏催化活性，当镀液中硫酸铜浓度增加时，基体表面铜的沉积数量增加，这就增加了镀层表面非活性部分的比例，能够被表面吸附且能够脱氢的次磷酸根离子减少，使得镀速下降。因此，在其他条件相同时，化学镀镍铜磷的镀速要比化学镀镍磷合金的速度慢一些。

综上所述，从镀速方面考虑，硫酸镍的用量范围为 35～40g/L，硫酸铜的用量范围为 0.2～0.4g/L。

还原剂是化学镀中必不可少的成分，它能提供还原镍离子所需要的电子。在酸性镀液中采用的还原剂一般为次磷酸盐。随着次磷酸钠浓度的提高，沉积速率增大，当浓度为 25～30g/L 时，沉积速率最大；次磷酸钠浓度高于 30g/L 时，沉积速度降低。这是因为，根据氧化还原的一般原理，增加镀液中次磷酸钠的浓度，使次磷酸根离子的有效浓度增加，提高反应的还原电极电势，使其反应的自由焓更负，表现为沉积速率加快；但当其浓度达到某一极限值后，镀件表面镀层处浓度与液体内部的浓度不同，产生浓差极化，使电位降低，从而出现极限沉积速率和镀液的不稳定性。因此，次磷酸钠含量应在 25～30g/L 的范围内较好。

化学镀镍溶液中除了主盐与还原剂以外，最重要的组成部分就是络合剂。镀液性能的差异、寿命长短主要决定于络合剂的选用及其搭配关系。化学镀镍溶液中的络合剂除了能控制可供反应的游离 Ni^{2+} 浓度外，还能抑制亚磷酸镍沉淀，提高镀液的稳定性，延长镀液寿命。有些络合剂还兼有缓冲剂和促进剂的作用，能提高镀液的沉积速率，影响镀层的综合性能。通常每种镀液都有一种主络合剂，配以其他的辅助络合剂。从根本上说，化学镀镍溶液在工作中是否稳定，不是单纯依赖镀液中是否加入某种稳定剂，而更主要的是取决于络合剂的选择、搭配、用量是否合适。因此，选择络合剂不仅要使镀层沉积速率快，而且要使镀液稳定性好，使用寿命长，镀层质量好。Ni^{2+}的络合剂虽然很多，但在化学镀镍溶液中所用的络合剂则要求它们具有较大的溶解度，在溶液中存在的 pH 值范围能与化学镀工艺要求一致，还存在一定的反应活性（即 Ni^{2+} 在该络合物中晶格能较弱），价格因素也不容忽视。目前，常用的络合剂主要是一些脂肪族羧酸及其取代衍生物，如在酸浴中用柠檬酸、乳酸、丁二酸、苹果酸及甘氨酸等，或用它们的盐类。

镀液中络合剂的含量取决于 Ni^{2+} 的浓度及所用络合剂的化学结构和官能团，柠檬酸三钠是与镍络合稳定常数较大的络合剂，起主络合剂作用。镀液镀速随柠檬酸三钠浓度的增大呈上升趋势，在 30g/L 左右达到最大值。因此，柠檬酸三钠最佳浓度范围为 25～30g/L。

随乳酸浓度的增加，沉积速率逐渐提高，当乳酸含量达 28mL/L 时沉积速率最大。这种现象与乳酸和镍离子的络合程度有关，乳酸起辅助络合剂作用。当乳酸含量较低时，溶液易分解，沉积速率较低；当乳酸浓度过大时，有效镍离子浓度降低，阻止了镍离子的还原，沉积速率随之下降。因此，乳酸浓度的最佳选取范围是 22～28mL/L。

丁二酸的加入可明显提高镀速，在含量为 8～10g/L 时达到峰值。随后再增加其含量，镀速呈明显下降。丁二酸在镀液中的作用是多方面的，除了能控制可供反应的游离的镍离子浓度、提高镀液稳定性、延长镀液寿命外，还兼有缓冲剂与促进剂的作用，能提高镀液的沉积速率，影响镀层的综合性能。

根据无机添加剂与有机添加剂的互补作用及交互影响的规律性，甘氨酸与无机物氟化氢铵联合作用效果更好。

化学镀镍溶液是一个热力学不稳定体系，由于种种原因，如局部过热、pH 值过高，或某些杂质影响，不可避免地会在镀液中出现一些活性微粒-催化核心，使镀液发生激烈的自催化反应产生大量 Ni-P 黑色粉末，导致镀液短期内发生分解，逸出大量气泡，造成不可挽救的经济损失。这些活性微粒往往只有胶体粒子大小，其来源为外部灰尘、烟雾、焊渣、清洗不良带入的脏物、金属屑等。溶液内部产生的氢氧化物（有时 pH 值并不高却也会局部出现）、碱式盐、亚磷酸氢

镍等表面吸附有 OH^-，从而导致溶液中 Ni^{2+} 与 $H_2PO_2^-$ 在这些粒子表面局部反应析出海绵状的镍。反应式如下：

$$Ni^{2+} + 2H_2PO_2^- + 2OH^- = 2HPO_3^{2-} + 2H^+ + Ni + H_2$$

这些黑色粉末是高效催化剂，它们具有极大的比表面积与活性，加速了镀液的自发分解，几分钟内镀液将变成无色或黑色。

稳定剂是一种毒化剂，即反催化剂，只需加入少量就可以抑制镀液自发分解，使施镀过程在控制下有序进行。稳定剂吸附在固体表面抑制次磷酸根的脱氢反应，但不阻止次磷酸盐的氧化作用；稳定剂掩蔽了催化活性中心，阻止了成核反应，但不影响工件表面正常的化学镀过程。稳定剂不能使用过量，过量后轻则减低镀速，重则不再起镀。化学镀镍中常用的稳定剂有一些是含硫的无机物或有机物，某些是含氧化合物等。本品采用碘化钾、硫脲为复合稳定剂。

产品应用 本品主要应用于低温化学镀 Ni-Cu-P。

将上述配制的 Ni-Cu-P 溶液应用于低碳钢基材表面实施化学镀 Ni-Cu-P，包括除锈、机械打磨、除油、酸洗活化和化学镀等步骤，其中化学镀为超声化学镀。本方法具体步骤如下：

(1) 除锈：采用稀盐酸或稀硫酸溶液浸泡除去试件表面的氧化膜、氧化皮及锈蚀产物至表面无锈迹，用清水冲洗干净。除锈过程中采用的稀盐酸浓度为 150～200mL/L，稀硫酸浓度为 200～250mL/L。

(2) 机械打磨：用砂纸打磨至试件表面无明显划痕。将除锈完毕的试件依次用型号为 150#、180#、240#、600#、800#、1000# 的砂纸打磨至试片表面无明显划痕。

(3) 除油：为了避免影响镀层与试件的结合力，造成爆片、起泡现象以及污染镀液，造成镀液过早分解等问题，需要将试件上的油污除净，本工艺采用碱性除油。

碱液配方为，氢氧化钠 20～30g/L，醋酸钠 20～30g/L，磷酸三钠 20～30g/L，硅酸钠 0.4～0.6g/L；碱液温度为 60～80℃，处理时间为 10min。

(4) 酸洗活化：为了使试件在施镀过程中更易吸附镍、磷原子，将上述碱性除油后的试件采用 10% 的硫酸进行酸洗活化。活化至试件表面冒出细小均匀的气泡。

(5) 超声化学镀：活化完毕，将试件放入本品的 Ni-Cu-P 镀液中进行超声波化学镀。施镀温度为 60～70℃，pH 值为 5.8～6.4，施镀时间为60min，超声波功率330W，频率25～40kHz，镀液装载量1～1.4dm^2/L。

产品特性

（1）本品所采用的溶液配方环保、无有毒有害的Pb、Cd离子，符合清洁生产环保要求，减少了环境污染，改善了劳动环境条件，保护了操作者的安全。

（2）低温工艺有助于降低能源消耗，化学镀工艺温度每降低10℃，成本可降低5%～10%，有显著的经济效益和社会效益。

（3）相同温度下超声波辅助沉积速率明显加快，提高生产效率，改善镀层性能。

（4）化学镀Ni-Cu-P工艺温度低，镀液蒸发量减少，易于维护，减少设备投资。

（5）低温化学镀Ni-Cu-P技术镀速达到14μm/h，所得镀层胞状物较多，形状规则且均匀，近圆形。细密处紧凑连成片，表面明显平整，镀层光亮性好，耐蚀性、硬度和耐磨性均优于原低碳钢基体。

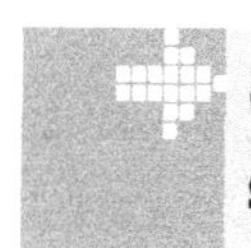

低温快速镀稀土-镍-钼-磷合金的化学镀液

原料配比

原　料	配比(质量份)	
	1#	2#
氯化镍	30	25
次磷酸钠	20	22
钼酸钠	0.6	0.2
氢氯化钠	0.5	—
碳酸钠	—	4
柠檬酸钠	15	13
乳酸钠	9	9
乙醇酸钠	4	—

续表

原　料	配比(质量份)	
	1#	2#
乙酸钠	—	3
丁二酸	3	3
稀土 CeO_2	1	1
稀土 La_2O_3	1	3
硫脲	1.2×10^{-3}	1.2×10^{-3}
水	加至 1000	加至 1000

制备方法

(1) 取氯化镍、钼酸钠加水制得溶液 A。

(2) 取次磷酸钠加水制得溶液 B。

(3) 取有机酸/有机酸钠与加速剂丁二酸加水制得溶液 C。

(4) 将溶液 C 倒入 B 中，得到溶液 D。

(5) 将溶液 D 加入到 A 中得到溶液 E。

(6) 加入硫脲，然后用氢氧化钠/碳酸钠溶液将溶液 E 的 pH 值调至 7.0～8.5。

(7) 加水定容至 1L。

原料配伍　本品各组分质量份配比范围为：氯化镍 25～35、次磷酸钠 15～25、钼酸钠 0.00001～2、氢氧化钠/碳酸钠 0～10、有机酸/有机酸钠 20～45、丁二酸 3～5、硫脲 0～2×10^{-3}、稀土 0.001～6，水加至 1000。

当性能活泼的混合稀土化合物加入到电镀液中，可优先吸附在镀层表面的晶体缺陷处（位错露头、晶界、空位等），改变各离子的自然电位而使析出电位接近，同时改变了各离子的活度，降低了表面活化能，促进了金属络合物离子和还原剂离子向金属表面吸附，并为合金的形成提供了催化活性，使其成核率提高，同时还填补生长中合金的晶粒相的表面缺陷，生成阻碍晶粒继续生长的表面膜，从而使晶粒细化。

产品应用　本化学镀液可广泛应用于化学镀的工艺中。

产品特性　本品镀液的使用温度明显降低，沉积速率显著提高。扫描电镜结果表明：镀层晶胞细小，致密。镀液稳定性好，停留20天后仍可使用，镀层质量好。

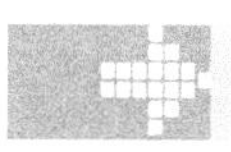

粉末冶金材料超声化学镀镍磷镀液

原料配比

原料		配比	
		1#	2#
主盐	硫酸镍	28g	27g
还原剂	次磷酸钠	35g	33g
络合剂	乙酸钠	22g	12g
	丙酸	15g	6g
	DL-苹果酸	25g	8g
	甘氨酸	8g	2g
	EDTA	6g	2g
	柠檬酸钠	30g	15g
加速剂	丁二酸	25g	10g
稳定剂	乙酸铅	5mg	1mg
	硫脲	5mg	1mg
水		加至1L	加至1L

制备方法 将各组分溶于水，搅拌均匀即可。

原料配伍 本品各组分配比范围为：硫酸镍20～30g、次磷酸钠20～40g、乙酸钠10～25g、丙酸5～30g、DL-苹果酸5～30g、甘氨酸1～10g、EDTA 1～10g、柠檬酸钠5～40g、丁二酸5～30g、乙酸铅1～5mg、硫脲0.5～5mg，水加至1L。

本品利用超声波振荡的机械能使镀液在基体表面产生许多空穴，这些空穴持续振荡一方面对基体表面产生强大的冲击作用，即超声空化，可导致大量的活性自由基产生，使基体表面活化，加速化学反应；另一方面增强分子碰撞，使附着在基体表面和孔隙中的气泡能够及时排放，从而把镀液中的镍离子还原沉积在具有催化活性的表面上，使基体表面镀覆一层均匀致密的、无孔隙的镍磷镀层，对基体起到防护作用。

产品应用 本品主要应用于粉末冶金材料超声化学镀镍磷。

在粉末冶金材料表面采用本品进行施镀，具体步骤如下：

（1）除油：先在120～200℃下真空热处理0.5～3h即真空除油；真空除油后，进行碱液除油。碱液pH值为8～10.5，其配方如下：

Na_2CO_3 5～20g/L，$Na_3PO_4\cdot 12H_2O$ 10～30g/L，$NaSiO_3$ 5～20g/L，OP-10乳化剂1～5g/L。

碱液温度为60～80℃，处理时间为5～10min，同时采用超声波，超声波频率为19～80kHz、功率为50～500W。

（2）除锈：采用浓度为5%～40%的HNO_3进行酸洗，时间为5～100s。

（3）活化：采用浓度为1%～10%的H_2SO_4作为活化液，在室温下活化时间为5～50s。

（4）超声化学镀：镀液以次磷酸钠作为还原剂，硫酸镍作为主盐，附加络合剂、加速剂、稳定剂，采用超声波振振。超声化学镀工艺参数如下：

频率19～80kHz，功率50～500W，pH值6.5～7.5，温度70～85℃，镀速10～60μm/h。

（5）后处理：采用CrO_3进行封孔处理。工艺参数为：CrO_3 1～10g/L、温度70～85℃，时间10～20min。

产品特性

（1）镀层无孔隙且厚度均匀，从而提高了粉末冶金材料的耐蚀性能。通过使用本品研制的镍磷化学镀配方，采用超声化学镀，利用超声波振荡的机械能使镀液在基体表面产生许多空穴，这些空穴对基体表面产生强大的冲击作用，使基体表面活化，加速化学反应，从而在基体表面镀覆一层均匀致密的、无孔隙的镍磷镀层。

（2）提高粉末冶金材料的使用寿命，拓宽其应领域。采用本品在基体表面形成的镍磷镀层厚度达到30～40μm时，其湿热、高压实验寿命为500h以上，盐雾实验寿命为300h以上，从而使粉末冶金材料应用范围更广泛，可以应用于电子、计算机、汽车、医疗等领域。

(3) 本品采用多重络合剂以及加速剂、稳定剂，提高了镀液的稳定性，施镀速度可以调节，镀层厚度均匀；本品化学镀方法同电镀相比，易于控制，而电镀时由于边缘效应，电流密度不均匀，容易造成镀层厚度不均匀。

(4) 本品通过采用真空除油及超声波碱液除油，可以缩短除油时间，强化除油效果，提高工艺质量。

(5) 本品采用浓度为1%～10%的 H_2SO_4 作为活化液，可以除去试样表面上的极薄的气化膜，并在其上形成均匀的形核活性中心，提高镀镍磷效果。

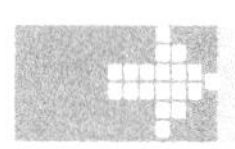

钢铁抗腐蚀化学镀层的镀液

原料配比

表1 化学镀液

原料	配比
硫酸镍	10.08g
硫酸锌	5.65g
次磷酸钠	22g
柠檬酸三钠	77.4g
硼酸	31g
10%氢氧化钠溶液	适量
蒸馏水	加至1L

表2 钝化液

原料	配比
铬酐	40g
冰醋酸	40mL
成膜促进剂	10g
硝酸银	0.45g
水	加至1L

表 3　封闭处理液

原　料	配　比
硅酸钠	140g
氟化氢铵	2g
氢氧化锂	0.2g
水	加至 1L

制备方法

(1) 化学镀液的制备：将硫酸镍、硫酸锌、次磷酸钠、柠檬酸三钠、硼酸溶解于蒸馏水中，稀释至接近的体积，用 10%氢氧化钠溶液调整镀液的 pH 值至 9.0，用水进一步稀释至 1L 即可。

(2) 钝化液的制备：先用蒸馏水溶解铬酐，可用搅拌或低于 80℃的恒温水浴加速溶解，然后依次加入冰醋酸、成膜促进剂和硝酸银，用水稀释至要求的浓度。

(3) 封闭处理液的制备：用蒸馏水依次溶解硅酸钠、氟化氢铵和氢氧化锂，用水稀释至要求的浓度即可。

原料配伍　本品各组分质量份配比范围如下。

化学镀液：硫酸镍 7.8～12.4g、硫酸锌 3.2～8.1g、次磷酸钠 8.8～26.5g、柠檬酸三钠 51.6～103.6g、硼酸 12.4～49.6g，蒸馏水加至 1L。

钝化液：铬酐 20～60g、冰醋酸 20～60mL、成膜促进剂 5～20g、硝酸银 0.3～0.6g，水加至 1L。

封闭处理液：硅酸钠 100～220g、氟化氢铵 1～3g、氢氧化锂 0.1～0.3g，水加至 1L。

所述成膜促进剂为聚乙烯醇或聚乙二醇等水溶性高分子化合物。

产品应用　本品主要应用于钢铁抗腐蚀化学镀。

产品特性　采用上述方案后，本品获得的化学镀镍-锌-磷镀层具有晶态结构，外观层暗灰色，平滑致密，镀层与基体钢铁结合力强。而且镀液稳定性高，沉积速率较快 [可达 3.0mg/(cm^2 · h)]，所得镀层中的锌含量为 13.0%～30.0% (原子分数) (原子分数)，磷含量为 10.0%～19.0%。本品的化学镀液体系由于使用了硼酸

（一种缓冲剂），可提高镀层中锌的含量和大幅度提高该镀层的沉积速率，该镀层能使钢铁在海洋性环境下具有优异的抗腐蚀性能。该镀层在3.5%（质量分数）氯化钠溶液中比钢铁开路电位更负一些，因此该镀层相对于钢铁为阳极镀层，保护钢铁的机理为牺牲阳极的阴极保护法。浸泡实验表明，该镀层在海洋性环境中不生锈、不起锌镀层引起的"白霜"，累计失重不超过0.6mg/cm^2（一个月），抗海洋性环境腐蚀强，是一种理想的锡镀层代替品。并且本发明还对镀层进行钝化和封闭处理，经过钝化处理和封闭处理后的镀层，浸泡在3.5%氯化钠溶液中不生锈，不起锌镀层引起的"白霜"，累计失重不超过0.4mg/cm^2（四个月），进一步提高了其耐腐蚀性能。

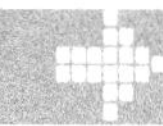

高磷酸性化学镀 Ni-P 合金镀液

原料配比

原料	配比	
	实例1	实例2
硫酸镍	26g	26g
次磷酸钠	30g	30g
乳酸	18g	27g
甘氨酸	4g	12g
EDTA	8g	8g
柠檬酸	6g	6g
丁二酸	20g	10g
NaAc	15g	15g
KIO_3	0.02g	0.02g
OP-10	0.5mL	0.5mL
水	加至1L	加至1L

制备方法 将各组分溶于水中，混合均匀即可。

原料配伍 本品各组分配比范围为：硫酸镍25～40、次磷酸钠 25～40、乳酸 16～30、甘氨酸 2～20、EDTA 6～15、柠檬酸 4～15、丁二酸 8～25、NaAc 12～24、KIO_3 0.01～0.05、OP-10 0.4～0.6mL，水加至 1L。

本品以硫酸镍为主盐；次磷酸钠为还原剂；乳酸为主络合剂，可以提高镀液稳定性，延长镀液的使用寿命，提高镀液的镀速和镀液对次磷酸盐的容忍量；以柠檬酸、甘氨酸、EDTA 为辅助络合剂，可以使镀层致密，降低镀层孔隙率，提高镀层磷含量；以丁二酸为促进剂，它可以提高镀液镀速，也对镀液稳定性有促进作用；加入非离子型表面活性剂 OP-10 可以改善镀层的耐蚀性能。

产品应用 本品主要应用于以碳钢为基材的化学镀。

产品特性 利用本品镀液镀出的 Ni-P 合金镀层，其耐酸、耐盐、耐碱腐蚀性能优良，耐 Cl^- 的腐蚀性优于 304 不锈钢。

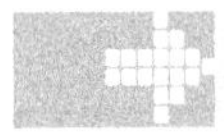

高耐蚀性化学镀镍磷合金镀液

原料配比

原　料	配　比		
	实例 1	实例 2	实例 3
硫酸镍	22g	25g	22g
氟化钠	0.5g	0.8g	0.8g
丙酸	2.2mg	2.5mg	2.5mg
乳酸	30mg	33mg	33mg
次磷酸钠	24g	27g	27g
水	加至 1L	加至 1L	加至 1L

制备方法 在主镀槽中按镀液总体积的 70%加入纯水（水质标准 pH 值为 5.5～8.5，电阻率≥100000Ω·cm，硅≤1mg/L，氯化物≤5mg/L），在搅拌状态下加入硫酸镍（$NiSO_4 \cdot 7H_2O$），使其充分溶解，然后在搅拌状态下依次加入氟化钠、丙酸、乳酸，充分溶解；取另一容器加入镀液总体积的 20%的纯水，在搅拌状态下加入化学纯次磷酸钠（$NaH_2PO_2 \cdot 7H_2O$），使其充分溶解，在工件化学

镀前 30min 缓慢加入主镀槽，调整主镀槽液面，将 pH 值调为 4.5。

原料配伍 本品各组分配比范围为（g/L）：硫酸镍 22～25g、次磷酸钠 24～27g、氟化钠 0.5～0.8g、丙酸 2.2～2.5mg、乳酸 30～33mg，水加至 1L。

产品应用 本品主要应用于金属工件的化学镀。

将工件经除油、热水洗、冷水洗、腐蚀（在纯水配制的体积分数为 50%盐酸中进行）、逆流漂洗后，浸入上述镀液中，在温度为 86℃的条件下进行化学镀，化学镀镍-磷合金沉积速率为 10μm/h，然后用冷水洗，60℃以上热水洗，用热风吹干。有硬度要求的工件，在 280℃的烘箱中热处理 2.5h，在热处理过程中要将工件埋入干燥的石英砂中保护，以防止镀层氧化变色。

产品特性 本品采用硫酸镍、次磷酸钠、氟化钠、丙酸、乳酸等组成的镀液，能得到理想的镍-磷合金镀层，镀层结晶细致、均匀，孔隙率低，耐腐蚀性强，镀层厚度为 25μm 时抗盐雾试验能达到 100h 以上，远高于 48h 的标准，镀层经 280～300℃热处理后硬度≥900HV，具有很强的耐磨性，适用于形状复杂，耐蚀性、耐磨性要求高的工件。

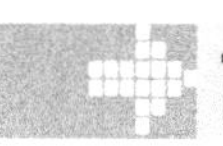

高性能的化学镀镍-磷合金液

原料配比

原　料	配比(质量份)		
	1#	2#	3#
硫酸镍	27	20	24
次磷酸钠	30	15	27
乙二胺四乙酸钠	10	1.5	1
柠檬酸	1.1	2.2	15
乳酸	10	5	7
苹果酸	3	4	3
丁二酸	10	30	28
硼酸	14	6	7

续表

原　料	配比(质量份)		
	1#	2#	3#
醋酸钠	10	20	40
硫氰酸钠	0.011	0.04	0.01
钼酸铵	0.001	0.002	0.0013
硝酸铅	0.005	0.001	0.002
水	加至1000	加至1000	加至1000

制备方法 所制备的溶液pH值为4.6～4.8，使用温度为86～90℃，镀出的镀层光亮、稳定、致密、耐腐蚀性能好。

原料配伍 本品各组分质量份配比范围为：硫酸镍10～30、次磷酸钠15～30、乙二胺四乙酸钠1～10、柠檬酸1～20、乳酸5～20、苹果酸1～15、丁二酸10～30、硼酸5～20、醋酸钠10～40、硫氰酸钠0.01～0.05、钼酸铵0.001～0.005、硝酸铅0.001～0.006，水加至1000。

产品应用 本品主要应用于金属的化学镀。

产品特性 本品稳定性好，在100℃下煮沸30min不产生自分解；镀出的镀层抗蚀性能优异，在硝酸中浸泡600s以上才出现黑斑点。镀层可施二次镀，厚度可达200μm以上。

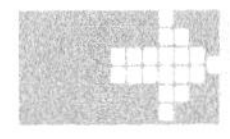

锆铝合金表面化学镀镍磷镀液

原料配比

表1　中性化学镀液

原　料	配比(质量份)
硫酸镍	20
次磷酸钠	40
硫酸铵	40
乙酸钠	40
乙酸铅	0.001
水	加至1000

表 2 酸性化学镀液

原 料	配比(质量份)	
	1#	2#
硫酸镍	28	30
次磷酸钠	30	35
乳酸	20	20
乙酸钠	35	30
水	加至 1000	加至 1000

制备方法 将各组分溶于水，搅拌均匀即可。

原料配伍 本品各组分质量份配比范围如下。

中性化学镀液：硫酸镍 15～25、次磷酸钠 35～45、硫酸铵 30～50、乙酸钠 30～50、乙酸铅 0.0005～0.0015，水加至 1000。

酸性化学镀液：硫酸镍 20～35、次磷酸钠 20～40、乳酸 15～25、乙酸钠 30～40，水加至 1000。

产品应用 本品主要应用于锆铝合金表面化学镀镍磷。

本品的方法包括以下步骤：

(1) 将锆、铝按比例配制后反复熔炼，使成分均匀，得到锆铝合金。

(2) 将制备好的锆铝合金线切割成一定大小，用 280、600、800、1000 目的砂纸依次进行打磨，使合金表面平整光亮。

(3) 得到的锆铝合金试样依次浸入去离子水、丙酮中，在超声波清洗器中清洗 5～10min，再放入温度为 50～60℃、质量浓度为 40～60g/L NaOH 溶液中碱洗 10～15min，然后用去离子水冲洗干净。

(4) 酸洗粗化：将步骤 (3) 得到的试样放入 HF：HNO_3：H_2O 按体积比为 5：30～45：50～65 的混合液中，进行酸洗粗化，时间为 10～30s，最后用去离子水冲洗干净。

(5) 磷化或浸锌处理

① 磷化处理的处理液组成如下：正磷酸 10～25g/L、硫酸锌 20～50g/L、NaF 1～3g/L、有机硫 0.1～0.3g/L。

控制 pH 值 2～3，温度 40～55℃，时间 1～3min；处理后用去离子水冲洗干净。

② 浸锌处理的处理液组成如下：硫酸锌 25～35g/L、焦磷酸钠 110～130g/L、碳酸钠 4～7g/L。

控制 pH 值 9～11，温度 70～85℃，时间 5～12min；处理后用去离子水冲洗干净。

(6) 化学镀镍磷的方法有以下两种：

① 采用中性化学镀，镀液组成如下：硫酸镍 15～25g/L、还原剂次磷酸钠 35～45g/L、硫酸铵 30～50g/L、乙酸钠 30～50g/L、乙酸铅 0.5～1.5mg/L。

控制 pH 值 6～7，温度 70～80℃，时间 40～60min。

② 采用酸性化学镀，镀液组成如下：硫酸镍 20～35g/L、次磷酸钠 20～40g/L、乳酸 15～25g/L、乙酸钠 30～40g/L。

控制 pH 值 4～5，温度 70～85℃，时间为 40～60min。

(7) 用去离子水冲洗，吹干，得到表面光亮、致密，与基体结合牢固，厚度为 10～20μm 的镍磷镀层。

产品特性 本品适用性广，不同成分的锆铝合金分别通过磷化处理和浸锌处理后化学镀均可以获得光亮致密、与基体结合牢固、耐蚀抗磨性优异的镍磷镀层。

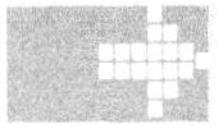

管式金属内腔化学镀镍-磷合金溶液

原料配比

原料	配比(质量份)		
	1#	2#	3#
镍盐	25	35	30
醋酸钠	12	20	14
柠檬酸钠	4	5	6
乳酸	1	2	1
Pb^{2+}	0.001	0.001	0.002
硫脲	0.0007	0.0006	0.0005
次磷酸钠	15	40	15

续表

原　料	配比(质量份)		
	1#	2#	3#
表面活性剂	—	—	0.1
去离子水	加至1000	加至1000	加至1000

制备方法　取各组分，分别溶于去离子水中，在搅拌下将醋酸钠、柠檬酸钠、乳酸、Pb^{2+}、硫脲的溶液依次溶于镍盐溶液中，继续搅拌，将次磷酸钠倒入上述混合溶液中，加入表面活性剂中，稀释至1000，用酸调pH值至4.6～4.8。

原料配伍　本品各组分质量份配比范围为：镍盐25～45、醋酸钠10～25、柠檬酸钠2～10、乳酸1～4、Pb^{2+} 0.001～0.005、硫脲0.0005～0.001、次磷酸钠15～30、表面活性剂0.1，去离子水加至1000。

产品应用　本品主要应用于管式金属内腔化学镀镍-磷合金。在80～90℃，施镀10min即可。

产品特性　在按常规化学镀镍流程经镀前处理、化学镀覆及后处理等阶段以后，镀件可得理想的镀覆效果，施镀10min，可获得2.5～5μm的镀层（镀速在15～30μm/h），其含磷量在7%～9%，镀层硬度可达600kgf/mm²（1kgf=9.80665N），热处理后可达900kgf/mm²以上。有广泛应用价值。

光纤光栅传感器化学复合镀 Ni-P-ZrO_2 镀液

原料配比

表1　敏化液

原　料	配　比
氯化亚锡	10g
盐酸	40mL
水	加至1L

表 2 活化液

原 料	配 比
氯化钯	0.5g
盐酸	5mL
水	加至 1L

表 3 化学复合镀液

原 料	配 比
硫酸镍	25g
次磷酸钠	25g
丙酸	20mL
硼酸	20g
ZrO_2 微粒	20g
水	加至 1L

制备方法 将各组分溶于水，搅拌均匀即可。

原料配伍 本品各组分质量份配比范围如下。

敏化液：氯化亚锡 10～20g、盐酸 30～40mL，水加至 1L。

活化液：氯化钯 0.1～0.5、盐酸 1～6mL，水加至 1L。

化学复合镀液：硫酸镍 20～35、次磷酸钠 15～35、丙酸 10～25mL、硼酸 10～30、ZrO_2 微粒 10～45，水加至 1L。

产品应用 本品主要应用于光纤光栅传感器化学复合镀 Ni-P-ZrO_2。

本品的方法步骤如下：

(1) 去除涂敷层：通常，光栅只位于光纤的某一位置处，而光纤外面包裹有一层硅烷树脂或环氧树脂类的涂敷层，为了增强传感效果又不损坏光栅，去除涂敷层不能采用剥离方法。此处采用丙酮浸泡光纤 10～30min 左右，然后用浸沾有酒精的棉花团轻轻除去涂敷层。

(2) 除油：在粗化之前，必须清除裸光纤光栅传感器表面上的油污，以确保其表面能均匀地浸蚀。用超声波酒精清洗 5～10min，然后用超声波蒸馏水洗 5～10min。

(3) 粗化：未经粗化的光纤光栅表面光滑、平整，镀层很难上去，粗化目的是增大光纤的表面微观粗糙度和接触面积，以及亲水能力，以此来提高光纤与镀层的结合力和湿润性。粗化液配方为：氢氟酸：氟硅酸：水＝1～2：1～2：2～3，粗化时间不宜长，一般5～10min左右，粗化后用超声波蒸馏水清洗3～5min。

(4) 敏化：敏化就是在经过粗化后的光纤表面上，吸附一层容易氧化的物质，以便在活化处理时被氧化，在光纤光栅表面形成催化膜，保证化学复合镀的顺利进行。敏化后用蒸馏水清洗3～5min。敏化工艺条件如下：温度25～35℃，时间10～15min，pH值1～2。

(5) 活化：活化处理的目的是使光纤光栅表面产生一层很薄而具有催化性能的金属层，作为化学复合镀时氧化还原反应的催化剂，以便在化学沉积中加速反应。活化后也要用蒸馏水清洗3～5min。活化工艺条件如下：温度25～35℃，时间10～15min。

(6) 化学复合镀Ni-P-ZrO_2：ZrO_2是无臭、无味的白色粉末，具有优良的耐高温和抗氧化性能，通过向Ni-P合金镀液中添加ZrO_2微粒制备Ni-P-ZrO_2复合镀层，可获得结合紧密、导电性良好的抗高温氧化、耐腐蚀的保护性镀层。工艺条件如下：pH值4～6，温度80～90℃，时间1～2h，超声振动搅拌。

产品特性

(1) 光纤光栅传感器化学复合镀Ni-P-ZrO_2增加了镀层的抗高温氧化和耐腐蚀性能，对光纤光栅起到了更好的保护作用；

(2) 复合镀层对光纤光栅传感器同时起到了温度增敏和压力增敏的双重作用。

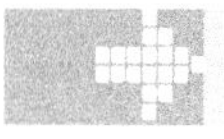

硅酸钙镁矿物晶须表面化学镀镍铜镀液

原料配比

原　料	配比(质量份)		
	1#	2#	3#
硫酸镍	30	25	28
硫酸铜	2	1.5	1.5

续表

原料	配比(质量份)		
	1#	2#	3#
次磷酸钠	30	28	25
柠檬酸钠	55	53	50
蒸馏水	加至1000	加至1000	加至1000

制备方法

(1) 分别用蒸馏水溶解硫酸镍、硫酸铜、次磷酸钠和柠檬酸钠；

(2) 将已完全溶解的硫酸镍和硫酸铜溶液混合均匀后，加入到柠檬酸钠溶液中，搅拌均匀；

(3) 将次磷酸钠溶液缓慢加入步骤(2)所配好的溶液，用蒸馏水稀释至所需体积，用氢氧化钠调节pH值至7.5～11.0。

原料配伍 本品各组分质量份配比范围为：硫酸镍20～50、硫酸铜1～10、次磷酸钠20～40、柠檬酸钠40～80，水加至1000。

产品应用 本品生产的导电矿物晶须可用于电磁波屏蔽、吸波、隐身与抗静电等特殊领域。

硅酸钙镁矿物晶须的预处理工艺步骤如下：

(1) 用丙酮除油，并用蒸馏水进行水洗；

(2) 将步骤(1)处理过的硅酸钙镁矿物晶须浸入质量分数为0.2%～4%的硅烷偶联剂溶液中，浸渍1～10min，过滤，烘干；

(3) 将步骤(2)处理过的硅酸钙镁晶须浸入质量分数为60%～65%的硝酸溶液进行粗化处理，处理8～20min，硝酸溶液的温度维持在50～70℃；

(4) 将步骤(3)处理过的硅酸钙镁晶须浸入浓度为15～20g/L $SnCl_2 \cdot 2H_2O$和30～50g/L盐酸混合溶液中进行敏化处理；

(5) 将步骤(4)处理过的硅酸钙镁晶须在0.2～2g/L $PdCl_2$和1～10mL/L盐酸混合溶液中进行活化处理。

硅酸钙镁矿物晶须表面化学镀镍铜工艺步骤如下：

（1）将上述的预处理工艺处理后的硅酸钙镁矿物晶须放入本品配制好的镀液中进行化学镀镍铜，施镀温度70～90℃，施镀时间0.5～5h；

（2）将步骤（1）所制得的镀镍铜硅酸钙镁导电矿物晶须烘干，烘干温度80～100℃。

本方法制备的硅酸钙镁导电矿物晶须经过显微镜观察，其镀层致密；用X射线能谱仪测试表面化学成分，含Ni 5%～30%，Cu 0.1%～10%。

产品特性

（1）所提供的化学镀镍铜硅酸钙镁导电矿物晶须有良好的导电特性，相关研究表明含Ni 5%～30%，Cu 0.1%～10%。

（2）与常用的球形、片状等电磁功能填料相比，化学镀镍铜硅酸钙镁矿物导电矿物晶须是一种微米级针状单晶体晶须材料，对改善涂层功能骨架有良好作用。

（3）化学镀镍铜硅酸钙镁导电矿物晶须的制备均在低温下进行，节约能源，使用方便。

（4）化学镀镍铜硅酸钙镁导电矿物晶须的制备方法简单、方便、易于操作和控制，完全使用常规设备，可广泛用于非金属粉体上化学镀镍铜的工艺中，投资不大，风险较小，便于推广。

化学镀Ni-Cu-P合金液

原料配比

表1　化学镀镍铜磷合金液

原　料	配比（质量份）
硫酸镍	10～30
硫酸铜	0.3～5
柠檬酸钠	20～30
次磷酸钠	4～16
水	加至1000

表2 化学镀镍液

原料	配比(质量份)
硫酸镍	10～30
柠檬酸钠	8～30
次磷酸钠	6～30
水	加至1000

制备方法 将各组分溶于水，搅拌均匀即可。

原料配伍 本品各组分质量份配比范围如下。

化学镀镍铜磷合金液：硫酸镍10～30、硫酸铜0.3～5、柠檬酸钠20～30、次亚磷酸钠4～16，水加至1000。

化学镀镍液：硫酸镍10～30、柠檬酸钠8～30、次磷酸钠6～30，水加至1000。

产品应用 本品主要应用于化学镀Ni-Cu-P合金。

化学镀Ni-Cu-P合金在镁合金表面的处理方法，包括：

(1) 前处理，包括除灰、清洗、烤干等步骤。

(2) 表面喷砂：在0.03～0.07MPa气压下，砂砾可为棕刚玉、白刚玉、铁砂、玻璃珠等，尺寸在80～200μm。

(3) 超声波清洗1～10min。

(4) 酸洗：0.5%～2%的硫酸、盐酸、硝酸等处理均可。时间一般在30～600s之间。

(5) 超声波清洗1～10min。

(6) 活化：氢氟酸(40%)10～30mL/L，时间1～5min。

(7) 水洗。

(8) 化学镀镍铜磷合金：在pH=7.5～9.5，温度70～95℃下，在化学镀镍铜磷合金混合液中镀10～60min。

(9) 化学镀镍：在pH=6.5～9.0，温度40～55℃下，在化学镀镍液中镀10～40min。

产品特性 本品有效解决了化学镀镍高空隙率的问题，可提高镀层对镁合金基材的保护，成本低廉，耐腐蚀性能良好，无污染，相对环保，而且产品性能优异。

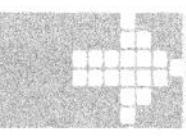

化学镀 Ni-P/Ni-P-PTFE 液

原料配比

原料	配比							
	1#		2#		3#		4#	
	一次施镀	二次施镀	一次施镀	二次施镀	一次施镀	二次施镀	一次施镀	二次施镀
硫酸镍	20g	30g	30g	40g	25g	35g	22g	36g
次磷酸钠	20g	30g	30g	40g	25g	35g	28g	32g
苹果酸	5g	—	10g	—	8g	—	8g	—
柠檬酸	5g	10g	10g	15g	8g	12g	7g	12g
乳酸	2mL	—	6mL	—	4mL	—	4mL	—
氨基乙酸	20g	—	30g	—	25g	—	28g	—
乙二氨	—	20g	—	40g	—	30g	—	32g
PTFE	—	10g	—	30g	—	20g	—	22g
活性剂	—	10g	—	16g	—	12g	—	12g
硫脲	—	2g	—	8g	—	6g	—	4g
水	加至 1L	加至 1L	加至 1L	加至 1L	加至 1L	加至 1L	加至 1L	加至 1L

制备方法 将各组分溶于水，搅拌均匀即可。

原料配伍 本品各组分配比范围如下。

一次施镀：硫酸镍 20～30g、次磷酸钠 20～30g、苹果酸 5～10g、柠檬酸 5～10g、乳酸 2～6mL、氨基乙酸 20～30，水加至 1L。

二次施镀：硫酸镍 30～40g、次磷酸钠 30～40g、乙二氨 20～40g、PTFE 10～30g、柠檬酸 10～15g、活性剂 10～16g、硫脲 2～8g，水加至 1L。

本品采用化学沉积的方法，制备了 Ni-P/Ni-P-PTFE 复合结构镀层，改变了单一 Ni-P 镀层的耐磨性差的缺点，同时改善了 Ni-P-PTFE 镀层硬度低的缺点。在原有 Ni-P 合金基础上制备出具有高硬度和自润滑性的耐磨复合结构镀层。

通过进行温度、pH 值、络合剂、表面活性剂等工艺条件对镀层结构、成分、结合力、摩擦系数和磨损率影响的实验研究，提出了优化的工艺配方体系。同时该技术工艺稳定、操作简便、投资少、易于实现自动化控制和批量生产。

质量指标

检验项目	检验标准	检验结果			
		1#	2#	3#	4#
表面质量	无孔	无孔	无孔	无孔	无孔
厚度/μm	10～100	10	100	80	50
结合力/N	70～90	70	90	80	85
硬度/HV	800～1500	800	1500	1000	1200
摩擦系数	0.05～0.2	0.2	0.05	0.1	0.15
磨损率/[10^{-6}g/(N·m)]	1～5	5	1	2	3

产品应用

本品主要应用于化学镀 Ni-P/Ni-P-PTFE。

本品化学镀 Ni-P/Ni-P-PTFE 复合结构镀层的工艺步骤如下：

(1) 除油除锈；

(2) 超声清洗；

(3) 盐酸活化；

(4) 一次施镀：温度 80～90℃，pH 值 4～6，时间 1h；

(5) 水洗；

(6) 二次施镀：温度 85～95℃，pH 值 6～7，时间 2h；

(7) 水洗。

产品特性

(1) 化学镀 Ni-P/Ni-P-PTFE 工艺简单、成本低、效率高、能耗低、适合批量生产；

（2）化学镀 Ni-P/Ni-P-PTFE 复合结构镀层内层为结合力和硬度高的 Ni-P 非晶态镀层，外层为磨损率小的自润滑 Ni-P-PTFE 复合镀层；

（3）制备的新型 Ni-P/Ni-P-PTFE 复合结构镀层除本身耐磨外，润滑组元的存在还可以实现自润滑，起到减磨的作用；

（4）制备的新型 Ni-P/Ni-P-PTFE 复合结构镀层可以在无润滑的环境下使用。

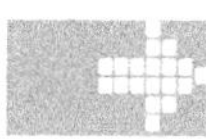

化学镀 Ni-Zn-P 液

原料配比

原料	配比							
	1#		2#		3#		4#	
	一次施镀	二次施镀	一次施镀	二次施镀	一次施镀	二次施镀	一次施镀	二次施镀
硫酸镍	15g	20g	25g	35g	20g	30g	22g	26g
次磷酸钠	15g	20g	25g	30g	20g	25g	18g	28g
柠檬酸	10g	—	20g	—	15g	—	18g	—
乳酸	4mL	—	8mL	—	6mL	—	5mL	—
氨基乙酸	20g	—	25g	—	20g	—	24g	—
乙二氨	—	15g	—	40g	—	30g	—	24g
柠檬酸铵	—	60g	—	100g	—	80g	—	90g
硫酸锌	—	15g	—	40g	—	30g	—	24g
硫脲	—	2g	—	—	—	4g	—	5g
水	加至 1L	加至 1L	加至 1L	加至 1L	加至 1L	加至 1L	加至 1L	加至 1L

制备方法 将各组分溶于水，搅拌均匀即可。

原料配伍 本品各组分配比范围如下。

一次施镀：硫酸镍 15～25g、次磷酸钠 15～25g、柠檬酸 10～20g、乳酸 4～8mL、氨基乙酸 15～30g，水加至 1L。

二次施镀：硫酸镍 20～35g、次磷酸钠 20～30g、乙二氨 15～40g、柠檬酸铵 60～100g、硫酸锌 15～40g、硫脲 2～6g，水加至 1L。

质量指标

检验项目	检验标准	检验结果			
		1#	2#	3#	4#
厚度/μm	20～100	40	60	100	70
结合力/N	60～80	70	60	80	70
硬度/HV	600～800	700	680	800	600
3%NaCl 中腐蚀速率/(mg/h)	0.01～0.03	0.03	0.018	0.01	0.02
2mol/L HCl 中腐蚀速率/(mg/h)	0.1～0.4	0.4	0.34	0.2	0.1
电位差(参比电极为铂电极)/V	0.01～0.05	0.034	0.018	0.05	0.02

产品应用

本品主要应用于化学镀 Ni-Zn-P。

本品化学镀 Ni-Zn-P 阳极复合结构镀层的工艺步骤如下：

(1) 除油除锈；

(2) 超声清洗；

(3) 盐酸活化；

(4) 一次施镀：温度 70～85℃，pH 值 4～6，时间 1～2h；

(5) 水洗；

(6) 二次施镀：温度 85～95℃，pH 值 6～8，时间 1～2h；

(7) 水洗。

产品特性

(1) 化学镀 Ni-Zn-P 工艺简单、成本低、能耗低、适合批量生产；

(2) 化学镀 Ni-Zn-P 阳极复合结构镀层内层为结合力和硬度高的高电位 Ni-P 非晶态镀层，外层为低电位的 Ni-Zn-P 阳极镀层；

(3) 制备的新型 Ni-Zn-P 阳极复合结构镀层可以在腐蚀的环境下使用。

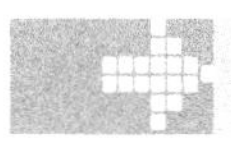

化学镀非晶态镍磷合金的酸性镀液

原料配比

原料	配比(质量份)	
	1#	2#
硫酸镍	21	20
次磷酸钠	24	27
乳酸(80%)	34	—
丙酸(100%)	2.2	—
琥珀酸钠	—	16
水	加至1000	加至1000

制备方法 将各组分溶于水，搅拌均匀即可。

原料配伍 本品各组分质量份配比范围为：硫酸镍20～21、次磷酸钠24～27、乳酸33～35、丙酸2.1～2.3、琥珀酸钠15～17，水加至1000。

产品应用 本品主要应用于化学镀非晶态镍磷合金。

本品的工艺条件：

(1) 1#配方的镀液：pH值4.3～6.3，温度95℃，镀速25.4μm/h。

(2) 2#配方的镀液：pH值4.5～5.5，温度94～98℃，镀速25.4μm/h。

产品特性 (1) 本品的镀液由于提高了酸性度，从而将镀速从背景技术的13～20μm/h提高到25.4μm/h。

(2) 由于采用了优良的络合剂并提高了镀液的酸性度，从而提高了镀层的含磷量和结构质量。本品的镀层刚镀出时镀层硬度为500～600HV_{100}，当含磷量大于7%时，在400～600℃仅需1h热处理，硬度便可达1000HV_{100}。

(3) 本品的镀层防腐蚀性能优异，仅12.5μm的化学镀层就显著优于 25μm 的电镀层，如经抛光的钢件，仅需 5μm 就能保证有效的防护。

（4）本品的镀液配方成分少，不仅简化了工艺而且降低了成本。

（5）本品的镀层含磷量大于 8%时，镀层是非磁性的，使用锡焊的可焊性好，260℃时锡焊是很容易的，为电子工业节约金、银等贵金属提供了条件。

化学镀镍磷合金的低温碱性镀液

原料配比

原 料	配比(质量份)	
	1#	2#
氯化镍	25	25
焦磷酸钠	60	70
次磷酸二氢钠	25	25
水	加至 1000	加至 1000

制备方法 将各组分溶于水中，混合均匀即可。

原料配伍 本品各组分配质量份比范围为：氯化镍 24～26、焦磷酸钠 60～70、次磷酸二氢钠 24～26，水加至 1000。

产品应用 本品主要应用于塑料工件和半导体工件的化学镀。

本品的镀液施镀工艺条件为：pH 值 10～10.5、温度 70～75℃、镀层沉积速率 20～23μm/h。

产品特性

（1）低温配方特别适用于塑料工件和半导体工件。

（2）镀速高，超过背景技术的 13～20μm/h，达到了 20～23μm/h。

（3）本镀液所镀得的塑料工件表面硬度高，超了背景技术的 550～600HV_{100}，达到了 600～700HV_{100}，热处理后达到 900～1000HV_{100}。

（4）本低温镀液稳定性和寿命均有极大提高。镀层含磷量可达

78%，镀层空隙率低、结合力良好。

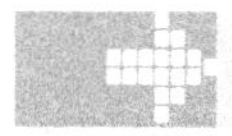

化学镀镍磷合金镀液(1)

原料配比

原　料	配比(质量份)					
	1#	2#	3#	4#	5#	6#
硫酸镍	20	10	18	26	25	30
硫酸铜	0.004	0.005	0.003	0.002	0.002	0.003
柠檬酸	11	13	10	15	14	20
氨基乙酸	3.6	5.8	5.8	4.7	7.3	5.8
天冬氨酸	3.2	2	1.2	4.9	2	1.6
谷氨酸	—	—	—	—	—	7.9
乳酸	6	7	9	11	9	12
次磷酸钠	25.5	30	31	25	28	38
乙酸钠	8.5	14	9	8	12	17
硫代硫酸钠	0.001	0.001	0.001	0.002	0.001	0.004
水	加至1000	加至1000	加至1000	加至1000	加至1000	加至1000

制备方法

(1) 取硫酸镍、硫酸铜、柠檬酸、氨基乙酸、天冬氨酸、谷氨酸、乳酸，加水溶解配成600mL溶液，此为A液。

(2) 取次磷酸钠、乙酸钠和硫代硫酸钠，加水溶解配成300mL溶液，此为B液。

(3) 将B液缓慢加入A液中得到C液，用氢氧化钠溶液调节C液pH值至4.6，加水至1000mL即得所需镀液。

原料配伍　本品各组分质量份配比范围为：硫酸镍10～30、次磷酸钠20～40、乙酸钠5～20、复合络合剂12～60、复合稳定剂0.002～0.01，水加至1000。

所述复合络合剂由氨基乙酸、柠檬酸、乳酸、天冬氨酸（或谷氨酸、或天冬氨酸和谷氨酸两者的混合物）组成，各组分在每升镀液中的含量为：柠檬酸5～20、氨基乙酸1～10、乳酸5～20、天冬氨酸（或谷氨酸或天冬氨酸和谷氨酸两者的混合物）1～10。

所述复合稳定剂由硫代硫酸钠和硫酸铜组成，各组分在每升镀液中的含量为：硫代硫酸钠0.001～0.005、硫酸铜0.001～0.005。

产品应用 本品具体镀覆工艺是：将碳钢基片浸入化学除油溶液除去油污，水洗，超声波清洗，水洗，浸入10%～15%盐酸溶液中酸洗除锈，水洗，放入本品的镀镍磷合金镀液中在83～95℃下浸镀，水洗，吹干。

产品特性 本镍磷合金镀液稳定性好、镀速快、寿命长、镀层成分稳定，镀液不含金属铬，不仅可在工业上大量应用，也可在民用产品上广泛使用，同时采用本品镀液和镀覆工艺制备的镍磷合金层具有良好的耐蚀性，所得镀层磷含量在8%～12%之间。盐雾试验中，30μm厚的镀层经600h试验后完全无锈蚀，仍有金属光泽。

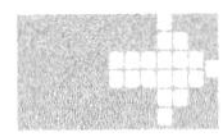

化学镀镍磷合金镀液（2）

原料配比

原料		配比
主盐	硫酸镍	25g
还原剂	次磷酸钠	40g
络合剂	乙酸钠	6g
	乳酸	20mL
	丙酸	8mL
稳定剂	乙酸铅	0.001g
表面活性剂	十二烷基苯磺酸钠	0.04g
pH调整剂	硫酸或氨水或碳酸氢钠	20g
水		加至1L

制备方法 将各组分溶于水，搅拌均匀即可。

原料配伍 本品各组分配比范围为：硫酸镍 20～30g、次磷酸钠 30～40g、乙酸钠 5～10g、乳酸 15～25mL、丙酸 4～10mL、乙酸铅 0.001～0.005g、十二烷基苯磺酸钠 0.01～0.1g、硫酸或氨水或碳酸氢钠 15～30g，水加至 1L。

产品应用 本品主要应用于化学镀镍磷合金。

采用本品化学镀镍磷合金的具体步骤如下：

(1) 除油：先用去污粉擦拭镀件表面除去表面大量油污，流动水冲洗干净；再将镀件在丙酮中浸泡 30min，完全清除表面油污。

(2) 除锈：在温度为 60～90℃的条件下用 4%～5%的金属清洗剂溶液清洗镀件 5～10min，然后用流动水冲洗除去表面的金属清洗剂残液。

(3) 活化：采用浓度为 5%～10%的硫酸溶液作为活化剂，在室温条件下活化时间为 30～60s。表面活化后用蒸馏水清洗。

(4) 化学镀：其镀液以次磷酸钠为还原剂，硫酸镍为主盐，加入络合剂、促进剂、稳定剂等，在一定工艺条件下进行化学镀。工艺参数：温度为 70～85℃，pH 值为 4.5～5.0，搅拌速度为 400r/min，镀速为 10～20μm/h，装载比为 0.5～2.0。

(5) 后处理：镀件自镀液中取出后用蒸馏水清洗干净，热风干燥其表面。为提高表面镍磷镀层的硬度及耐蚀性，镀层可以进行热处理，热处理工艺参数为：温度 200～500℃，时间 1～3h。

产品特性

(1) 获得的镍磷镀层厚度均匀致密、无孔隙，利用镍磷镀层在海水中会发生钝化和化学镀镍磷合金镀层的硬度比基体铜合金高的特点，可以显著提高铜合金螺旋桨在流动海水中的耐蚀性能，使铜合金螺旋桨材料的使用寿命延长。

(2) 采用本品在铜合金基体表面制备形成的镍磷合金镀层厚度达到 50～60μm，镀层的表面光洁度高于基体，使铜合金螺旋桨的表面在阴极保护防污铜离子减少的条件下海生物不容易附着生长或附着不牢，在螺旋桨转动条件下很容易清除，起到很好的防污作用。光洁表面可以降低螺旋桨的表面噪声。

(3) 本品所获得的镍磷镀层在海水中的腐蚀电位相对铜合金基体 −30mV 以内，镀层局部破损不会造成基体加速腐蚀，未破损的镀层可对露出部分的基体起阴极保护作用。

(4) 本品采用多种络合剂及稳定剂，可提高镀液的稳定性，使施镀速度稳定，镀层厚度均匀。与电镀技术相比易于控制，且电镀电流分布不均匀，在结构复杂的金属表面镀层厚度不均匀。

(5) 采用5%～10% H_2SO_4 溶液作为活化剂，进一步除去铜合金表面的薄氧化膜，使铜合金表面形成活性表面，使化学镀镍磷可以在铜合金活化表面进行。

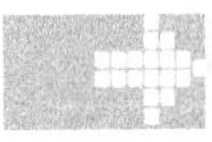

化学镀镍磷合金镀液(3)

原料配比

原料	配比(质量份)												
	1#	2#	3#	4#	5#	6#	7#	8#	9#	10#	11#	12#	13#
氯化镍	22.8	32	42	52	52	52	52	52	52	52	—	52	52
硫酸镍	—	—	—	—	—	—	—	—	—	—	62	—	—
次磷酸钠	20.3	46	46	46	36	41	51	51	51	51	51	51	51
柠檬酸钠	9.4	21	21	21	21	21	21	26	31	21	—	—	21
氯化铵	—	—	—	—	—	—	—	—	—	—	85	—	—
硼酸	—	—	—	—	—	—	—	—	—	—	75	80	80
焦磷酸钠	—	—	—	—	—	—	—	—	—	—	—	100	—
硫脲	—	—	—	—	—	—	—	—	—	—	—	—	15
水	加至1000	加至1000	加至1000	加至1000	加至1000	加至1000	加至1000	加至1000	加至1000	加至1000	加至1000	加至1000	加至1000

制备方法

(1) 取氯化镍(或硫酸镍)、次磷酸钠、柠檬酸钠(和/或氯化铵、硼酸、焦磷酸钠、硫脲)分别溶解在少量水中。

(2) 将溶解的氯化镍(或硫酸镍)溶液倒入柠檬酸钠(和/或氯化铵、硼酸、焦磷酸钠、硫脲)溶液中混合均匀。

(3) 再将溶解的次磷酸钠溶液倒入上述溶液中，混合均匀。

(4) 用蒸馏水将上述溶液稀释到1000，并用1mol/L氢氧化钠溶液调节 pH 值至 11。

原料配伍 本品各组分质量份配比范围为：氯化镍（或硫酸镍）20～65、次磷酸钠 20～60、柠檬酸钠 9～25（或焦磷酸钠 100～120、或氯化铵 80～90）、硫脲 5～15、硼酸 70～90，水加至 1000。

产品应用 本品主要应用于金属零件的化学镀。

使用本品镍磷合金镀液的化学镀工艺是：将铜基片浸入 1mol/L 盐酸溶液中→水洗→化学除油→水洗→浸入二甲苯中进行活化处理→浸入丙酮中→浸入酒精中→水洗→放入本品镍磷合金镀液中→加入诱导剂硼氢化钾（或硼氢化钠）在 10～80℃浸镀 1～5h→水洗→热风吹干。

产品特性 本品化学镀镍磷合金镀液的化学镀工艺，可以在 10～80℃温度范围内进行，即可以在低温下进行化学镀，不仅降低了化学镀的能耗，并且镀出的镀层致密、颗粒均匀，还有较高的镀速。

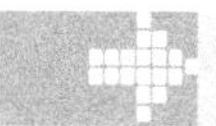

化学镀镍磷合金镀液（4）

原料配比

原　料	配比(质量份)
硫酸镍	25
乳酸	20
乙酸钠	5
氟化钠	2.5
次磷酸钠	30
氟碳型阳离子表面活性剂	0.25
聚四氟乙烯乳液	25
水	加至 1000

制备方法 首先在去离子水中将硫酸镍、次磷酸钠、乳酸、乙酸钠、氟化钠溶解混合，再用氨水调整溶液的 pH 值为 4.6～5.2，然后将氟碳型阳离子表面活性剂和聚四氟乙烯乳液混合，充分搅拌

后，缓慢加入到上述镀液中并充分搅拌，然后使镀液温度缓慢升高。

原料配伍 本品各组分质量份配比范围为：硫酸镍20～30、乳酸15～25、次磷酸钠20～35、乙酸钠4～8、氟化钠2～4、氟碳型阳离子表面活性剂0.2～0.4、聚四氟乙烯乳液15～30，水加至1000。

产品应用 本品主要应用于化学镀镍磷合金。

产品特性 这种在化学镀镍磷合金镀层表面均匀接枝具有阳离子选择透过性能的磺酸和羧酸官能基团的γ射线预辐照/化学接枝技术，具有操作简单、接枝均匀等优点，提高了常规化学镀镍磷合金镀层耐氯化钠介质腐蚀的性能，改善了镍磷合金镀层抗局部腐蚀的性能。该发明实现了镍磷合金镀层有效抑制和减缓侵蚀性氯离子的迁移渗透，有效消除了腐蚀介质中氯离子对金属材料存在的腐蚀危害，提高了镍磷合金镀层抗氯离子点蚀、隙缝腐蚀和晶间腐蚀的性能，拓展了镍磷合金镀层在石油化工、电子计算机、设备制造和印刷等领域的应用。

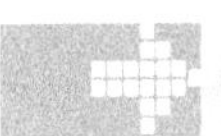

化学镀镍前铝合金的活化液

原料配比

原　料	配比(质量份)
氧化锌	30
氢氧化钠	220
硫酸镍	30
三氯化铁	3
酒石酸钾钠	50
水	加至1000

制备方法 先将氢氧化钠用适量纯水溶解，然后将氧化锌加入其中，边加边搅拌，使氧化锌充分溶解，再用适量50～60℃的纯水分别溶解三氯化铁、硫酸镍、酒石酸钾钠，将三氯化铁、硫酸镍溶液加入酒石酸钾钠溶液中，最后将混合后的酒石酸钾钠溶液加入氢氧

化钠和氧化锌的混合溶液中，经仔细过滤后即可使用。

原料配伍 本品各组分质量份配比范围为：氧化锌 10～50、氢氧化钠 100～300、硫酸镍 20～50、三氯化铁 2～5、酒石酸钾钠 20～50，水加至 1000。

产品应用 本品主要应用于铝合金镀镍前的活化处理。

使用时，温度控制在 30～50℃，活化时间为 20～200s。

产品特性 采用此溶液对铝合金进行处理，降低了活化层与镀层的电位差，提高了铝合金表面的活性，而且减少了对镀液的污染，提高了镀层的结合力和防护性，延长了化学镀镍溶液工作寿命 0.5～1 个周期。

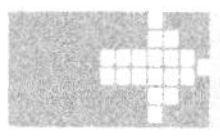

化学镀镍铁活化液

原料配比

表 1　铁活化液

原　料	配比(质量份)
三氧化铁	5～20
盐酸	1%～5%
表面活化剂	0.1～0.5
水	加至 1000

表 2　预还原液

原　料	配比(质量份)
次磷酸钠	15～40
水	加至 1000

制备方法 将各组分溶于水，搅拌均匀即可。

原料配伍 本品各组分质量份配比范围如下。

铁活化液：三氧化铁 5～20、盐酸 1%～5%、表面活化剂 0.1～0.5，水加至 1000。

预还原液：次磷酸钠 15～40，水加至 1000。

产品应用 本品主要应用于化学镀镍铁。

在一种化学镀镍铁活化方法中，镀镍铁之前至少有如下步骤：

（1）在 15～35℃的铁活化液中处理 2～15min。

（2）清水浸洗。

（3）预还原：在 25～55℃的预还原液中处理 3～10min。

由于基材上原有的润滑油或缓蚀剂是很难清洗净的，处理不好不仅会降低镀层结合力，还会产生针孔而降低耐蚀性，所以在该方法的步骤（1）中具体操作可由超声波清洗、盐洗除油、酸洗几种清洗方法任意组合。特别是酸洗，针对的就是基材上的氧化层，如果没有氧化层，可以省略这一步骤。当然如果需要，基材上可以多次清洗，以达到最好的效果。为了节省时间和成本，采用如下清洗步骤为佳：超声波清洗、盐洗除油、超声波清洗、酸洗、超声波清洗。

该方法的步骤（1）之前可以根据基材的不同，增加一个表面粗化步骤，利用喷砂等办法对基材表面进行粗化。

产品特性 本品具有成本低，使后续得到的镀镍层光亮致密，性能优异的优点。

化学镀镍钨磷合金镀液

原料配比

原　料	配比(质量份)				
	1#	2#	3#	4#	5#
硫酸镍	24	28	26	27	26
柠檬酸钠	40	70	60	50	55
葡萄糖酸钠	30	20	24	28	25
硫酸铵	40	30	34	39	35
四硼酸钠	5	10	15	14	10
钨酸钠	50	30	38	46	40
次磷酸钠	28	20	23	27	24

续表

原　料	配比(质量份)				
	1#	2#	3#	4#	5#
碘酸钾	0.015	0.01	0.017	0.02	0.015
硫脲	0.0005	0.0015	0.0008	0.0012	0.001
十二烷基硫酸钠	0.015	0.005	0.007	0.013	0.01
水	加至1000	加至1000	加至1000	加至1000	加至1000

制备方法 在室温下依次向去离子水中加入硫酸镍、柠檬酸钠、葡萄糖酸钠、硫酸铵、四硼酸钠、钨酸钠、次磷酸钠、碘酸钾、硫脲、十二烷基硫酸钠，搅拌溶解，将配制好的镀液的pH值用氢氧化钠调至8～9，并加热至80～90℃待用。

原料配伍 本品各组分质量份配比范围为：硫酸镍24～28、柠檬酸钠40～70、葡萄糖酸钠20～30、硫酸铵30～40、四硼酸钠5～15、钨酸钠30～50、次磷酸钠20～28、碘酸钾0.01～0.02、硫脲0.0005～0.0015、十二烷基硫酸钠0.005～0.015，水加至1L。

产品应用 本品主要应用于化学镀镍钨磷合金。

一种使用上述镀液的化学镀方法，包括下列步骤：将镀液的pH值调至8～9，并将镀液加热至80～90℃，再将经过前处理的镀件放入镀液中浸镀，浸镀过程中保持镀液的温度，浸镀的时间根据镀层厚度要求而定。

所述的前处理为一般的前处理，与现有的化学镀镍钨磷的前处理相同，即除油→水洗→活化→水洗→闪镀镍，或者是除油→水洗→碱蚀→水洗→上光→水洗→二次浸锌→水洗。

产品特性 (1) 镀液采用柠檬酸钠和葡萄糖酸钠作为复合络合剂，代替传统配方中的单一的柠檬酸钠络合剂，使镀层具有更高的稳定性，又具有较高的镀速。

(2) 镀液采用硫酸铵和四硼酸钠作为复合缓冲剂，代替传统配方中的单一的硫酸铵缓冲剂，减小镀液pH值的变化。

(3) 镀液选用碘酸钾和硫脲作为复合稳定剂，代替传统配方中的单一的碘酸钾稳定剂，使镀液的稳定性和镀速获得理想的效果。

(4) 镀液采用微量十二烷基硫酸钠作为润滑剂，提高镀层的光滑性和致密性。

化学镀液

原料配比

原　料	配　比			
	1#	2#	3#	4#
硫酸镍	27g	22g	24g	30g
次磷酸钠	30g	35g	40g	32g
乙酸钠	20g	22g	24g	24g
DL-苹果酸	12g	15g	20g	25g
乳酸	10g	8g	25g	20g
丙酸	10g	12g	20g	25g
丁二酸	16g	10g	25g	5g
乙酸铅	2mg	1mg	3mg	3mg
硫脲	2mg	0.8mg	3mg	5mg
水	加至1L	加至1L	加至1L	加至1L

制备方法 将各成分依次加入水中，均匀混合即可进行化学镀。

原料配伍 本品各组分配比范围为：硫酸镍20～30g、次磷酸钠30～40g、乙酸钠20～24g、DL-苹果酸5～25g、乳酸5～25g、丙酸5～25g、丁二酸5～25g、乙酸铅1～3mg、硫脲0.5～5mg，水加至1L。

产品应用 本品主要应用于化学镀。

本品化学镀液在低浓度标准气体包装容器处理中的应用：在容器内表面化学镀惰性镀层。化学镀液在容器内表面的催化作用下，经控制化学还原法进行镍磷沉积过程。包装容器处理技术包括除油、除氧化层、活化、化学镀以及镀后处理等步骤，具体如下：

(1) 除油：一般钢瓶和铝瓶在运输中未被污染，无须除油；如果运输中被油污染，则用有机溶剂丙酮或工业乙醇清洗2～3次。

(2) 除氧化层：钢制容器用喷砂除氢化层；铝合金容器用1%～15%的盐酸处理3～10min，除净氧化层。

(3) 活化：采用质量分数为5%～15%的 H_2SO_4 作为活化液，在室温下活化时间为3～10min。

(4) 化学镀：将所述镀液各成分均匀混合后进行化学镀。化学镀工艺参数如下：温度84～88℃，pH值4.4～4.8，装载比3～4dm²/L。

(5) 后处理：采用 CrO_3 进行封孔处理。工艺参数如下：CrO_3 1～10g/L，温度70～85℃，时间10～20min。

产品特性

(1) 通过使用本品研制的镍磷化学镀配方，在容器内表面镀覆一层均匀致密的、光滑无孔隙的镍磷镀层，减少了低浓度气体的吸附，增强基体的耐蚀性能，可以用于充装低浓度标准气体。

(2) 本品采用多重络合剂以及加速剂、稳定剂，提高了镀液稳定性，施镀速度可以调节，镀层厚度也可以控制。

(3) 本品采用质量分数为5%～15%的 H_2SO_4 作为活化液，可以除去试样表面上的极薄氧化膜，提高镍磷镀层的附着力。

化学复合镀 Ni-B-纳米 TiO_2 液

原料配比

原 料	配比(质量份)		
	1#	2#	3#
$NiCl_2 \cdot 6H_2O$	30	30	30
柠檬酸	6	6	6
甘氨酸	5	5	5
酒石酸	12	12	12
KBH_4	0.5	0.5	0.5
纳米 TiO_2 粉末	0.1	0.24	0.14
水	加至1000	加至1000	加至1000

制备方法 在 $NiCl_2 \cdot 6H_2O$、柠檬酸、甘氨酸、酒石酸、KBH_4 的混合液中加入纳米 TiO_2 粉末，使其浓度达 0.8～1.2g/L，调 pH＝12.5～13，得到镀液。

原料配伍 本品各组分质量份配比范围为：$NiCl_2 \cdot 6H_2O$ 29～31、柠檬酸 5～7、甘氨酸 4～6、酒石酸 11～13、KBH_4 0.4～0.6、纳米 TiO_2 粉末 0.1～0.24，水加至 1000。

产品应用 本品主要应用于化学复合镀 Ni-B-纳米 TiO_2。采用超声波分散 TiO_2 20～30min 后，在机械搅拌条件下于 70～80℃的恒温水浴中施镀 30min，可获得均匀、光亮的 Ni-B-纳米 TiO_2 复合镀层。

产品特性 本品利用复合镀技术，在化学镀 Ni-B 基础液中加入了纳米 TiO_2 粉末进行化学复合镀，可获得耐蚀性和高温抗氧化性均比 Ni-B 优异的 Ni-B-纳米 TiO_2 复合镀层。

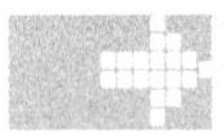

环保型化学镀铜镍磷三元合金催化液

原料配比

原　料	配　比
硫酸镍	0.152mol
醋酸铵	0.52mol
硫酸铜	0.004mol
柠檬酸钠	0.136mol
次磷酸钠	0.236mol
水	加至 1L

制备方法

（1）在镀槽中，用总量 3/10 的 60℃温水溶解硫酸镍、醋酸铵，搅拌溶解；

（2）用另外 3/10 的 60℃温水溶解硫酸铜、柠檬酸钠，搅拌至完全溶解后，边搅拌边倒入步骤（1）所得溶液中；

（3）用另外 3/10 的 50℃温水溶解次磷酸钠，充分溶解后过滤，在使用前边搅拌边倒入步骤（2）所得混合液中，用余下的 1/10 水稀释；

（4）用 25%氨水溶液调 pH 值至 6.5～8.5。

原料配伍 本品各组分配比范围为：硫酸镍 0.114～0.19mol、硫酸铜 0.002～0.006mol、次磷酸钠 0.142～0.236mol、柠檬酸钠 0.136～0.204mol、醋酸铵 0.3～0.6mol，水加至 1L。

本发明中各种原料的作用及所解决的关键问题如下：

（1）硫酸镍。硫酸镍（$NiSO_4 \cdot 6H_2O$）浓度对沉积速率及镀层中镍、铜、磷百分含量的影响：硫酸镍的浓度从 0.114mol/L 到 0.152mol/L 对沉积速率影响大，但从 0.152mol/L 到 0.190mol/L 影响较小；随着硫酸镍浓度的增加，镀层中 Ni 的百分含量增大，Cu、P 的百分含量下降，而且 Cu 含量下降的趋势较大。

（2）硫酸铜。硫酸铜（$CuSO_4 \cdot 5H_2O$）浓度对沉积速率的影响：随着硫酸铜浓度的增加，沉积速率下降，从 0.002mol/L 到 0.004mol/L 下降趋势缓慢，从 0.004mol/L 到 0.006mol/L 下降趋势大。镀层成分随镀液中硫酸铜浓度的变化出现的情况，Ni、P 变化缓慢，Cu 变化趋势大。

（3）次磷酸钠。次磷酸钠（$NaH_2PO_2 \cdot H_2O$）浓度对沉积速率的影响：当次磷酸钠浓度低时影响较小，次磷酸钠浓度高时影响大。对镀层中 Ni、Cu、P 的影响是：对 Ni、P 影响较小，对 Cu 影响较大。

（4）柠檬酸钠。柠檬酸钠浓度对沉积速率的影响：柠檬酸钠浓度增大，沉积速率下降。对镀层中 Ni、Cu、P 的百分含量影响较大。

（5）pH 值。当 pH＜8.50 时，随着 pH 值的增大，沉积速率在直线上升；在 pH＞8.50 时，沉淀速率几乎不增加。这是因为当 pH＜8.50 时，在镀液体系中，随着 pH 值的增加，有效游离镍离子、铜离子的浓度下降，其 Ni、Cu 的混合氧化能力下降，而次磷酸钠的还原能力则随 pH 值的增加急剧增大，总的效果是化学镀 Ni-Cu-P 合金的沉积速率直线增加；在 pH＜8.50 时，由于镀液的 pH 值是用氨水调节，镀液中游离的镍离子、铜离子与氨分子络合，生成配离子 $[Ni(NH)_3]_6 \cdot Cu(NH_3)_4$ 等，有效离子的浓度降低，沉积速率降低。

镀液的 pH 值对镀层成分的影响。随着 pH 值的增大，镀层中的 Ni、Cu 略有增加。pH 值的增大有利于反应的进行，对镀层中磷含量的影响明显下降。

由于铜的析出电位较正，很容易置换电位较负的铁原子，而优先在工作表面形成置换铜。因此，要想获得 Ni-Cu-P 合金镀层，首先应抑制置换铜反应的发生。此外，从合金的共沉积机理分析，为实现镍、铜离子的共沉积，还必须使镀液中的铜、镍两金属离子的析出电位接近。显然，两者的目的是一致的，即都需降低铜的析出电位。由于镍与铁的标准电极电位很相近，所以，只要能使铜、镍两金属离子的析出电位相近，就不仅可以抑制置换铜反应的发生，而且还能实现铜、镍离子的共沉积。为此，在化学镀液中加入铜盐和络合剂柠檬酸钠，以获得良好外观质量的 Ni-Cu-P 合金镀层。

本品在镀件催化过程中，稳定的 pH 值对镀覆的沉积速率影响颇大。如果 pH 值过高，则次磷酸盐氧化成亚磷酸盐的反应加快，而催化反应转变成为自发性化学反应，使催化液很快失效；pH 值太低，反应则无法进行，甚至停止。镀前，最佳 pH 值应为 7.5。

本品另一个关键问题是温度。温度过高，沉积速率加快，使催化液不稳定；温度太低，沉积速率减慢，甚至镀不上。因此，在镀覆过程中，一定要保持相对工作温度，尤其要防止催化液局部发生过热，而造成催化液的严重自分解或镀层分层等不良后果。镀时最佳温度应为 78～82℃。

产品应用 本品主要应用于化学镀铜镍磷三元合金。

将盛有催化液的烧杯放进有控温装置的水浴锅中升温，恒温调至 100℃，待催化液升至 80℃时，将经预处理活化后的镀件放进催化液中即可，密切控制温度并保持 pH 值为 7.5，翻动镀件，沉积速度 8～12μm/h，一般经 30～60min，捞出镀件即为成品。

在镀前预处理工艺中，常用的处理方法有下列几种：

(1) 机械处理：机械研磨和抛光是对制品表面整平处理的机械加工过程，用于除去表面的毛刺、砂眼、气泡、划痕、腐蚀痕、氧化膜等各种缺陷，以提高表面的平整度，并保证镀件的精饰质量。

(2) 除油处理：为了保证精饰产品有良好的质量及镀层与基体的牢固结合，必须在镀前除去镀件表面的油污。除油方法主要分为碱性溶液除油和有机溶剂除油，其中碱性溶液除油方便易行。

(3) 除锈处理：金属制品表面除锈常用化学法。化学法除锈是用酸溶液进行强浸蚀处理，使制品表面的锈层通过化学作用，在浸蚀过程中产生氢气泡和机械剥离作用而被除去。

(4) 活化处理：活化处理是指在镀前用低浓度强酸把镀件短时间浸泡，而后用热水清洗，除去镀件表面的氧化膜，以使镀层与基体牢固结合。

预处理的工艺指标如下：

(1) 轻油轻锈的被镀件采用酸洗除油除锈二合一的一步法去油去锈（常温 3～8min）。

(2) 重油重锈则首先用碱性溶液除油（水温 60～80℃，时间 5～10min）。

(3) 除油锈后进入流动热水清洗（水温 50～87℃，时间 1～3min）。

产品特性

(1) 不需要外加直流电源设备，被镀件无导电触点，节能、不污染环境。

(2) 镀层致密，孔隙少，在盲孔、管件、深孔及缝隙的内表面均可得均匀的表面光洁的合金镀层。

(3) 不受电力线分布不均匀的影响，对几何形状和复杂的异形材镀件，也能获得厚度均匀的镀层，具有良好的“仿真性”，镀后不用二次磨削加工。

(4) 具有高硬度和高耐磨性。

(5) 具有优良的抗腐蚀性，能抵挡盐、碱、氨和海水的浸蚀。

(6) 工艺简单，操作方便，不需要昂贵和特殊的设备，原料易购价廉，镀液可连续循环使用。

可获取高可焊性镀层的化学镀镍磷合金溶液

原料配比

原　料	配　比				
	1#	2#	3#	4#	5#
六水硫酸镍	28g	25g	30g	30g	16g
柠檬酸	—	20g	—	—	—

续表

原　料	配　比				
	1#	2#	3#	4#	5#
柠檬酸钠	—	—	—	25g	25g
苹果酸	—	15g	—		
乳酸	20g	—	—	15g	15g
丙酸	8g	—	—	—	—
乙酸铵	—	—	—	—	15g
丁二酸	16g	—	25g	—	—
羟基乙酸	—	—	15g	—	—
氨基乙酸	—	—	—	10g	—
醋酸钠	15g	15g	15g	—	—
次磷酸钠	30g	30g	20g	20g	25g
醋酸铅	—	1.5mg	—	—	—
碘酸钾	—	—	—	10mg	—
钼酸钠	—	—	2mg	—	—
硫脲	2mg	—	—	—	—
二巯基丁二酸	5mg	—	—	—	500mg
二巯基丁二酸钠	—	5mg	10mg	—	—
二巯基丁二酸钾	—	—	—	50mg	—
硫酸亚锡	2mg	1mg	—	—	—
氟硼酸亚锡	—	5mg	—	—	—
甲基磺酸亚锡	—	—	50mg	—	—
酒石酸亚锡	—	—	—	100mg	—
柠檬酸亚锡	—	—	—	—	100mg
水	加至1L	加至1L	加至1L	加至1L	加至1L

制备方法　将各组分溶于水，搅拌均匀即可。

原料配伍　本品各组分配比范围为：六水硫酸镍10～50g、

次磷酸钠 8～50g、含羧酸根的络合剂 10～100g、二价锡离子 0.1～1000mg、二巯基丁二酸或二巯基丁二酸盐 0.2～1000mg、稳定剂 0～50mg，水加至 1L。

含羧酸根的络合剂选自羟基乙酸、乳酸、丙二酸、丁二酸、苹果酸、酒石酸、柠檬酸、葡萄糖酸、乙酸、丙酸、氨基乙酸或各酸相应盐中的一种或几种组合。

二价锡离子以硫酸亚锡、氯化亚锡、氟硼酸亚锡、各类有机磺酸亚锡或各类有机羧酸亚锡的一种或者多种组合的形式存在。作为优选，所述的二价锡离子可以以硫酸亚锡的形式存在，硫酸亚锡含量为 2mg；也可以以氯化亚锡和氟硼酸亚锡二种并存的形式存在，氯化亚锡含量为 1mg，氟硼酸亚锡含量为 5mg。

本品在镍磷合金化学镀液中通过添加二价锡，可以让镀层中夹杂一定含量的金属锡。使得镀层具有很好的可焊性。添加一定量的二价锡，特别在 5mg 以上，镀液对镀速有较大影响，二价锡在 10mg 以上化学镍容易漏镀，或不上镀，而二巯基丁二酸或二巯基丁二酸盐，可以明显地消除二价锡对镀液的毒化作用。

作为优选，溶液的 pH 值采用氢氧化钠或氨水调节。

作为优选，所述化学镀镍磷溶液还含有稳定剂，所述稳定剂选自碘化钾、碘酸钾、硫脲、二价铅离子、二价镉离子、钼酸盐或钨酸盐的一种或多种，稳定剂含量为 0～50mg。

产品应用 本品主要应用于化学镀镍磷合金。

本品化学镀镍的方法如下。零件先进行相应的预处理：钢铁零件进行除锈、除油、稀酸活化处理；铝合金、镁合金零件进行除油、去氧化皮、沉锌等处理；铜及合金零件（包括 BPC 线路板）进行除油、酸洗、氯化钯溶液活化处理；塑料零件进行粗化、活化、解胶等处理；陶瓷经过粗化、活化、解胶等处理。将上述经过不同预处理的各种材质的零件，分别放入本品各实施例的镀液中施镀 2min 以上，取出水洗，封闭，烘干或吹干。

本品的高可焊性化学镀镍磷合金溶液，用于获取有焊接需要的化学镍磷合金镀层。

产品特性 本品的可获取高可焊性镀层的化学镀镍磷溶液使化学镍磷镀层具有更好的可焊性能，且不受镀层中磷含量的制约，解决了化学镍磷镀层的可焊性问题的同时也降低了成本。

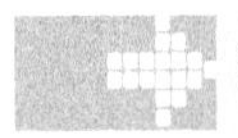

矿用液压支柱的化学镀液

原料配比

原料	配比			
	1#	2#	3#	4#
硫酸镍	15g	20g	18g	20g
硫酸钴	15g	5g	10g	7g
次磷酸钠	30g	25g	28g	27g
纳米 Si_3N_4 乳化液	2mL	10mL	6mL	2mL
乳酸	15mL	5mL	10mL	15mL
醋酸钠	10g	15g	12g	15g
柠檬酸钠	10g	5g	7g	10g
苹果酸钠	5g	10g	8g	10g
丁二酸	10mL	5mL	7mL	5mL
去离子水	加至1L	加至1L	加至1L	加至1L

制备方法 用去离子水将各组分分别进行溶解，然后补加去离子水至1L即可。

原料配伍 本品各组分配比范围为：硫酸镍15～20g、硫酸钴5～15g、次磷酸钠25～30g、纳米 Si_3N_4 乳化液2～10mL、乳酸5～15mL、醋酸钠10～15g、柠檬酸钠5～10g、苹果酸钠5～10g、丁二酸5～10mL，去离子水加至1L。

产品应用 本品主要应用于矿用液压支柱的化学镀。

表面具有Ni-Co-P纳米 Si_3N_4 复合涂层的矿用液压支柱的化学镀按如下步骤进行：

(1) 将活柱筒、活塞和油缸毛坯进行去氧化层处理；

(2) 再对活柱筒、活塞和油缸进行机械加工镀前处理；

(3) 然后进行化学镀：调整镀液至pH值为4.6～4.8，升温至

88～92℃，将待镀的活柱筒、活塞和油缸等工件放入镀液中反应1.6～2.5h，取出工件放入65～80℃热水中浸泡去除镀液，再用25～50℃清水2次清洗浸泡，毛巾擦干工件内水分。

步骤（1）所述活柱筒、活塞和油缸去氧化层处理：先用盐酸去除氧化层，再用清水除去盐酸，用质量分数为0.2%的氢氧化钠浸泡，转机械加工。

步骤（2）所述活柱筒、活塞和油缸进行机械加工处理后先用清水浸泡去氢氧化钠，接着用除油剂浸泡清洗除油，再清水浸泡去除除油剂，然后盐酸浸泡去除铁锈，再次清水浸泡去除盐酸，最后放入pH=7.5的弱碱水浸泡待镀。

产品特性 采用本品化学镀后的矿用液压支柱防腐蚀性好，盐雾试验能达到9级以上，镀层更薄，成本更低，采用化学镀只需镀一层，工序更加简单，环境污染比较小，能源消耗小，原材料使用少。

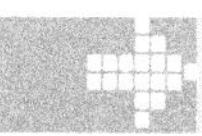

铝合金表面化学镀镍液

原料配比

表1 预处理溶液

原料	配比			
	1#	2#	3#	4#
钼酸钠	20g	30g	10g	10g
氢氧化钠	10g	15g	—	—
氨水	—	—	15mL	20mL
去离子水	加至1L	加至1L	加至1L	加至1L

表2 化学镀镍液

原料	配比
硫酸镍	25g
次磷酸钠	25g
柠檬酸钠	12g

续表

原料	配比
乙酸钠	20g
去离子水	加至1L

制备方法 将各组分溶于水中，搅拌均匀即可。

原料配伍 本品各组分配比范围如下。

预处理溶液：钼酸钠5～40g、氢氧化钠5～30g或氨水10～40mL，去离子水加至1L。

化学镀镍液：硫酸镍24～26g、次磷酸钠24～26g、柠檬酸钠11～13g、乙酸钠19～21g，去离子水加至1L。

产品应用 本品主要应用于铝合金表面化学处理。

铝合金化学镀镍工艺步骤如下：

(1) 打磨：将铝合金试样经60#、200#、400#、800#耐水砂纸打磨，至表面光亮。

(2) 脱脂：用蘸有丙酮的棉花球在通风橱中对上述实验材料进行擦拭，操作温度为室温，时间为30s左右，以除去表面的油污等污染物。

(3) 水洗：采用去离子水对脱脂后的实验材料表面进行水洗，操作温度为室温，时间为40s。

(4) 预处理溶液处理：将经上步处理的实验材料投入预处理溶液中浸渍45s，溶液温度为30℃，溶液pH=13～14。

(5) 水洗：采用去离子水冲洗预处理溶液处理后的实验材料表面，操作温度为室温，时间为90s。

(6) 化学镀镍：将上述经过预处理并水洗干净的铝合金放入镀液中进行化学沉积，获得最终的镍磷镀层，施镀温度为(85±2)℃，溶液pH值为5～6，沉积时间为1～2h。

(7) 水洗：将附有镍磷镀层的铝合金从镀液中取出，然后用去离子水冲洗，操作温度为室温，时间为45～60s。

(8) 吹干：用电吹风吹干已有镀层的铝合金。

(9) 检测：铝合金表面获得的镍磷化学镀层具有金属光泽，镀层沉积速度约为17.56μm/h，镀层由胞状物组成，且均匀致密地分布在铝合金基体上，无气泡等缺陷存在，镀层与铝合金基体结合牢固，没有起皮、局部脱落等不良现象。

产品特性

（1）采用本品的预处理溶液对铝合金进行预处理，明显简化了二次浸锌工艺繁杂的处理过程，使镍磷沉积工艺由原来的十五道工序减少到现在的九道工序，不但节约了人力，而且还节省了电能及水资源。

（2）本品的预处理溶液仅有两种物质组成，降低了浸锌预处理工艺的成本，可以获得更高的经济效益。

（3）采用本品的预处理溶液，不需要经过浸锌处理，无需采用硝酸来进行退锌处理，避免了对化学镀镍溶液造成污染及毒化，延长了镀液的使用寿命，避免了环境污染，降低了对操作人员健康的影响。

（4）采用本品的预处理溶液进行施镀，简化了化学镀的操作程序，容易实现工业化，生产效率得到提高，同时，废水处理也比较容易，使工艺流程更加环保。

（5）采用本品的预处理溶液进行施镀，制备的镍磷化学镀层均匀致密、耐蚀性好、显微硬度高、与铝合金基体结合牢固，具有良好的金属光泽和外观，为铝合金提供了良好的防护效果。

铝合金镍-磷化学沉积镀层镀液

原料配比

原料	配比		
	1#	2#	3#
六水合硫酸镍	25g	27g	27g
次磷酸钠	30g	30g	30g
醋酸钠	20g	15g	15g
丁二酸	7.5g	9g	7.5g
乳酸	35mL	30mL	30mL
柠檬酸	8g	—	—
乙醇酸	—	—	5g

续表

原料	配比		
	1#	2#	3#
三乙醇胺	—	—	2g
甘氨酸	—	8g	—
苹果酸	—	—	7.5g
丙酸	2.5mL	—	3mL
硫代硫酸钠	25mg	—	—
碘酸钾	—	20mg	—
碘化钾	—	—	15mg
氨基硫脲	—	3mg	—
钼酸钠	20mg	—	20mg
BEO	20mg	—	10mg
DEP	—	—	30mg
PME	30mg	—	—
PPS	20mg	—	25mg
EDTA	—	0.075g	—
ALS	—	0.05g	0.15g
VS	—	0.12g	—
水	加至1L	加至1L	加至1L

制备方法 将各组分溶于水，搅拌均匀即可。

原料配伍 本品各组分配比范围为：六水合硫酸镍20～30、次磷酸钠20～30、醋酸钠15～20、丁二酸6～10、络合剂30～50、ALS 0.05～0.15、稳定剂20～60mg、电镀中间体30～100mg，水加至1L。

所述的络合剂主要成分为有机一元酸、二元酸、氨基酸或醇酰胺，特别是柠檬酸、甘氨酸、乳酸、苹果酸、葡萄糖酸、丙酸、乙醇酸、三乙醇胺、酒石酸、EDTA、水杨酸等，可选其中的一种或几种复配组成，得到磷含量适中（6%～9%P）、孔隙率低，耐蚀性和耐磨性佳的镍沉积层。此类络合剂能够与镍离子有效络合，提高镍离子的稳定性，防止镀液析出沉淀，增加镀液稳定性。并且能够细化结晶，改善镍-磷沉积层的性能，抗蚀性好和耐磨度高。络合剂的复配还可显著提高溶液对亚磷酸钠的容忍度，从而提高使用寿命。

所述的稳定剂主要成分为碘化钾、碘酸钾、钼酸盐、硫脲、氨基硫脲、硫代硫酸盐、亚锡离子、硫氰酸胺、马来酸等，可选用其中的一种或几种组成。稳定剂的选用可以提高溶液的稳定性，防止局部过热、pH 值过高或某些杂质影响造成的溶液分解现象，使施镀过程在控制下有序进行。它们的最佳含量为 10～60mg/L。

所述的电镀中间体主要成分为为乙氧基丁炔二醇醚（BEO)、乙氧基丙炔醇醚（PME)、乙烯基磺酸钠（VS)、烯丙基磺酸钠(SAS)、磺酸吡啶盐（PPS，PPS-OH)、二乙基丙炔胺（DEP）等。国产的或国外均可，特别是可以优先选用德国巴斯夫公司生产的，其产品纯度高。此类中间体具有稳定剂、细化晶体组织和抗杂质、吸附溶液中悬浮微粒的作用，本品中加入此类中间体后溶液寿命得到很大提高，镍-磷合金的性能也改善许多，抗盐雾性能改变明显。

产品应用 本品主要应用于铝合金镍-磷化学沉积镀层。

本品具体使用方法如下：将溶液的 pH 值用浓度为 1∶1 的氨水或 20%氢氧化钠调整为 4.6，在溶液温度为 86℃下，铝合金经除油、碱蚀、二次沉锌后浸入，沉积几分钟即可得到光亮的铝合金镍-磷化学沉积镀层。

产品特性 本品具有沉积速度快、镀层结合力好、镀层光亮且致密，槽液稳定性能优异、使用寿命长、容易维护等特点。

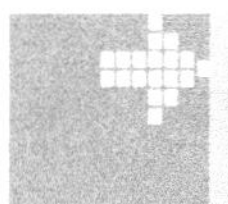

铝合金上制备 Ni-Co-P/Si_3N_4 镀层的化学复合镀液

原料配比

原 料	配比(质量份)								
	1#	2#	3#	4#	5#	6#	7#	8#	9#
硫酸镍	28	20	6	28	20	6	28	20	6
硫酸钴	7.5	21.4	25.6	7.5	21.4	25.6	7.5	21.4	25.6
次磷酸钠	28	28	28	28	28	28	28	28	28

续表

原料	配比(质量份)								
	1#	2#	3#	4#	5#	6#	7#	8#	9#
Si_3N_4	4	8	12	8	12	4	12	4	8
硼酸	15	15	15	15	15	15	15	15	15
柠檬酸	10	10	10	10	10	10	10	10	10
硫脲	0.002	0.002	0.002	0.002	0.002	0.002	0.002	0.002	0.002
$C_{16}S$	0.08	0.08	0.08	0.08	0.08	0.08	0.08	0.08	0.08
水	加至1000	加至1000	加至1000	加至1000	加至1000	加至1000	加至1000	加至1000	加至1000

制备方法 将各组分溶于水，搅拌均匀即可。

原料配伍 本品各组分质量份配比范围为：硫酸镍6～28、硫酸钴6～26、次磷酸钠28、Si_3N_4 4～12、硼酸14～16、柠檬酸9～11、硫脲0.001～0.003、$C_{16}S$ 0.07～0.09，水加至1000。

产品应用 本品主要应用于铝合金在电子产品、汽车工业、航空航天等领域。

本品化学复合镀的方法如下：

(1) 粉末前处理：采用HCl、H_2SO_4组成的混酸溶液浸泡1～3h进行表面活化；再用$C_{16}S$溶液对其浸泡30～90min，进行分散处理，烘干备用；

(2) 脱脂：采用表面活性剂肥皂在60℃热水中对工件进行清洗，时间为1～2min；

(3) 弱碱腐蚀：通过铝合金工件在U-152碱性溶液中浸泡，以达到弱碱腐蚀的效果，温度为室温，时间为1～2min；

(4) 除垢：即用酸性溶液浸泡的方法去除铝制品在弱碱腐蚀后表面附着的灰色或黑色挂灰，温度为室温，时间为1～2min；

(5) 沉锌：采用爱美特公司提供的混合沉锌液对工件浸泡，温度为室温，时间为1～2min；

(6) 褪锌：采用体积比为1∶1的硝酸溶液浸泡工件，温度为室温，时间为0.5～1min；

(7) 二次沉锌：采用步骤(5)中的混合沉锌液浸泡工件，温度为室温，时间为0.5～1min；

（8）化学镀膜：将工件悬挂于镀液之中施镀，采用电热恒温水浴槽对镀液加热以维持在需要的温度范围，施镀过程中采用150～300r/min转速的电动搅拌机对镀液进行搅拌，镀液pH值为5.0～7.0，施镀温度为75～95℃，化学镀时间为2h。

产品特性 本品化学复合镀制备方法，具有镀液稳定、工艺简单等优点。可提高镀层厚度、均匀性，增强结合力，延长镀层的使用寿命，进一步促进铝合金在电子产品、汽车工业、航空航天等领域的广泛应用。

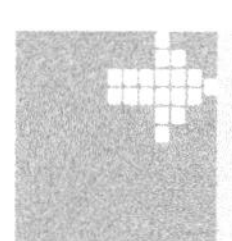

镁合金表面Ni-Ce-P/纳米TiO_2化学复合镀层镀液

原料配比

表1 碱洗液

原料	配比
NaOH	15g
$Na_2CO_3 \cdot 10H_2O$	22.5g

表2 酸洗液

原料	配比
CrO_3	200g
KF	1g

表3 活化处理液

原料	配比
氢氟酸(40%)	1mL
水	加至1L

表4 化学镀液

原料	配比		
	1#	2#	3#
硫酸镍	30g	15g	25g
次磷酸钠	25g	14g	20g

续表

原　料	配　比		
	1#	2#	3#
柠檬酸	18g	25g	20g
氟化氢铵	10g	25g	20g
硝酸铈	0.06g	0.2g	0.1g
TiO_2	2g	4g	6g
十二烷基硫酸钠	0.02g	0.05g	0.03g
硫脲	0.0005g	0.001g	0.001g
水	加至1L	加至1L	加至1L

制备方法 将各组分溶于水，搅拌均匀即可。

原料配伍 本品各组分配比范围为：硫酸镍15～30g、次磷酸钠14～25g、柠檬酸18～25g、氟化氢铵10～25g、硝酸铈0.06～0.2g、TiO_2 2～6g、十二烷基硫酸钠0.02～0.05g、硫脲0.0005～0.01g，水加至1L。

产品应用 本品主要应用于镁合金表面Ni-Ce-P/纳米TiO_2化学复合镀。具体的化学镀的方法包括如下步骤：

（1）预处理。

所述的预处理包括丙酮清洗、碱洗、酸洗和活化处理。

① 丙酮清洗：用丙酮和超声波振动清洗镁合金基体表面10～15min，然后用去离子水清洗。

② 碱洗：将镁合金镀件放入80～100℃的碱洗液中10～15min，除去基体表面油质，然后用去离子水清洗。碱洗液是含有NaOH、$Na_2CO_3 \cdot 10H_2O$的水溶液，其中每升溶液中含有NaOH 15g，含有$Na_2CO_3 \cdot 10H_2O$ 22.5g。

③ 酸洗：将碱洗后的镀件放入酸洗液中，室温酸洗10～15min后用去离子水清洗。酸洗液是含有CrO_3、KF的水溶液，其中每升溶液中含有CrO_3 200g，KF 1g。

④ 活化处理：将酸洗后的镀件放入1mL/L的氢氟酸（40%）溶液中，室温下活化10～15min。

（2）化学镀。

将第一步中活化处理过的镀件放入化学镀镀液中进行化学镀。化学镀条件：温度为80～85℃，pH为6.5～7，施镀1～2h，采用磁力搅拌器搅拌。

(3) 热处理，获得镀层样品。

将经过步骤(2)镀好的镀件进行热处理，将试样置于电阻炉中，随炉升温到300℃以上，保温2～3h，随炉冷却到室温后取出，获得需要的镀层样品。

产品特性

(1) Ni-Ce-P/纳米 TiO_2 化学复合镀层有金属光泽，镀层晶粒细小；X射线分析显示Ni-Ce-P/纳米 TiO_2 化学复合镀层在25.108°出现了 TiO_2 的峰；将复合镀层经过热处理之后，镀层由非晶态向晶态转变，出现了 Ni_3P 新相，提高了镀层的耐磨性、耐蚀性。

(2) Ni-Ce-P/纳米 TiO_2 化学复合镀层磨料磨损的耐磨性是基体的1.89倍，是Ni-Ce-P合金化学镀层的1.24倍，黏着磨损的耐磨性是基体的16.33倍，是Ni-Ce-P合金化学镀层的14.33倍。浸泡3h后，Ni-Ce-P/纳米 TiO_2 化学复合镀层耐5%醋酸腐蚀是基体的19.30倍；浸泡2h后，耐3.5%氯化钠腐蚀是基体的1.79倍，耐蚀性与Ni-Ce-P合金化学镀层相当。

(3) Ni-Ce-P/纳米 TiO_2 化学复合镀层具有优异的光催化性能，降解率明显，与 TiO_2 粉末的催化作用相当。

(4) Ni-Ce-P/纳米 TiO_2 化学复合镀层的抗菌率可达98.27%，具有显著抑菌作用。

(5) 本品的化学复合镀设备简单、工艺操作容易，可以在形状复杂的工件上施镀，镀层的性能稳定。

镁合金表面Ni-Cu-P/纳米 TiO_2 化学复合镀层镀液

原料配比

原　料	配比(质量份)		
	1#	2#	3#
硫酸镍	30	12	18

续表

原料	配比(质量份)		
	1#	2#	3#
次磷酸钠	25	11	32
柠檬酸	18	27	12
氟化氢铵	15	8	29
硫脲	0.0005	0.0012	0.001
十二烷基硫酸钠	0.02	0.05	0.01
硫酸铜	0.2	0.08	0.35
纳米 TiO_2	4	6	10
水	加至1000	加至1000	加至1000

制备方法 将各组分溶于水，搅拌均匀即可。

原料配伍 本品各组分质量份配比范围为：硫酸镍 12～32、次磷酸钠 11～32、柠檬酸 12～27、氟化氢铵 8～29、硫脲 0.0002～0.0012、十二烷基硫酸钠 0.01～0.05、硫酸铜 0.08～0.35、纳米 TiO_2 2～10，水加至 1000。

产品应用 本品主要应用于镁合金表面 Ni-Cu-P/纳米 TiO_2 化学复合镀。本品所得镀层通过如下步骤实现：

(1) 基体 AZ91D 镁合金的前处理。具体预处理步骤为：

① 砂纸打磨：用 0～4# 金相砂纸进行打磨，直到表面光亮且无明显划痕。

② 丙酮清洗：用丙酮进行超声波清洗约 10min。

③ 碱洗：碱洗液成分中 NaOH 15g/L，$Na_2CO_3 \cdot 10H_2O$ 22.5g/L；碱洗温度 80℃，时间优选 10min。

④ 酸洗：室温下，酸洗时间为 5～15min，优选为 10min。酸洗液成分中 CrO_3 200g/L，KF 1g/L。

⑤ 活化：用 HF (40%) 进行活化，HF 浓度为 10mL/L，室温下活化时间为 10min。

(2) 化学镀：将步骤 (1) 前处理后的镁合金基体浸入到本品的镀液中，采用磁力搅拌器不停地搅拌镀液，均匀分散镀液中的纳米 TiO_2 粉末，化学镀温度为 80～85℃，pH 为 6.5～7，施镀 1～2h。

(3) 封孔。

(4) 热处理：将经化学镀并封孔后的复合镀层试样置于电阻炉中，随炉升温到250～300℃，保温2～4h，降温后取出。

产品特性

(1) Ni-Cu-P/纳米 TiO_2 复合镀层耐磨性和耐蚀性分别是基体的1.69倍和58.5倍，具有很好的耐磨和耐蚀性能。

(2) Ni-Cu-P/纳米 TiO_2 复合镀层有金属光泽，晶粒细小，镀层厚度约20μm。

(3) Ni-Cu-P/纳米 TiO_2 复合镀层具有优异的光催化性能，与 TiO_2 粉末的催化作用相当，这为 TiO_2 粉末找到了一个载体，可以增加抗菌性能的重复使用率，是抗菌技术与化学镀技术的完美结合。镀层在紫外光或自然光下均有光催化效果，在紫外光下催化效果更为明显。

(4) Ni-Cu-P/纳米 TiO_2 复合镀层的降解率明显，复合镀层的抗菌率可达90%以上，有显著抑菌作用。抗菌机理分析得出，抗菌性能是由纳米 TiO_2、铜以及镍的杀菌作用共同影响的。

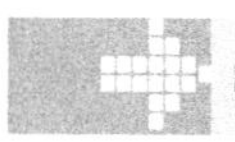

镁合金表面化学镀镍磷合金镀液(1)

原料配比

表1 酸洗液

原料	配比(质量份)		
	1#	2#	3#
乳酸	5	20	10
酒石酸	3	20	10
柠檬酸	2	20	10
苯磺酸钠	1	—	—
甘氨酸	—	20	10
十二烷基硫酸钠	—	10	5
水	1000	1000	1000

表2　活化液

原　料	配比(质量份)
氢氟酸	400
水	加至1000

表3　酸性浸锌液

原　料	配比(质量份)		
	1#	2#	3#
硫酸锌	10	60	30
85%磷酸	150	250	200
40%氢氟酸	70	100	85
氟化钠	10	40	25
水	1000	1000	1000

表4　镀镍溶液

原　料	配比(质量份)		
	1#	2#	3#
六水硫酸镍	20	40	30
次磷酸钠	5	40	20
乳酸	1	13	6
甘氨酸	1	13	5
乙酸钠	1	13	3
柠檬酸	—	13	13
丁二酸钠	—	13	5
碘酸钾	—	12	6
硫脲	0.5	—	—
聚乙二醇	1	10	5
十二烷基硫酸钠	—	10	5
氟化钠	15	30	24
二乙氨基丙炔胺	1	10	5
羟基丙烷磺酸吡啶鎓盐	—	10	5
水	1000	1000	1000

制备方法 将各组分溶于水，搅拌均匀即可。

原料配伍 本品各组分质量份配比范围为：六水硫酸镍 20～40、次磷酸钠 5～40、络合剂 3～75、稳定剂 0.5～12、润湿剂 1～20、光亮剂 1～20、缓蚀剂 15～30、水 1000。

络合剂是乳酸、甘氨酸、乙酸钠、柠檬酸或丁二酸钠之中的一种或几种任意比例的混合物。

稳定剂是硫脲或碘酸钾或两者任意比例的混合物。

湿润剂是聚乙二醇或十二烷基硫酸钠或两者任意比例的混合物。

光亮剂是二乙氨基丙炔胺或羟基丙烷磺酸吡啶𬭩盐或两者任意比例的混合物。

缓蚀剂是氟化钠。

酸洗液中各组分质量份：有机酸 10～80、阴离子表面活性剂 1～10、水 1000。

有机酸是乳酸、酒石酸、柠檬酸或甘氨酸之中的两种或两种以上任意比例的混合物。

阴离子表面活性剂是苯磺酸钠或十二烷基硫酸钠中的一种或两种任意比例的混合物，其既能增加酸洗液的润湿性能，又能抑制酸洗液对镁基体的过腐蚀。

活化液中各组分质量份：氢氟酸 400，水加至 1000。

酸性浸锌液中各组分质量份：硫酸锌 10～60、85%磷酸 150～250、40%氢氟酸 70～100、氟化钠 10～40、水 1000。

产品应用 本品主要应用于镁合金表面化学镀镍磷合金。本品化学镀包括如下步骤：

(1) 脱脂：将镁合金在 55～65℃ 的无磷碱性脱脂溶液中脱脂。

(2) 酸洗：以有机酸和阴离子表面活性剂混合物作为镁合金酸洗溶液进行酸洗。该酸洗溶液代替传统的铬酸溶液来去除镁合金表面的氧化膜，其中有机酸既能较快地除去氧化膜，又不会对基体产生过腐蚀，阴离子表面活性剂既能增加酸洗液的润湿性能，又能抑制酸洗液对镁基体的过腐蚀。

(3) 表面调整：将酸洗后的镁合金在 80～100℃ 的碱性表面调整液中进行表面调整。

(4) 活化：将表面调整后的镁合金在氢氟酸溶液中进行活化。

(5) 酸性浸锌：将活化后的镁合金在常温下用酸性浸锌液进行浸锌。

(6) 镀镍：在温度为 80～90℃，pH 值为 5～6 的条件下，在化学镀镍溶液中加入光亮剂进行镀镍反应，即可获得具有良好外观的镍磷合金镀层。

产品特性

(1) 整个工艺中不使用六价铬，减少了对环境的污染，减少了对操作者身体的危害；操作容易控制，工艺参数不易失控。

(2) 通过添加有机光亮剂改善了镍磷合金镀层的外观，使镍磷合金不需要后序电镀加工，具有更好的装饰性。

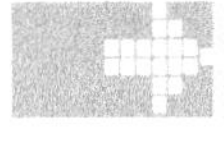

镁合金表面化学镀镍磷合金镀液（2）

原料配比

表 1　碱洗液

原　料	配　比			
	1#	2#	3#	4#
NaOH	58g	55g	48g	58g
$Na_3PO_4 \cdot 12H_2O$	19g	12g	18g	13g
水	加至 1L	加至 1L	加至 1L	加至 1L

表 2　酸洗液

原　料	配　比			
	1#	2#	3#	4#
CrO_3	250g	210g	240g	220g
NaF	3g	1.9g	5g	2.9g
HNO_3	60g	56g	47g	57g
水	加至 1L	加至 1L	加至 1L	加至 1L

表 3 活化液

原料	配比			
	1#	2#	3#	4#
氢氟酸	400mL	350mL	410mL	340mL
水	加至 1L	加至 1L	加至 1L	加至 1L

表 4 镀液

原料	配比			
	1#	2#	3#	4#
硫酸镍	20g	19g	21g	—
乙酸镍	—	—	—	25g
次磷酸钠	21g	20g	25g	28g
柠檬酸	10g	16g	—	—
苹果酸	—	—	—	22g
乳酸	—	—	23g	—
NH_4HF_2	9g	8g	7g	9g
$NH_3 \cdot H_2O$	2.5g	4g	4g	5g
NaF	1.5g	—	3.5g	—
HF	—	5g	—	6g
钼酸钠	—	0.001g	—	0.001g
富马酸	—	—	0.0007g	—
硫脲	0.0006g	—	—	—
十二烷基硫酸钠	0.0025g	—	0.0027g	—
十二烷基苯磺酸钠	—	0.0015g	—	0.0015g
水	加至 1L	加至 1L	加至 1L	加至 1L

制备方法 将各组分溶于水，搅拌均匀即可。

原料配伍 本品各组分配比范围如下。

碱洗液：NaOH 40～60g、$Na_2PO_4 \cdot 12H_2O$ 10～20g，水加至 1L。

酸洗液：CrO_3 200～300g、NaF 1～10g、HNO_3 40～60g，水加至1L。

活化液：HF 300～450mL，水加至1L。

镀液：镍盐15～25g、还原剂18～30g、络合剂10～25g、添加剂A 2～20g、添加剂B 1～15g、稳定剂0.0005～0.002g、表面活性剂0.0001～0.003g，水加至1L。

镍盐可采用硫酸镍、氯化镍等无机镍盐中的一种，也可选用氨基磺酸镍、乙酸镍等有机镍盐中的一种。

所述还原剂采用次磷酸钠。

所述络合剂为丁二酸、柠檬酸、乳酸、苹果酸及甘氨酸中的一种。

所述添加剂A为$NH_3 \cdot H_2O$、NH_4HF_2中的一种或两种，选用一种时需含氟。

所述添加剂B为NaF、HF、KI中的一种或两种，选用一种时需含氟。

所述稳定剂为硫脲、钼酸钠或富马酸中的一种。

所述表面活性剂是十二烷基硫酸钠、十二烷基苯磺酸钠中的一种。

产品应用 本品主要应用于镁合金表面化学镀镍磷合金。

对镁合金进行表面化学镀镍的步骤是：

(1) 机械打磨：用1000#水磨砂纸打磨镁合金表面，除去表面氧化皮；

(2) 超声波有机溶剂浴清洗：有机溶剂为丙酮或二氯甲烷，超声波功率400～800W；

(3) 水洗；

(4) 碱洗；

(5) 水洗；

(6) 酸洗；

(7) 超声波水浴清洗：超声波功率400W；

(8) 活化；

(9) 水洗；

(10) 将前处理后的镁合金在镀液中施镀，镀液温度为85～95℃，pH值为4.5～6.5。

产品特性 与现有技术相比，本品由于镀液组成中的添加剂A、B含有氟离子，能对镁合金表面形成保护，防止镁合金基体在镀液中腐蚀，从而获得均匀、光亮的镁合金基体表面，使后续在其表面形成的镍磷合金镀层具有致密、耐腐蚀性等优良的特点。

本方法镀覆时加入超声波有机浴及超声波水浴清洗工序，在前处理过程中彻底清除了镁合金表面的污垢及附着的杂质微粒，保证了后续沉积的镍磷合金镀层与镁合金基体结合紧密、孔隙率低，具有优良的耐腐蚀、耐磨损性能。

本方法由于在酸洗液的组成中加入了氟离子，有效地抑制了酸洗过程中镁合金的过度腐蚀。该酸洗液的组成可在保证清除镁合金表面氧化层的前提下，尽可能少地对镁合金基体造成腐蚀，为获得性能优良的化学镀镍磷合金镀层奠定了基础。

本品工艺简单、镀液成本低、沉积速度达10～13μm/h。使用本品所述技术可在镁合金表面获得呈银白色光泽的镍磷合金镀层，镀层磷含量为5%～7%。镀层的硬度值可达560～600HV，比镁合金基体(70.5HV)提高了7.9～8.5倍。盐雾腐蚀试验中300h不出现锈蚀点。采用Taber磨损试验机对镀覆了镍磷合金镀层的镁合金进行了磨损量的测试，其磨损量仅为基体的1/4，耐磨性能提高了3倍。

综上所述，本品镁合金表面化学镀镍磷合金镀层的方法克服了现有技术的缺陷，使镀层的硬度、耐腐蚀性能、耐磨损性能大大提高，为镁合金在各种工作条件下的广泛应用创造了条件。

镁合金表面化学镀镍硼合金镀液(1)

原料配比

表1　碱洗溶液

原　料	配　比	
	1#	2#
碳酸钠	15g	20g
磷酸钠	15g	20g
OP-10	5mL	10mL
去离子水	加至1L	加至1L

表 2　酸洗溶液

原　料	配　比	
	1#	2#
36%冰醋酸	40mL	35mL
硝酸钠	40g	35g
去离子水	加至 1L	加至 1L

表 3　活化液

原　料	配　比	
	1#	2#
40%氢氟酸	200mL	240mL
去离子水	加至 1L	加至 1L

表 4　化学镀液

原　料	配　比				
	1#	2#	3#	4#	5#
乙酸镍	37g	38g	40g	40g	38g
乙二胺	50mL	52mL	55mL	55mL	52mL
对苯磺酸钠	5g	6g	8g	6g	5g
丙二酸	2g	3g	6g	4g	2g
磺基水杨酸	0.03g	0.05g	0.06g	0.04g	0.03g
氢氧化钠	40g	28g	48g	38g	36g
硼氢化钠	0.55g	0.56g	0.6g	0.6g	0.57g
去离子水	加至 1L	加至 1L	加至 1L	加至 1L	加至 1L

制备方法

(1) 室温下，在去离子水中依次加入碳酸钠、磷酸钠、OP-10，待溶解完全后加热至 75℃，即为碱洗溶液。

(2) 室温下，在去离子水中依次加入 36%冰醋酸、硝酸钠，待溶解完全，即为酸洗溶液。

(3) 室温下，在去离子水中加入 40%氢氟酸，搅拌均匀即为活化液。

(4) 室温下，在去离子水中加入乙酸镍，待溶解完全后，搅拌下加入乙二胺，待冷却到室温后在搅拌下加入复合添加剂，依次为对苯磺酸钠、丙二酸、磺基水杨酸，待溶解完全后在搅拌下加入氢氧化钠，待溶解完全后加入硼氢化钠，最后加入去离子水至1L，加热至85℃恒温，即为化学镀镍液。

原料配伍 本品各组分配比范围如下。

碱洗溶液：碳酸钠15～20、磷酸钠15～20、OP-10 5～10mL，去离子水加至1L。

酸洗溶液：36%冰醋酸35～40mL、硝酸钠35～40g，去离子水加至1L。

活化液：40%氢氟酸180～240mL，去离子水加至1L。

化学镀镍液：乙酸镍35～40g、乙二胺50～55mL、对苯磺酸钠5～8g、丙二酸2～6g、磺基水杨酸0.03～0.06g、氢氧化钠28～48g、硼氢化钠0.55～0.6g，去离子水加至1L。

产品应用 本品主要应用于镁合金表面化学镀镍硼合金。

本品化学镀镍硼的步骤如下：

(1) 在60～75℃和外加超声波条件下，将镁合金放入碱洗溶液中处理10～15min，取出后用水漂洗；

(2) 在室温和外加超声波条件下，将经碱洗处理后的镁合金放入酸洗溶液中处理0.5～1.5min，取出后用水漂洗；

(3) 在室温下，将经酸洗处理后的镁合金放入活化溶液中处理1～1.5min，取出后用水漂洗；

(4) 在80～90℃下，将经活化处理后的镁合金放入化学镀溶液中化学镀2～3h，取出后用水漂洗，获得Ni-B合金镀层；

(5) 将镀有Ni-B合金镀层的镁合金在150～180℃下烘干处理30～45min。

产品特性

(1) 本品采用了特殊的酸洗和活化工艺，无需预镀即可在AZ31B镁合金表面获得一层具有催化活性的底层，该工艺成本低，操作简单，不含铬化合物；

(2) 本品采用弱酸盐醋酸镍为主盐，既避免镀液中Cl^-、SO_4^{2-}

的大量存在对镁的腐蚀，也避免了使用碱式碳酸镍的种种问题，获得了良好的沉积效果；

(3) 通过在化学镀液中加入复合添加剂，使得在镀液 pH>11 的情况下沉积反应优先进行，避免了基底碱蚀，获得了性能良好的镀层，镀层具有高的表面硬度、良好的结合力和耐蚀性能；

(4) 化学镀液可操作范围广（pH>2.8），通过添加各主要成分可连续施镀，有很好的实际应用前景。

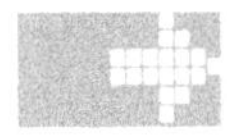

镁合金表面化学镀镍硼合金镀液(2)

原料配比

表1　碱洗液

原　料	配　比		
	1#	2#	3#
碳酸钠	15g	20g	18g
磷酸钠	15g	20g	18g
OP-10	5mL	10mL	8mL
去离子水	加至1L	加至1L	加至1L

表2　酸洗液

原　料	配　比	
	1#	2#
36%冰醋酸	18mL	22mL
硝酸钠	36g	45g
去离子水	加至1L	加至1L

表3　化学镀 Ni-B 溶液

原　料	配　比				
	1#	2#	3#	4#	5#
乙酸镍	37g	38g	40g	40g	38g
乙二胺	50mL	52mL	55mL	55mL	52mL

续表

原料	配比				
	1#	2#	3#	4#	5#
对苯磺酸钠	5g	6g	8g	6g	5g
丙二酸	2g	3g	6g	4g	2g
磺基水杨酸	0.03g	0.05g	0.06g	0.04g	0.03g
氢氧化钠	40g	28g	48g	44g	36g
硼氢化钠	0.55g	0.56g	0.6g	0.6g	0.57g
去离子水	加至1L	加至1L	加至1L	加至1L	加至1L

制备方法

(1) 碱洗液的制备：室温下，在去离子水中，依次加入碳酸钠、磷酸钠、OP-10，待溶解完全后加热至75℃，即可碱洗。

(2) 酸洗液的制备：室温下，在去离子水中依次加入36%冰醋酸、硝酸钠，搅拌均匀即可。

(3) 化学镀Ni-B溶液的制备：室温下，在去离子水中加入乙酸镍，待溶解完全后，搅拌下加入乙二胺，待冷却到室温后在搅拌下加入复合添加剂，依次为对苯磺酸钠、丙二酸、磺基水杨酸，待溶解完全后在搅拌下加入氢氧化钠，待溶解完全后加入硼氢化钠，最后加入去离子水至1L，加热至85℃恒温。

原料配伍 本品各组分配比范围如下。

碱洗液：碳酸钠15～20、磷酸钠15～20、聚乙二醇辛基苯基醚(OP-10) 5～10mL，去离子水加至1L。

酸洗液：36%的冰醋酸15～25mL、硝酸钠35～50g，去离子水加至1L。

化学镀Ni-B溶液：乙酸镍35～40g、硼氢化钠0.55～0.6g、乙二胺50～55mL、氢氧化钠20～60g、对苯磺酸钠5～8g、丙二酸2～6g、磺基水杨酸0.03～0.06g，水加至1L。

产品应用 本品主要应用于镁合金表面化学镀镍。

本品镀镍硼的方法步骤如下：

(1) 碱洗：在60～75℃和外加超声波条件下，将镁合金放入碱洗液中处理10～15min，取出后用水漂洗，除去表面的油污及吸附的杂质，其中镁合金为AZ91D镁合金。

(2) 酸洗：在室温和外加超声波条件下，将经步骤(1)处理后的镁合金放入酸洗溶液中处理0.5～1.5min，取出后用水漂洗，除去表面疏松的氧化物以及中和残留的碱性物质。

(3) 化学镀：在80～90℃下，将经碱洗和酸洗处理后的镁合金放入化学镀溶液中化学镀2～3h，取出后用水漂洗，获得Ni-B合金镀层。

(4) 将镀有Ni-B合金镀层的镁合金在150～180℃下，烘干处理30～45min，以去除表面水分。

产品特性

(1) 本品采用了特殊的酸洗工艺，无需预镀即可在AZ91D镁合金表面获得一层具有催化活性的底层，该工艺成本低，操作简单，不含铬和氟化合物，对环境友好；

(2) 本品采用弱酸盐醋酸镍为主盐，既避免镀液中Cl^-、SO_4^{2-}的大量存在对镁的腐蚀，也避免了使用碱式碳酸镍的种种问题，获得了良好的沉积效果；

(3) 通过在化学镀液中加入复合添加剂，使得在镀液pH>11的情况下沉积反应优先进行，避免了基底碱蚀，获得了性能良好的镀层，镀层具有高的表面硬度、良好的结合力和耐蚀性能；

(4) 化学镀液可操作范围广，通过添加各主要成分可连续施镀，有很好的实际应用前景。

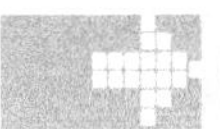

镁合金表面直接化学镀镍磷合金镀液

原料配比

原料	配比		
	1#	2#	3#
氢氧化镍	15g	—	—
氧化镍	—	20g	—
乳酸镍	—	—	15g

续表

原　料	配　比		
	1#	2#	3#
乳酸	15g	25g	—
乳酸和柠檬酸	—	—	15g
次磷酸钠	20g	30g	30g
氟化氢铵	15g	15g	10g
硫脲	0.002g	0.002g	0.002g
HEDP	0.05g	—	—
植酸	—	0.1g	—
氟锆酸钾	—	—	0.05g
添加剂	10mL	20mL	20mL
水	加至1L	加至1L	加至1L

制备方法

（1）先将所需的化学药品按计量要求称好。

（2）在称取好的络合剂中加入适量的水进行溶解，然后将镍盐在搅拌的条件下溶于络合剂中，同时助溶剂的加入可以加快镍盐的溶解。

（3）将溶解好的还原剂（次磷酸钠），在搅拌的条件下倒入上述溶液中。

（4）将溶解好的缓蚀剂、稳定剂、添加剂分别加入上述溶液中。

（5）调整好pH值，并加水至工艺要求，即可施镀。

原料配伍　本品各组分配比范围为：镍盐15～50g、络合剂15～50g、次磷酸钠15～50g、氟化氢铵10～30g、缓蚀剂0.05～1g、硫脲0.0001～0.005g、添加剂10～50mL，水加至1L。

所述络合剂可以是乳酸、苹果酸、柠檬酸、甘氨酸、琥珀酸、丙氨酸中的一种或多种按合适的配比混合而成。

所述缓蚀剂可以是氟化盐、氟锆酸盐、磷酸酯类有机物（如植酸）、HEDP及类似有机物、焦磷酸盐、磷酸盐、锡酸盐、钨酸盐、高锰酸盐、稀土盐中的一种或多种按适当的比例组合而成。

产品应用 本品主要应用于金属材料表面处理。

（1）先将镁及镁合金在超声波条件下用丙酮除油，再在碱性除油溶液中脱脂，然后在去离子水中清洗干净。

（2）在酸洗液中将镁合金表面的氧化皮、杂质去除，时间为30～300s，用去离子水清洗干净。

（3）对酸洗后的镁合金进行活化处理，充分去除表面的氧化皮，并使镁合金表面状态趋于一致，时间为30～600s。

（4）将上述处理后的镁合金部件浸在pH值为4.5～10的本品化学镀镍溶液中，其工作温度为85～90℃，施镀时间按要求而定。

所述酸洗液配方如下：H_3PO_4 40～100mL/L、H_3BO_3 5～50g/L、$Na_4P_2O_7$ 10～50g/L。酸洗温度为室温，时间为30～300s。

所述活化液配方如下：乳酸0.5～10g/L、草酸0.5～10g/L、植酸0.005～0.1g/L、柠檬酸0.5～10g/L、单宁酸0.1～5g/L、添加剂0.005～0.1g/L。活化温度为20～60℃，时间为30～600s。

产品特性 镁合金前处理工序中不含铬、氟等对环境和人有危害的物质，属于环保型工艺。化学镀镍溶液中不含SO_4^{2-}、Cl^-、NO_3^-等阴离子，缓蚀剂能够有效地减小镀液对镁合金的腐蚀。所获得的镍磷合金镀层具有金属光泽，且均匀细致，与基体的结合力强，耐蚀性也较好。镀速在15～20μm/h。

镁合金表面直接纳米二氧化钛化学复合镀镀液

原料配比

原料	配比
$NiCO_3 \cdot 2Ni(OH)_2 \cdot 4H_2O$	15g
浓度为40%的氢氟酸	12mL
柠檬酸或柠檬酸钠	12g
NH_4HF_2	10g
乳酸	12g

续表

原　料	配　比
硫脲	0.0005g
$NaH_2PO_2 \cdot 4H_2O$	25g
锐钛矿型纳米二氧化钛粉末	8g
水	加至1L

制备方法 取 $NiCO_3 \cdot 2Ni(OH)_2 \cdot 4H_2O$、浓度为40%的氢氟酸、柠檬酸或柠檬酸钠、$NH_4HF_2$、乳酸、硫脲、$NaH_2PO_2 \cdot 4H_2O$，用氨水和氢氟酸调整镀液的pH值为5.0～7.5，控制温度为75～95℃，将纳米二氧化钛粉末超声分散30～60min后加入镀液中，并进行搅拌，使纳米二氧化钛粉末均匀悬浮在镀液中，以便得到均匀的Ni-P-TiO_2复合镀层。

原料配伍 本品各组分配比范围为：$NiCO_3 \cdot 2Ni(OH)_2 \cdot 4H_2O$ 5～30g、浓度为40%的氢氟酸5～20mL、柠檬酸或柠檬酸钠0.5～15g、NH_4HF_2 5～20g、乳酸10～25g、硫脲0.0005～0.002g、$NaH_2PO_2 \cdot 4H_2O$ 10～50g、锐钛矿型纳米二氧化钛粉末3～30g，水加至1L。

产品应用 本品主要应用于镁合金表面直接纳米二氧化钛化学复合镀。本品施镀方法包括以下步骤：

(1) 将镁合金试样经过100～1000砂纸磨光，然后在酒精与丙酮体积比1∶0.8～1的溶液中超声波清洗10～20min除油，在室温下干燥；然后在50～70℃的碱洗液中碱洗6～12min，然后水洗；在室温下放入酸洗液中进行酸洗1～3min，用蒸馏水冲洗；并在室温下放入浓度为40%的氢氟酸250～400mL/L的活化液中活化处理8～15min，然后进行水洗。

(2) 将处理好的试样浸入镀液中，50～60min后取出洗净，在室温下干燥即可。

所述的碱洗液的每升溶液中各成分的含量为：NaOH或 Na_2CO_3 30～60g，$Na_3PO_4 \cdot 12H_2O$ 10～30g。

所述的酸洗液的每升溶液中各成分的含量为：浓度为70%的 HNO_3

80～120mL，CrO_3 100～150g，$Fe(NO_3)_3$ 20～50g，KF 2～6g。

产品特性

(1) 由本品制得的化学镀层具有优良的光催化杀菌性能，因此将其应用于3C类、医疗卫生器械、工程构件等镁合金产品上能够在有光的条件下自催化，杀死各种细菌、病毒。

(2) 由本品制得的化学镀层具有自清洁作用，将其应用于镁合金器具和构件表面，能够在光催化条件下，清除有机污物，分解有害气体。

(3) 由本品制得的化学镀层具有优良的生物兼容性，将其应用于医疗卫生器械和人体植入材料类镁合金产品上，能够提高这类产品与人体的兼容性。

(4) 本品采用化学复合镀的方法将化学镀Ni-P镀层与纳米TiO_2结合起来，即在镁合金上采用直接化学复合镀的方法，使其表面包覆上Ni-P-TiO_2复合镀层，这样，就能使镁合金既能够起到抗氧化和耐腐蚀、耐磨损的作用，又能起到杀菌消毒的作用，大大提高了镁合金的应用范围。

(5) 本品在镁合金的表面镀层，提高镁合金的耐腐蚀性能，使镁合金具有光催化、自清洁和抗菌除臭的性能。

(6) 本品镁合金表面的镀层还具有厚度均匀、化学稳定性好，表面光洁平整等优点。

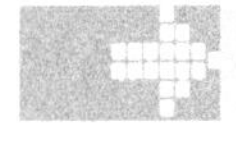

镁合金化学镀镍磷液

原料配比

原料		配比(质量份)					
		1#	2#	3#	4#	5#	6#
主盐	碱式碳酸镍	15	25	30	15	15	15
还原剂	次磷酸钠	25	35	40	25	25	25
络合剂	柠檬酸	10	—	—	3	8	—
	柠檬酸三钠	—	15	—	—	—	—

续表

原料		配比(质量份)					
		1#	2#	3#	4#	5#	6#
络合剂	丁二酸	—	4	—	8	—	—
	乳酸	—	—	15	—	20	25
	乙酸钠	—	—	—	15	—	—
稳定剂	硫脲	0.002	0.003	—	—	—	0.001
	碘酸钠	—	—	0.008	0.01	0.005	0.015
防腐剂	氟化氢铵	15	25	30	20	20	25
水		加至1000	加至1000	加至1000	加至1000	加至1000	加至1000

制备方法 将各组分溶于水，搅拌均匀即可。

原料配伍 本品各组分质量份配比范围为：碱式碳酸镍10～30、次磷酸钠20～40、柠檬酸或柠檬酸三钠3～15、乳酸15～25、丁二酸4～8、乙酸钠10～20、硫脲0.0005～0.003、碘酸钠0.005～0.015、氟化氢铵15～30，水加至1000。

产品应用 本品主要应用于镁合金化学镀镍磷。其施镀工艺过程和步骤如下：

(1) 先将镁合金进行脱除油脂处理，然后进行酸洗。酸洗是将表面清洁的镁合金部件放入氢氟酸和磷酸的混合酸液中，该混合酸液是浓度为40%的氢氟酸与浓度为68%的磷酸以1∶1体积比配制而成。酸洗20～50s后，再用水冲洗干净。

(2) 进行浸锌处理，此时为一次浸锌。浸锌是在氧化锌80～100g/L，氢氧化钠500～250g/L，酒石酸钾钠10～20g/L，氯化铁1～3g/L的混合溶液中进行，浸锌时间为5～8min，随后用水冲洗干净。

(3) 退锌：用30%～50%浓度的硝酸溶液进行退锌。

(4) 二次浸锌：用步骤(2)中的混合溶液进行二次浸锌，浸锌时间为30～90s。

(5) 化学镀镍磷：将上述经处理的镁合金部件放入本品的化学镀

液中，温度控制在80～90℃，溶液的pH值调节为6～7，施镀时间为45～60min。

(6) 进行水洗，并在200℃下热处理2h，即可在镁合金表面获得具有金属光泽的镍磷合金镀层，其厚度为15～20μm。

产品特性 化学镀镍溶液的成分简单，配制方便，镀液成分可在较大范围内变化，稳定性好，配制后可长期存放，操作十分方便。本品更大的优越性是在化学镀的前处理过程中，无需氢氟酸活化，无需氰化镀铜这道工序，因此对环境污染小。本发明可在镁合金表面镀覆功能性镀层，获得的化学镀镍磷合金层具有金属光泽、镀膜均匀致密、与基体结合力强、耐蚀性也较好。

镁合金化学镀镍钨磷镀液

原料配比

原　料	配比(质量份)	
	1#	2#
硫酸镍	11.5	18
钨酸钠	7.6	13
柠檬酸钠	30.3	40
次磷酸钠	15.2	18
碳酸钠	15.2	18
氟化氢铵	6	10
碘酸钾	0.0001	0.0001
水	加至1000	加至1000

制备方法 先用少量蒸馏水去离子水分别溶解本品原料，然后混合并稀释到要求浓度，调整溶液pH值至6～10，这样就完成了镀液的配制过程。

原料配伍 本品各组分质量份配比范围为：硫酸镍10～20、

钨酸钠 7～15、柠檬酸钠 29～50、次磷酸钠 14～30、碳酸钠 14～30、氟化氢铵 5～12、添加剂 0.00005～0.0003，水加至 1000。

所述添加剂是硫脲、铅的醋酸盐、镉的醋酸盐或碘酸钾中的一种。

产品应用 本品主要应用于镁合金化学镀镍钨磷。

对镁合金工件施镀之前，应用对镁合金工件表面进行前处理，前处理包括脱脂、碱洗和一步活化过程。将经前处理的工件放入加热到(85±2)℃的化学镀液中，超声波振荡施镀 2h。每一步骤间要将工件用蒸馏水清洗干净，并使其在空气中的停留时间尽量短。镀完后，应对镁合金工件进行水洗和干燥。

本品针对镁合金在镀液中产生的基体腐蚀及 pH 值变化问题措施有：镀前使镁合金在磷酸-氢氟铵活化液中进行一次活化处理，在镁合金工件形成一层氟化物保护膜，该膜在镀液中能稳定存在，能对基体起保护作用；在镀液中添加适量的氟化物，一定浓度的氟离子可以修复破损的氟化膜，保护基体；采用添加剂碳酸钠作为缓冲剂控制 pH 值的变化。

产品特性 在按本品配方配制的镀液中进行化学镀，基体镁合金不会受镀液腐蚀，而且得到的镀层光滑、与基体结合良好、具有较好的耐腐蚀能力。采用本品得到镀层可作为镁合金单独的保护层，也可作为电镀的底层。

本品用硫酸镍代替碱式碳酸镍，并添加钨酸钠，使得镀层耐腐蚀性能、耐磨性能更好，且镀液配制方便，成本大为降低。解决化学镀镍层耐腐蚀性能、耐磨性能较低的问题。

在镀液中用硫酸镍代替了价格较为昂贵的碱式碳酸镍和醋酸钠，产品价格大为降低并且降低了配制时的复杂性；添加钨酸钠为副盐用以在基体表面与镍同时沉积有利于堵塞孔隙，提高镀层的硬度；使用碳酸钠作为缓冲剂，有利于控制镀液 pH 值变化，有利于化学镀的均匀沉积。作为镁合金化学镀镀液，本品采用氟化氢铵代替了原镀液中的氟化氢铵和氟化氢混合溶液，有利于环境的保护，危险性降低。由以上分析可知，与传统工艺相比新工艺降低了工艺复杂性和对环境的污染，而且配制方便，镀层孔隙率更小，有利于其耐腐蚀性和硬度的提高。

镁合金纳米化学复合镀液（1）

原料配比

表1 化学复合镀液

原料		配比(质量份)			
		1#	2#	3#	4#
基础化学镀液	碱式碳酸镍	11	11	9	11
	氟化氢氨	12	12	10	12
	柠檬酸钠	10	10	8	10
	次磷酸钠	21	21	20	21
	氟化钾	—	—	8	—
	水	加至1000	加至1000	加至1000	加至1000
纳米氧化锆(按浓缩浆中的纳米氧化锆量计)		5	3	—	—
纳米氧化铝(按浓缩浆中的纳米氧化铝量计)		—	—	—	—
纳米氧化钛(按浓缩浆中的纳米氧化钛量计)		—	—	—	15
硫脲		0.002	0.0025	0.0015	0.003

表2 纳米氧化锆/铝/钛浓缩浆

原料	配比(质量份)		
	1#	2#	3#
水	23	59.2	51.85
分散剂	7	0.8	3.15
纳米氧化锆	70	—	—
纳米氧化铝	—	40	—
纳米氧化钛	—	—	45

制备方法

(1) 配制基础化学镀液：在碱式碳酸镍中加入氟化氢氨、碱金属氟化物中的一种或几种，加入适量的蒸馏水，放在60～100℃的水浴中使其完全溶解；将柠檬酸或柠檬酸盐中的一种或两种加水使其溶解，然后加入到先前溶解好的碱式碳酸镍溶液中，再将溶解好的次磷酸钠倒入上述溶液中，用玻璃棒搅拌使其混合充分；最后用碱金属的氢氧化物或氨水调节溶液的pH值，使其为5～7。

（2）将分散剂放入水中，放入粒度都在100nm以下纳米氧化锆、纳米氧化铝、纳米氧化钛等中的一种，用高速分散机500～2000r/min分散2～15min，然后再用球磨机或砂磨机研磨3～6h，制备出水性纳米氧化物浓缩浆。

（3）将纳米氧化物浓缩浆加入到基础化学镀液中，再加入稳定剂，在超声波40～100kHz条件下分散5～30min，静置2～5h后使用。

原料配伍 本品各组分质量份配比范围为：碱式碳酸镍5～15、氟化氢氨5～15、碱金属氟化物5～10、柠檬酸或柠檬酸盐3～25、次磷酸钠10～30、纳米氧化物浓缩浆0.5～30、稳定剂0.00005～0.005，水加至1000。

碱金属氟化物可以为氟化钾、氟化钠。

柠檬酸盐可以为柠檬酸钾、柠檬酸钠。

稳定剂为重金属离子、硫化物中的一种或几种；其中重金属离子可以为Pb^{2+}、Sn^{2+}、Zn^{2+}和Bi^{3+}等，硫化物可以为硫代硫酸钠、硫脲、巯基苯并噻唑等。

纳米氧化物浓缩浆由以下组分组成：水23～59.2、分散剂0.8～7、纳米氧化物40～70。

纳米氧化物为纳米氧化锆、纳米氧化铝、纳米氧化钛中的一种。

分散剂是指改性聚丙烯酸、多聚磷酸盐、聚有机羧酸盐、改性合成脂肪酸胺、聚氨酯聚合物、改性聚醚等分散剂中的一种或几种。分散剂采用专门用于制备水性浓缩浆的商用分散剂。

产品应用 本品主要应用于镁合金纳米化学复合镀。

（1）前处理：前处理包括研磨、碱浸和活化三个步骤，每步都要水洗。

研磨（即机械前处理）是指用180～1000＃水磨砂纸依次打磨，去除表面氧化皮或油脂等污物，使基体表面平整清洁。

碱浸采用的是15～45g/L碳酸盐、25～75g/L焦磷酸盐、20～

40g/L 碳酸氢盐其中一种或几种复配物，其洗涤温度控制在 50～80℃之间，时间为 2～20min，用碱金属氢氧化物调节 pH＞12。碱浸用于去除镁合金表面残余的油污和氧化物。

碱浸采用的碳酸盐可以为碳酸钠、碳酸钾；焦磷酸盐可以为焦磷酸钠、焦磷酸钾；碳酸氢盐可以为碳酸氢钠、碳酸氢钾。

活化通常采用的是浓度为 30～300g/L 氟化氢氨、5～20g/L 碱金属氟化物中一种或两种复配溶液，用于除去碱浸步骤的残留污物，同时在镁合金表面生成一种新物质，有利于化学镀时镍的沉积，增强镀层和基体的结合力。活化时室温即可，活化时间为 5～20min。

活化采用的碱金属氟化物可以为氟化钾、氟化钠。

（2）化学镀：由于第二相粒子纳米粉的加入，在初始沉积时可能会降低基体与镀层的结合力，并且镀层容易产生孔隙，使镀层的耐蚀性变差，所以应先在不含纳米粉的基础化学镀液中施镀 5～30min，使基体被镍层完全包裹，然后再放入复合镀液中进行施镀。

复合镀时采用超声波振荡使纳米粉在镀液中一直呈良好的分散状态，其振荡频率为 50～80kHz，采用间歇式振荡方式，每振荡 1～5min 停歇 2～8min；温度控制在 70～90℃；时间为 1～3h。

（3）后处理：将镀好的样品从镀槽中取出，用水冲洗干净，烘干，放入干燥器中待用。

产品特性

（1）采用本品的处理方法，无论是前处理溶液还是化学镀溶液都不含六价铬和氢氟酸等对人体和环境损害严重的有毒物质。

（2）本品的前处理步骤少，溶液成分简单，易于控制，工艺稳定，而且化学镀后镀层的结合力好。

（3）本品制备的纳米浓缩浆分散性好，固含量高，稳定性好，可以存放半年以上。

（4）本品复合镀时采用超声波分散，镀层中纳米粉分散均匀、含量高。

（5）本品采用两步施镀法，首先直接化学镀有利于减少镀层的孔隙率、改善结合力，接下来的复合镀明显改善了镀层的耐磨性和耐蚀性。而且本品制得的镀层，厚度均匀，与基体结合力好，各方面性能优异。

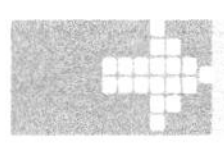

镁合金纳米化学复合镀液(2)

原料配比

表 1 碱浸液

原 料	配比(质量份)	
	1#	2#
焦磷酸钠	50	40
碳酸钠	35	—
碳酸氢钠	—	40
水	加至 1000	加至 1000

表 2 活化液

原 料	配比(质量份)		
	1#	2#	3#
氟化氢氨	200	50	150
氟化钾	—	—	20
水	加至 1000	加至 1000	加至 1000

表 3 基础化学镀液

原 料	配比(质量份)	
	1#	2#
碱式碳酸镍	11	9
氟化氢氨	12	10
柠檬酸钠	10	8
氟化钾	—	8
次磷酸钠	21	20
水	加至 1000	加至 1000

表4　纳米氧化锆浓缩浆

原　料	配比(质量份)		
	1#	2#	3#
水	23	59.2	51.85
分散剂 Dispers715W	7	—	—
分散剂 EFKA-6220	—	0.8	—
分散剂 Hydropalat3275	—	—	3.15
40nm的纳米氧化锆	70	—	—
30nm的纳米氧化铝	—	40	—
50nm的纳米氧化钛	—	—	45

表5　化学复合镀液

原　料	配比(质量份)		
	1#	2#	3#
纳米氧化物(按浓缩浆中纳米氧化物量计)	5	3	15
硫脲	0.002	0.0015	0.003
水	加至1000	加至1000	加至1000

制备方法

(1) 基础化学镀液的制备：在碱式碳酸镍中加入氟化氢氨、碱金属氟化物中的一种或几种，加入适量的蒸馏水，放在60～100℃的水浴中使其完全溶解；将柠檬酸或柠檬酸盐的一种或两种加水使其溶解，然后加入到先前溶解好的碱式碳酸镍溶液中，再将溶解好的次磷酸钠倒入上述溶液中，用玻璃棒搅拌使其混合充分；最后用碱金属的氢氧化物或氨水调节溶液的pH值，使其为5～7。

(2) 纳米氧化物浓缩浆的制备：将分散剂放入水中，放入粒度都在100nm以下纳米氧化锆、纳米氧化铝、纳米氧化钛等中的一种，用高速分散机500～2000r/min分散2～15min，然后再用球磨机或砂磨机研磨3～6h，制备出水性纳米氧化物浓缩浆。

(3) 将0.5～30g/L（按浓缩浆中的纳米氧化物量计）纳米氧化物浓缩浆加入到基础化学镀液中，再加入0.05～5mg/L稳定剂，在超声波40～100kHz条件下分散5～30min，静置2～5h后使用。

原料配伍 本品各组分质量份配比范围如下。

碱浸液：碳酸盐 15～45、焦磷酸盐 25～75、碳酸氢盐 20～40，水加至 1000。

所述碳酸盐可以为碳酸钠、碳酸钾；焦磷酸盐可以为焦磷酸钠、焦磷酸钾；碳酸氢盐可以为碳酸氢钠、碳酸氢钾。

活化液：氟化氢氨 30～300、碱金属氟化物 5～20，水加至 1000。

基础化学镀液：碱式碳酸镍 5～15、氟化氢氨 5～15、碱金属氟化物 5～10，柠檬酸或柠檬酸盐 3～25、次磷酸钠 10～30，水加至 1000。

碱金属氟化物可以为氟化钾、氟化钠。

柠檬酸盐可以为柠檬酸钾、柠檬酸钠。

纳米氧化物浓缩浆：分散剂 0.8～7、纳米氧化物 40～70、水 23～59.2。

分散剂是指改性聚丙烯酸、多聚磷酸盐、聚有机羧酸盐、改性合成脂肪酸胺、聚氨酯聚合物、改性聚醚等分散剂的一种或几种。

纳米氧化物为粒度都在 100nm 以下纳米氧化锆、纳米氧化铝、纳米氧化钛等中的一种。

化学复合镀液：纳米氧化物 0.5～30、稳定剂 0.00005～0.05，水加至 1000。

稳定剂为重金属离子、硫化物或含氧酸根中的一种或几种，其中，重金属离子可以为 Pb^{2+}、Sn^{2+}、Zn^{2+} 和 Bi^{3+} 等；硫化物可以为硫代硫酸钠、硫脲、巯基苯并噻唑等；含氧酸根可以为 AsO_2^-、IO_3^-、BrO_3^-、NO_2^-。

产品应用 本品主要应用于镁合金纳米化学复合镀。施镀工艺步骤如下：

(1) 前处理：前处理包括研磨、碱浸和活化三个步骤，每步都要水洗。

研磨（即机械前处理）是指用 180～1000＃水磨砂纸依次打磨，去除表面氧化皮或油脂等污物，使基体表面平整清洁。

碱浸的洗涤温度控制在 50～80℃之间，时间为 2～20min，用碱金属氢氧化物调节 pH>12。碱浸用于去除镁合金表面残余的油污和氧化物。

活化，用于除去碱浸步骤的残留污物，同时在镁合金表面生成一种新物质，有利于化学镀时镍的沉积，增强镀层和基体的结合力。活化时室温即可，活化时间为5～20min。

（2）化学镀：由于第二相粒子纳米粉的加入，在初始沉积时可能会降低基体与镀层的结合力，并且镀层容易产生孔隙，使镀层的耐蚀性变差，所以应先在不含纳米粉的基础化学镀液中施镀5～30min，使基体被镍层完全包裹，然后再放入复合镀液中进行施镀。

复合镀时采用超声波振荡使纳米粉在镀液中一直呈良好的分散状态，其振荡频率为50～80kHz，采用间歇式振荡方式，每振荡1～5min停歇2～8min；温度控制在70～90℃；时间为1～3h。

（3）后处理：将镀好的样品从镀槽中取出，用水冲洗干净，烘干，放入干燥器中待用。

产品特性

（1）采用本品的处理方法，无论是前处理溶液还是化学镀溶液都不含六价铬和氢氟酸等对人体和环境损害严重的有毒物质。

（2）本品的前处理步骤少，溶液成分简单，易于控制，工艺稳定，而且化学镀后镀层的结合力好。

（3）本品制备的纳米浓缩浆分散性好，固含量高，稳定性好，可以存放半年以上。

（4）本品复合镀时采用超声波分散，镀层中纳米粉分散均匀、含量高。

（5）本品采用两步施镀法，首先直接化学镀有利于减少镀层的孔隙率、改善结合力，接下来的复合镀明显改善了镀层的耐磨性和耐蚀性。而且本发明制得的镀层，厚度均匀，与基体结合力好，各方面性能优异。

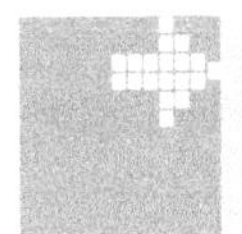

镁合金在酸性溶液中Ni-Co-P镀层的化学镀液

原料配比

表1　碱洗除油液

原　料	配　比
NaOH	60g

续表

原　料	配　比
$Na_3PO_4 \cdot 12H_2O$	10～20g
水	加至1L

表2　酸洗活化液

原　料	配　比	
	1#	2#
$KMnO_4$	20g	—
Na_3PO_4	26g	—
H_3PO_4	33g	—
焦磷酸钾	—	40g
氟化钾	—	5g
水	加至1L	加至1L

表3　化学镀液

原　料	配　比
次磷酸钠	8g
硫酸镍	10g
硫酸钴	12g
乙酸钠	13g
氢氟酸(40%)	8mL
NH_4HF_2	8g
硫脲	0.001g
水	加至1L

制备方法　将各组分溶于水，搅拌均匀即可。

原料配伍　本品各组分配比范围如下。碱洗除油液：NaOH

50～60g、$Na_3PO_4 \cdot 12H_2O$ 10～20g，水加至1L。

酸洗活化液：$KMnO_4$ 19～21g、Na_3PO_4 25～27g、H_3PO_4 32～34g，水加至1L；或焦磷酸钾39～41g、氟化钾4～6g，水加至1L。

化学镀：硫酸镍10～20g、硫酸钴4～12g、次磷酸钠8～20g、乙酸钠13g、氢氟酸（40%）7～9mL、NH_4HF_2 7～9、硫脲0～0.001g、水加至1L。

产品应用 本品主要应用于镁合金在酸性溶液中Ni-Co-P镀层的化学镀。

（1）材料的切割与机械打磨。本品所处理的镁合金零件可以是压铸件、砂型铸造零件或塑料成型零件，也可以是切削加工后的零件。对于非切削加工零件，先进行机械打磨或抛光，抛光也可以采用电化学或化学的方式进行。

（2）脱脂。待处理的零件可能存在脱模剂、抛光膏等油脂，采用有机溶剂在超声波条件下进行清洗，有机溶剂可以是丙酮或汽油、煤油、三氯乙烯等。

（3）碱洗除油。采用碱性溶液进一步脱脂除油。碱洗时的温度为60～70℃，时间为5～10min。除油也可以通过阴极电解除油的方式进行，阴极电流为8～10A/dm^2。

（4）酸洗活化。酸洗的目的是去除镁合金表面的钝化膜和金属间偏析化合物，并生成一层活化膜来保护镁合金。

（5）浸锌。浸锌采用由爱美特公司提供的TribonⅡ、H_2O和Tribon A3配制的混合浸锌液（体积比为1∶1∶5），室温，2min。

（6）化学镀。操作温度为77～87℃，pH值为5～7，化学镀时间为1.5～3h。

本品也可以采用其他的前处理工艺。在所得镀层基础上也可以进行常规的电镀或化学镀，如电镀光亮镍/铬、电镀铜/三层镍/铬、化学镀镍等。

产品特性 本品的化学镀所得镀层厚度均匀、外观光亮、孔隙率低、耐蚀性能好，还具有磷含量较高的优点，可进一步拓宽镁合金的应用范围，如电子产品、汽车及其零配件、船舶和航空航天等领域。

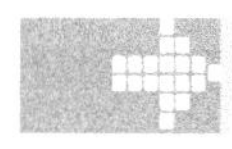

镁合金直接化学镀 Ni-P-SiC 镀液

原料配比

原料		配比				
		1#	2#	3#	4#	5#
化学镀Ni-P 镀液	硫酸镍	25g	30g	20g	22g	20g
	次磷酸钠	30g	30g	25g	28g	20g
	乳酸	15mL	10mL	—	—	—
	柠檬酸	15g	20g	—	—	—
	复合络合剂	—	—	30g	25g	15g
	氟化氢铵	10g	15g	—	—	—
	氢氟酸	15mL	10mL	—	—	—
	氟化物	—	—	20g	15g	10g
	乙酸钠	20g	25g	20g	20g	15g
	硫脲	2mg	2mg	—	—	—
	碘化钾	—	—	0.75mg	1.2mg	—
	碘酸钾	—	—	0.75mg	—	1mg
	浓氨水	适量	适量	适量	适量	适量
	水	加至 1L	加至 1L	加至 1L	加至 1L	加至 1L
SiC 分散液	十二烷基苯磺酸钠	30mg	60mg	40mg	40mg	10mg
	聚乙二醇	30mg	20mg	20mg	—	—
	微米 SiC	6	8	4	2	1
	水	加至 1L	加至 1L	加至 1L	加至 1L	加至 1L

制备方法

(1) 化学镀 Ni-P 镀液的制备：先将原料用少量蒸馏水溶解，然后混合，用水稀释至1L，再用浓氨水调pH值至4.8～5.2即可。

（2）配制SiC分散液：按配方将各组分溶于水，混合均匀得到分散液。

原料配伍 本品各组分配比范围如下。

化学镀Ni-P镀液：硫酸镍20～30g、次磷酸钠20～30g、复合络合剂15～30g、乙酸钠15～25g、氟化物10～20g、稳定剂1～2mg、pH值调节剂适量、水加至1L。SiC分散液：表面活性剂10～80g、微米SiC 1～8，水加至1L。

复合络合剂是柠檬酸、乳酸之一或两种的混合物。

氟化物是氢氟酸、氟化氢铵之一或两种的混合物。

稳定剂是硫脲、碘化钾、碘酸钾之一或一种以上的混合物。

pH调节剂是浓氨水或氢氧化钠。pH值控制在4.8～5.2。

微米SiC的粒径是1～2μm。

表面活性剂是聚乙二醇、十二烷基苯磺酸钠、十二烷基硫酸钠之一或一种以上的混合物。

所述水是蒸馏水或去离子水。

产品应用 本品主要应用于镁合金的化学镀。施镀工艺及方法，包括如下步骤：

（1）配制复合镀液：将SiC分散液加入少量镀液超声振荡30min，再加入余下的镀液磁力搅拌60min。

（2）镁合金试样的处理：将面积为0.8dm^2的AZ91D镁合金经碱洗、酸洗、活化后用水冲洗干净。其中，碱洗配方及工艺为：60g/L NaOH+15g/L $Na_3PO_4 \cdot 12H_2O$溶液中，清洗10min，清洗温度为60℃。酸洗配方及工艺为：85% H_3PO_4溶液，清洗30s，室温下清洗。活化配方及工艺为：40% HF溶液，清洗10min，室温下清洗。

（3）施镀：将处理过的镁合金试样放入85℃的由步骤（1）制得的化学复合镀液中，施镀60min，施镀时搅拌速度为250r/min，在镁合金上得到厚度为21μm的均匀的Ni-P-SiC复合镀层。

产品特性 本品以硫酸镍取代碱式碳酸镍作为主盐，并且添加微米级SiC直接进行施镀，在保持镁合金化学镀Ni-P合金优异性能的基础上，大大提高了镁合金化学镀镀层的硬度和耐磨性，解决了镁合金化学镀镍层耐磨性较低的问题，且镀液配制方便、成本低、性质稳定、沉积速度快。

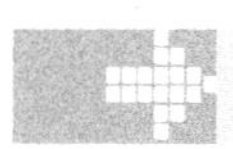

纳米复合化学镀层 Ni-P/Au 镀液

原料配比

原 料	配 比		
	1#	2#	3#
硫酸镍	25g	25g	27g
次磷酸钠	30g	25g	37g
醋酸钠	30g	20g	23g
柠檬酸钠	25g	25g	28g
醋酸铅	0.003g	0.004g	0.003g
金纳米粒子	5×10^{-6}mol	5×10^{-5}mol	3×10^{-7}mol
水	加至1L	加至1L	加至1L

制备方法 将各组分溶于水，混合均匀即可。

原料配伍 本品各组分配比范围为：硫酸镍 25～27g、次磷酸钠 25～37g、醋酸钠 20～30g、柠檬酸钠 25～28g、醋酸铅 0.003～0.004g、金纳米粒子 3×10^{-7}～5×10^{-5}mol，水加至1L。

产品应用 本品主要应用于金属化学镀。

产品特性 首先，在水系化学镀液中添加金纳米粒子溶液，由于金纳米粒子有稳定剂的保护作用，克服了粉体粒子在镀液中的团聚问题，而且两种水溶液可以完全混合，使金纳米粒子在镀液中均匀分散。

其次，纳米复合镀液的施镀温度比基础镀液降低10℃，同样的施镀时间，可以获得厚度增加，硬度提高，耐蚀性、耐磨性优越的镀层，不但有利于节约能源，而且镀层的性价比大大提高。

耐海水腐蚀镍基多元合金的酸性化学镀液

原料配比

原 料	配 比		
	1#	2#	3#
硫酸镍	8g	10g	12g
次磷酸钠	38g	41g	45g
柠檬酸三钠	15g	17.5g	20g
乳酸	10mL	11mL	12mL
乙酸钠	15g	17.5g	20g
硫酸铜	0.5g	0.75g	1g
氯化铬	8g	11.5g	15g
钼酸钠	0.4g	0.6g	0.8g
聚乙二醇	0.15g	0.225g	0.3g
碘化钾	0.75mg	1mg	0.4mg
蒸馏水	加至1L	加至1L	加至1L

制备方法 先用蒸馏水分别溶解原料，然后在搅拌条件下把硫酸铜、柠檬酸三钠、乙酸钠、乳酸、聚乙二醇、次磷酸钠、稳定剂碘化钾、氯化铬、钼酸钠等的溶液依次加入硫酸镍溶液中，稀释到接近要求浓度，用氨水调整化学镀镍溶液的pH值至4.6～6，再稀释到接近要求浓度，在室温下静置10h，然后过滤，便完成了整个镀液的配制过程。

原料配伍 本品各组分配比范围为：硫酸镍8～12g、次磷酸钠38～45g、柠檬酸三钠15～20g、乳酸10～12mL、乙酸钠15～20g、硫酸铜0.5～1g、氯化铬8～15g、钼酸钠0.4～0.8g、聚乙二醇0.15～0.3g、碘化钾0.2～1mg，蒸馏水加至1L。

产品应用 本品主要应用于合金的化学镀。

将表面积为 $3cm^2$ 的合金钢板经砂纸打磨、碱性除油、清水彻底冲洗、15%盐酸中酸洗 30s、清水彻底冲洗、1.5%盐酸中活化 30s、蒸馏水冲洗后，立即放入本品溶液中施镀 20min，取出放入含聚乙二醇与柠檬酸三钠的 60℃蒸馏水溶液中清洗 3min，浸泡 1min，立即放入镀液中再施镀 20min，如此反应四次，在低碳钢板上得到 16μm 的均匀、致密、光滑的镍磷多元合金镀层，将镀层在 5%NaCl 溶液中浸泡 30 天后，观察不到腐蚀，用称重法测腐蚀实验前后的重量，失重为零。

产品特性 本品具有实质性特点和显著进步，本品获得的化学镀镍层为非晶态的均匀、光亮、平滑致密、结合力强的镀层。镀层的脆性较镍磷二元合金得到改善。镀液稳定性好，镀层致密度高，镀层中较高的铜含量可以使镀层免遭海生物的吸附。镀层在海水中的耐蚀性优于铜基合金，克服了其他方法制备的镍基合金的易点蚀的缺点。在海水腐蚀环境下，镀层的耐蚀性优于电镀锌镍层，是一种理想的替代电镀镉层的化学镀层。

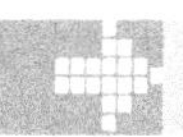

镍磷合金化学镀液

原料配比

原　料	配　比
硫酸镍	26g
次磷酸钠	28g
柠檬酸钠	11g
乳酸	8mL
丙酸	1mL
丁二酸	16g
碘化钾	2mL
聚乙二醇	1mL
水	加至 1L

制备方法 在常温常压下混合各组分，加入到1L的蒸馏水中，再用氨水调节pH值至5.0即可。

原料配伍 本品各组分配比范围为：硫酸镍25～30、次磷酸钠25～30、柠檬酸钠10～12、乳酸6～9mL、丙酸1～2mL、丁二酸14～18、碘化钾1.5～2mL、聚乙二醇1～1.5mL水加至1L。

产品应用 本品主要应用于石油、化工、煤矿、纺织、造纸、汽车、食品、机械、电子计算机、航空航天等领域。

产品特性 由本品化学镀镍磷在沟槽、螺纹、盲孔及复杂内腔均能镀覆高精度镀层，而且所得镀层具有集耐腐蚀和耐磨损于一身，硬度高、可焊接，润滑性好等优良特性，可广泛应用于石油、化工、煤矿、纺织、造纸、汽车、食品、机械、电子计算机、航空航天等领域。本品为二元镀液，采用双络合剂柠檬酸钠和乳酸，双缓冲剂丙酸和丁二酸加稳定剂的特效匹配，使该镀液的寿命达12个周期（镀液初始镍离子被耗尽或补充一次为一个周期），而一般化学镀液或者只采用单一络合剂和单一缓冲剂的化学镀液由于匹配不合理，通常寿命少于8个周期。本品稳定性较好，又由于使用原料组分少，从而易于对镀液进行维护和保养，降低了成本，可在大批量生产中重复并稳定使用。该镀液镀出的产品镀层质量好，光亮度及耐蚀性、耐磨损性均优于现有技术。

镍磷化学镀液

原料配比

原料	配比(mol/L)			
	1#	2#	3#	4#
可溶性镍盐	0.4	0.75	1	1.2
次磷酸钠	1	1	1	1
醋酸钠	0.2	0.5	1	1.5
添加剂	0.15	0.42	0.78	1.22

制备方法 将各组分溶于水，混合均匀即可。

原料配伍 本品各组分摩尔比配比范围为：可溶性镍盐 0.25～1.2、次磷酸钠 0.5～1、醋酸钠 0.2～1.5、水 300～700、添加剂 0.15～1.5，水加至 1L。

可溶性镍盐可以是硫酸镍、氯化镍、醋酸镍中的一种或几种的混合物，混合物可以为任意配比。

添加剂可以是乳酸、柠檬酸钠、丙酸、苹果酸、丁二酸等中的一种或几种的组合，且组合中的各组分可为任意配比。

产品应用 本品主要应用于硅片化学镀。

化学镀层制备工艺：

(1) 按比例配制好化学镀液，加入化学镀槽中。

(2) 对硅片表面进行脱脂、除油、除灰和除氧等前处理。

(3) 在样品上溅射厚度 10～100nm 的金属镍衬底。溅射可选择磁性控溅射的方式，主要参数为：工作气压 0.1～1Pa，功率 10～50W，靶极距 5～20cm，时间 5～50min。工作气压增加，功率增加，靶极距减小，时间增加，都会使溅射厚度增大。

(4) 在样品上光刻出预定图形的光刻胶作为掩膜。涂胶光刻的主要工艺参数为：转速 2500～4500r/min，前烘时间 10～50min，温度 80～100℃，曝光时间 20～60s。

(5) 将硅片放入温度维持在 75～95℃的化学镀液中，保温 10～90min。

(6) 取出硅片，清洗，放入特定的溶液中除胶，同时除去多余的衬底。

(7) 取出硅片，清洗，干燥，在氮气气氛中、100～550℃条件下保温 0.5～2h，即得到约 0.5～5μm 厚度的均质化学镀镍磷镀层。

产品特性

(1) 与一般的表面技术比较，本品所采用的工艺结合微机电系统制造中采用的光刻技术，镀层优先选择在活性较高的金属基体上沉积，而不易在胶层上形成，因而通过涂胶并按预先设定的形状光刻可以控制镀层的形状，实现了镀层形状的可控操作；同时，由于化学镀具有优越的仿形性，可以在形状复杂的微机械上应用。

(2) 本品是一种适用于微机机械材料表面的安全快速的镍磷化镀液配方并提供了其可控化沉积的工艺，由此得到的镍磷镀层具有优秀的均匀性、硬度、耐磨性等综合物理化学性能，可以明显地改善硅的摩擦学性能，延缓其断裂。

(3) 由于预先溅射的衬底材料具有催化作用，磷酸盐在具有催化性质的表面上可生成活性氢原子，活性氢原子将镍离子还原为金属镍，与此同时，活性氢原子还将次磷酸根还原生成单质磷，因而得到的镀层为镍磷合金固溶体。所沉积的镍具有自催化作用，使氧化还原反应不断进行，从而使镍-磷镀层不断增厚。本品的化学镀液能在基体表面形成镍磷镀层，而镍磷镀层为微晶或非晶态结构，剪切力小，具有优异的减摩性能。热处理可以使镍磷镀层部分或完全晶化，并使硬度达到很高的值，可以提高摩擦表面的抗磨损性能，尤其是本品所得到的镀层能在基体表面形成亚微米级镍磷镀层，使本品与微机械制备工艺相结合，适合微机械使用。

(4) 化学镀镍磷镀层厚度可在亚微米-亚毫米级变化，镀层均匀，表面光滑。

(5) 本品采用磁控溅射工艺在基体上预先制备一层金属衬底(镍，比镍活泼的铁等金属或可以和镍发生置换反应的锌、铝等金属)，衬底和镀层之间属于金属键结合，结合力非常好，而镀层和基体的结合力就取决于衬底和基体间的结合力。由于磁控溅射的特点，衬底和基体结合力明显优于直接将镀层沉积在基体上的物理吸附。所以这样可以显著改善镀层和基体间的结合力。

(6) 本品所采用的添加剂为有机酸或者其钠盐中的一种或几种。加入适量的添加剂与未加本添加剂的化学镀液相比较，可以提高化学镀液的沉积速度，延长其使用寿命，使镀层更加均匀，增加表面光洁度，更适于在微机械材料表面沉积。也可以通过控制添加剂的含量来控制镀层的组成。

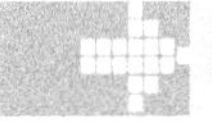

镍钛合金复合化学镀液

原料配比

原料	配比				
	1#	2#	3#	4#	5#
柠檬酸钠	26g	29g	36g	32g	30g

续表

原料	配比				
	1#	2#	3#	4#	5#
硫酸铵	40g	58g	70g	65g	50g
硫酸镍	5g	5g	13g	8g	10g
硫酸钴	23g	25g	30g	28g	26g
钨酸钠	0.3g	0.8g	3.3g	1.6g	2.2g
氟尿嘧啶	1000mg	—	—	—	—
阿糖胞苷	—	100mg	—	—	—
丝裂霉素	—	—	100mg	—	—
甲氨蝶呤	—	—	—	100mg	—
环磷酰胺	—	—	—	—	200mg
次磷酸钠	17g	19g	25g	21g	23g
水	加至1L	加至1L	加至1L	加至1L	加至1L

制备方法

(1) 取柠檬酸钠和硫酸铵加入容器中，用蒸馏水300mL溶解得溶液。

(2) 取硫酸镍、硫酸钴和钨酸钠并依次加入容器中，用蒸馏水400mL溶解得溶液。

(3) 在搅拌下将步骤(2)所得到的溶液加入步骤(1)所得到的溶液中，得混合溶液。

(4) 取可用于治疗疾病的药物加入容器中，用蒸馏水20mL溶解得药物溶液。

(5) 将步骤(4)所得到的药物溶液在搅拌下缓慢加入步骤(3)所得到的混合溶液中，得到含治疗疾病药物的混合溶液。

(6) 取次磷酸钠加入容器中，用蒸馏水200mL溶解得次磷酸钠溶液。

(7) 将步骤(6)所得到的次磷酸钠溶液在搅拌下缓慢加入步骤(5)所得到的含治疗疾病药物的混合溶液中，得到新的混合溶液。

(8) 用15%的氨水将步骤(7)所得到的混合溶液的pH值调节

至8～10.5，然后用蒸馏水将该混合溶液稀释到980mL，在pH计测试中用10%氨水微调pH值至8～10.5，最后用蒸馏水补充至1L，即得到含治疗疾病药物的复合化学镀液。

原料配伍 本品各组分配比范围为：硫酸镍5～13g、硫酸钴23～30g、钨酸钠0.3～3.3g、次磷酸钠17～25g、柠檬酸钠26～36g、硫酸铵40～70g、可用于治疗疾病的药物100～1000mg，水加至1L。

本品的复合化学镀液中可用于治疗疾病的药物是可用于治疗肿瘤的药物，包括6-羟基嘌呤、甲氨蝶呤、羟基脲、阿霉素、长春碱类、鬼臼毒素类、三尖杉酯碱、L-天冬酰胺酶、肾上腺皮质激素、环磷酰胺、异环磷酰胺、消卡芥、塞替哌、氟尿嘧啶、阿糖胞苷和丝裂霉素的任一种。

本品中络合剂柠檬酸钠可用以苹果酸、丁二酸、氨基酸、酒石酸、琥珀酸或它们的混合物代替。

产品应用 本品主要应用于镍钛合金复合化学镀。

本品复合化学镀的工艺是：将基材表面经碱洗、酸洗、敏化、活化处理后，在所述的复合化学镀液中于45～85℃浸镀60～200min。取出用清水洗涤干净，然后吹干，即得到外层镀有含药物的镍钴钨合金薄膜的镀件。

以镍钛合金丝或镍钛合金丝医用金属支架为例，复合化学镀载药镍钴钨合金薄膜的具体步骤如下：

(1) 以镍钛合金丝或镍钛合金丝医用金属支架作为基材，先将基材依次进行碱洗、酸洗、敏化、活化处理。

(2) 将复合化学镀液置于可控温的镀槽中，并将镀槽中的复合化学镀液用氨水调节pH值至8～10.5，温度调节至45～85℃。

(3) 将步骤(1)处理后的基材，浸入复合化学镀液中，实施化学镀。复合化学镀时用搅拌机搅拌复合化学镀液，复合化学镀时间为60～200min。镀后从镀槽中取出基材，用清水洗涤2遍，电吹风吹干，即得到外层载有药物的磁性金属薄膜的镍钛合金丝或镍钛合金丝支架。

产品特性 本品可用于制备载药磁性医用金属支架，其支架不仅具有物理治疗作用，而且还有化学药物治疗的作用，特别具有的靶向作用，能使带磁性的药物吸附在支架上，进行化学药物治疗，达到靶向和局部给药的目的。

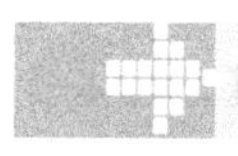

镍钛合金化学镀镍钴钨的镀液

原料配比

原料	配比(质量份)				
	1#	2#	3#	4#	5#
柠檬酸钠	26	29	36	32	32
硫酸铵	40	58	70	65	65
硫酸镍	5	5	13	8	8
硫酸钴	23	25	30	28	28
钨酸钠	0.3	0.8	3.3	1.6	—
次磷酸钠	17	19	25	21	21
蒸馏水	加至1000	加至1000	加至1000	加至1000	加至1000

制备方法

(1) 称取柠檬酸钠和硫酸铵加入容器中，用蒸馏水300mL溶解得溶液；

(2) 分别称取硫酸镍、硫酸钴、钨酸钠依次加入容器中，用蒸馏水400mL溶解得溶液；

(3) 在搅拌下将步骤(2)所得到的溶液加入步骤(1)所得到的溶液中，得混合溶液；

(4) 称取次磷酸钠加入容器中，用蒸馏水200mL溶解得溶液；

(5) 将步骤(4)所得到的溶液在搅拌下缓慢加入步骤(3)所得到的混合溶液中，得到新的混合溶液；

(6) 用15%氨水将步骤(5)所得到的混合溶液的pH值调节至8～10.5，然后用蒸馏水将该混合溶液稀释到980mL，在pH计测试中用10%氨水微调pH值至8～10.5，最后转入1000mL容量瓶中，用蒸馏水补充至1000mL，即得到化学镀液。

原料配伍 本品各组分质量份配比范围为：柠檬酸钠26～

36、硫酸铵 40～70、硫酸镍 5～13、硫酸钴 23～30、钨酸钠 0.3～3.3、次磷酸钠 17～25，蒸馏水加至 1000。

产品应用 本品主要应用于化学镀镍钴钨合金薄膜。其化学镀工艺是：将待镀件表面经碱洗、酸洗、敏化、活化处理后，在所述的化学镀液中于 45～85℃下浸镀 60～200min。

镍钛合金丝或镍钛合金丝医用金属支架化学镀镍钴钨合金薄膜的具体步骤如下：

（1）以镍钛合金丝或镍钛合金丝医用金属支架作为基材，先将基材依次进行碱洗、酸洗、敏化、活化处理。

（2）将化学镀液置于可恒温的镀槽中，并将镀槽中的化学镀液用氨水调节 pH 值至 8～10.5，温度调节至 45～85℃。

（3）将步骤（1）处理后的基材，浸入化学镀液中，实施化学镀，化学镀时用搅拌机搅拌化学镀液，化学镀时间为 60～200min。镀后从镀槽中取出基材，用清水洗涤 2 遍，吹干，即得到外层有镍钴钨合金薄膜的镍钛合金丝或镍钛合金丝支架。

产品特性 通过本品镀膜工艺可得到表面有优良磁性的金属薄膜。有该薄膜的磁性材料可用于制备磁性医用金属支架，其支架不仅具有物理治疗作用，而且还有化学药物治疗的作用，特别具有的靶向作用使带磁性的药物能吸附在支架上，进行化学药物治疗，达到靶向和局部给药的目的。

钕铁硼永磁材料的化学镀镍磷液（1）

原料配比

表 1 碱液

原 料	配 比
磷酸三钠	25g
碳酸钠	15g
乳化剂 OP-10	1g
水	加至 1L

表 2　活化液

原　料	配　比
柠檬酸	15g
氟化铵	10g
水	加至 1L

表 3　封孔化学镀液

原　料	配　比
硫酸镍	25g
次磷酸钠	25g
醋酸钠	12g
甘氨酸	2g
柠檬酸钠	12g
氟化铵	15g
水	加至 1L

表 4　中性化学镀液

原　料	配　比
硫酸镍	25g
次磷酸钠	20g
醋酸钠	10g
柠檬酸钠	12g
乳酸	25mL
乙酸铅	0.001g
硫脲	0.001g
水	加至 1L

表 5　酸性高磷化学镀液

原　料	配　比
硫酸镍	27g
次磷酸钠	30g

续表

原料	配比
醋酸钠	20g
乳酸	20mL
DL-苹果酸	12g
柠檬酸钠	5g
丁二酸	8g
乙酸铅	0.001g
硫脲	0.001g
水	加至1L

制备方法 将各组分溶于水，搅拌均匀即可。

原料配伍 本品各组分配比范围如下。

碱液：磷酸三钠10～30g、碳酸钠5～20g、乳化剂OP-10 1～5g，水加至1L。

活化液：柠檬酸5～30g、氟化铵5～40g，水加至1L。

封孔化学镀液：硫酸镍20～30g、次磷酸钠10～30g、醋酸钠10～25g、甘氨酸1～10g、柠檬酸钠5～20g、氟化铵10～40g，水加至1L。

中性化学镀液：硫酸镍20～30g、次磷酸钠10～30g、醋酸钠10～20g、柠檬酸钠5～20g、乳酸5～25mL、乙酸铅0.001～0.005g、硫脲0.001～0.005g，水加至1L。

酸性高磷化学镀液：硫酸镍20～30g、次磷酸钠20～40g、醋酸钠10～30g、乳酸5～25mL、DL-苹果酸5～25g、柠檬酸钠2～20g、丁二酸5～20g、乙酸铅0.001～0.005g、硫脲0.001～0.005g，水加至1L。

本品钕铁硼永磁材料的化学镀镍磷方法利用三维化学镀镍磷方法分层次、分步骤由内而外在基体表面镀覆一层均匀致密的、无孔隙的镍磷镀层。通过封孔化学镀先在钕铁硼的孔洞中预镀，起封孔作用；再用中性化学镀对孔洞及表面进行加厚阻断，起密封孔隙的作用，使基体表面镀覆一层均匀致密的、低孔隙的镍磷镀层，对基体起到阻断作用，最后再进行酸性高磷化学镀，进一步提高镀层的耐蚀性，更好地起到对基体的防护作用。

产品应用 本品主要应用于化学镀镍磷。本品化学镀包括以下步骤：

(1) 滚光倒角。采用振动式研磨机或滚筒式研磨机或离心式研磨机，将不同规格的钕铁硼材料与磨料（棕刚玉）置入研磨机内进行滚光倒角。

(2) 除油。在超声波状态下，进行碱液除油。碱液pH值为8～10.5，碱液温度为50～80℃，超声波频率为20～80kHz、功率为50～500W，处理时间为5～10min。

(3) 除锈。采用1%～3%的HNO_3+0～1g/L硫脲进行酸洗。酸洗时间为10～40s，温度为室温。

(4) 活化。采用活化液的温度为室温，时间为5～20s。

(5) 封孔化学镀。镀液以次磷酸钠作为还原剂，硫酸镍作为主盐，附加络合剂、低温加速剂。工艺参数：pH=6.5～8.5，温度为50～70℃，时间为1～15min，镀速为10～30μm/h。

(6) 中性化学镀。工艺参数：温度为60～80℃，pH=6.5～7.5，时间为15～40min；镀速为12～20μm/h。

(7) 酸性高磷化学镀。工艺参数：温度为80～90℃，pH=4.4～4.8，时间为40～60min；镀速为12～16μm/h。

(8) 钝化。采用CrO_3进行钝化处理。工艺参数：CrO_3浓度为1～10g/L、温度为70～85℃、时间为10～20min。

产品特性

(1) 由本品获得的镀层无孔隙、厚度均匀且基体孔洞均被镀覆，从而提高了钕铁硼永磁材料的耐蚀性能，避免了因基体孔洞未被镀覆而造成镀层鼓包、起皮现象。通过使用本品研制的封孔化学镀配方、中性化学镀配方、酸性高磷化学镀配方，更好地起到对基体的防护作用。

(2) 本品在基体表面形成的镍磷镀层厚度达到25～30μm时，湿热、高压实验为500h以上，盐雾实验为200h以上。本品实现工业应用简单易行，生产成本低，产品性价比高，能极大地满足国内钕铁硼生产企业的出口需求，比较好地解决了实际生产上的问题。

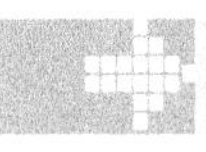

钕铁硼永磁材料的化学镀镍磷液（2）

原料配比

原料		配比	
		1#	2#
主盐	硫酸镍	27g	30g
还原剂	次磷酸钠	30g	40g
络合剂	乙酸钠	20g	24g
	DL-苹果酸	12g	20g
	甘氨酸	1g	5g
	柠檬酸钠	2g	6g
	乳酸	10g	15g
	丙酸	10g	15g
加速剂	丁二酸	16g	25g
稳定剂	乙酸铅	2mg	5mg
	硫脲	2mg	5mg
水		加至1L	加至1L

制备方法 将各组分溶于水，搅拌均匀即可。

原料配伍 本品各组分配比范围为：硫酸镍20～30g、次磷酸钠30～40g、乙酸钠20～24g、DL-苹果酸5～25g、甘氨酸1～10g、柠檬酸钠2～10g、乳酸5～25g、丙酸5～25g、丁二酸5～25g、乙酸铅1～5mg、硫脲0.5～5mg，水加至1L。

本品利用超声波振荡的机械能使镀液在基体表产生许多空穴，这些空穴持续振荡一方面对基体表面产生强大的冲击作用，即超声空化，超声空化可导致大量的活性自由基产生，使基体表面活化，加速化学反应；另一方面增强分子碰撞，使附着在基体表面和孔隙中的气泡能够及时排放，从而把镀液中的镍离子还原沉积在具有催化活性的表面上，使基体表面镀覆一层均匀致密的、无孔隙的镍磷镀层，对基体起到防护作用。而后，在酸性镀液中进行二次化学镀进一步提高镀层的耐蚀性，更好地起到对基体的防护作用。

产品应用 本品主要应用于钕铁硼永磁材料表面施镀，具体使用方法如下：

（1）倒角。采用机械滚磨倒角法，将钕铁硼材料与棕刚玉砂按体积比为1.0∶1.0～1.5置入密闭滚筒内，总量约点滚筒总体积的3/4，然后加入浸润液浸没试样；启动滚筒，滚筒转速为30～40r/min，时间为12～72h。

（2）除油。

① 真空除油：120～200℃下真空热处理0.5～3h。

② 碱液除油：在真空除油后，进行碱液除油。碱液pH值为8～10.5，碱液配方如下：

Na_2CO_3 5～20g/L；$Na_3PO_4 \cdot 12H_2O$ 10～30g/L；$NaSiO_3$ 5～20g/L；OP-10乳化剂1～5g/L。

碱液温度为60～80℃，同时采用超声波，超声波频率为19～80kHz、功率为50～500W，处理时间为5～10min。

（3）除锈：采用浓度为5%～40%的HNO_3进行酸洗，酸洗时间为5～100s。

（4）活化：采用浓度为1%～10%的H_2SO_4作为活化液，在室温下活化时间为5～50s。

（5）超声化学镀：镀液以次磷酸钠作为还原剂，硫酸镍作为主盐，附加络合剂、加速剂、稳定剂，采用超声波振荡。超声化学镀工艺参数如下：

频率19～80kHz，功率50～500W，pH=6.5～7.5，温度70～85℃，镀速为10～60μm/h。

（6）化学镀。化学镀工艺参数如下：

温度86～90℃，pH=4.4～4.8，装载比0.4～2，循环周期5～6个，镀速12～16μm/h。

（7）后处理：采用CrO_3进行封孔处理。工艺参数：CrO_3 1～10g/L，温度70～85℃，时间10～20min。

所述浸润液为酒精或水。

产品特性

（1）由本品所得到的镀层无孔隙、且厚度均匀，从而提高了钕铁硼永磁材料的耐蚀性能。通过使用本品研制的镍磷化学镀配方，利用超声波振荡的机械能使镀液在基体表面产生许多空穴，这些空穴对基体表面产生强大的冲击作用，使基体表面活化，加速化学反应，从而在基体表面镀覆一层均匀致密的、无孔隙的镍磷镀层，而后在酸性镀液中进行二次化学镀进一步提高镀层的耐蚀性，更好地起到对基体的防护作用。

（2）提高钕铁硼永磁材料的使用寿命，拓宽其应用领域。采用本品在基体表面形成的镍磷镀层厚度达到 30～40μm 时，湿热、高压实验寿命为 500h 以上，盐雾实验寿命为 300h 以上，从而使钕铁硼永磁材料应用范围更广泛，可以应用于电子、计算机、汽车、医疗等领域。

（3）本品采用多重络合剂以及加速剂、稳定剂，提高了镀液稳定性，施镀速度可以调节，镀层厚度均匀；本品化学镀方法同电镀相比，易于控制，而电镀由于边缘效应，电流密度不均匀，造成镀层厚度不均匀。

（4）本品通过采用真空除油及超声波碱液除油，可以缩短除油时间，强化除油效果，提高工艺质量。

（5）本品采用浓度为 1%～10%的 H_2SO_4 作为活化液，可以除去试样表面上的极薄气化膜，并在其上形成均匀的形核活性中心，提高镀镍磷效果。

普碳钢表面覆盖 Ni-Zn-Mn-P 化学镀复合镀液

原料配比

原 料	配比(质量份)					
	1#	2#	3#	4#	5#	6#
硫酸镍	20	30	30	24	25	25
硫酸锌	30	30	25	10	25	25

续表

原　料	配比(质量份)					
	1#	2#	3#	4#	5#	6#
硫酸锰	20	30	40	10	30	30
次磷酸钠	60	60	60	60	50	30
乙酸钠	5	5	5	5	5	5
柠檬酸钠	15	15	15	15	15	15
水	加至 1000	加至 1000	加至 1000	加至 1000	加至 1000	加至 1000

制备方法 将各组分溶于水，搅拌均匀，在温度为 90℃的条件下用氨水或氢氧化钠调节 pH 值为 9～10。

原料配伍 本品各组分质量份配比范围为：硫酸镍 20～30、硫酸锌 10～30、硫酸锰 10～40、次磷酸钠 30～60、乙酸钠 4～6、柠檬酸钠 14～16，水加至 1L。

产品应用 本品主要应用于普碳钢表面化学镀。

采用通常的工件经打磨抛光、清洗、除油、除锈、清洗、活化、施镀、清洗、清洗、后处理，即可得到普碳钢表面覆盖 Ni-Zn-Mn-P 化学镀复合镀层。只采用一次施镀，施镀过程简单。

产品特性 本品采用改变镀层成分和结构的方法，增加了镀层耐腐蚀性，在工业生产中投入使用应用前景广阔。所得镀层结晶细致，光亮平滑，综合性能指标优于化学镀二元合金和相应的三元合金镀层。由于进行温度、pH 值、主盐等工艺条件对镀层成分、硬度、自腐蚀电位和耐蚀性的实验研究，提出了优化的工艺配方体系。经过本发明化学镀的普碳钢表面形成的镀层改变了材料的表面状态，使得材料的自腐蚀电位相对于镀镍锌磷合金向负方向移动，在发生腐蚀时，与基体电位差较小，可有效保护基体，特别应对空隙的作用比以前的阴极性镀层好。同时该技术具有工艺稳定、操作简便、成本低等优点。本品镀液配制方便，可重复多次使用，经济成本低，易于操作。

渗透合金化学镀镍液

原料配比

原料		配比(质量份)		
		1#	2#	3#
溶液 A	硫酸镍	20	25	35
	硫酸镁	5	6	8
溶液 B	次磷酸钠	22	25	28
溶液 C	乙酸钠	10	15	20
	柠檬酸	5	5	5
	草酸	7	7	7
	苹果酸	9	9	9
	乳酸	15	15	15
	纳米金属粉	5	8	8
	钼酸盐	1	2	2.5
蒸馏水		加至1000	加至1000	加至1000

制备方法

(1) 取硫酸镍以及硫酸镁，加入适量水制得溶液A；

(2) 取次磷酸钠，加入适量水制得溶液B；

(3) 再取乙酸钠、柠檬酸、草酸、苹果酸、乳酸、纳米金属粉以及钼酸盐加入适量水制得溶液C；

(4) 首先将溶液C倒入溶液A中，搅拌均匀制得溶液D；

(5) 再将溶液D倒入溶液B中，搅拌均匀制得溶液E，溶液E即为本品化学镀镍溶液。

原料配伍 本品各组分质量份配比范围为：硫酸镍20～45、硫酸镁5～10、乙酸钠10～30、次磷酸钠22～30、柠檬酸4～6、草酸 6～8、苹果酸 8～10、乳酸 14～16、纳米金属粉 5～20、钼酸盐 1～3，蒸馏水加至 1000。

产品应用 本品主要应用于化学镀镍。

产品特性 由于在镀液中添加了纳米材料和钼酸盐，能够提高镀镍工件的硬度和耐磨性能，从而延长了镀镍工件的使用寿命。

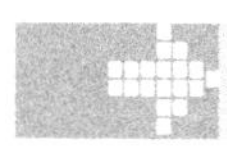

添加钕的钕铁硼永磁材料化学镀液

原料配比

原　料	配比(质量份)									
	1#	2#	3#	4#	5#	6#	7#	8#	9#	10#
硫酸镍	25	30	20	30	26	24	30	28	22	25
次磷酸钠	25	30	20	25	26	25	25	24	28	25
柠檬酸三钠	30	30	35	35	25	28	28	26	35	28
苹果酸	20	20	25	25	15	22	22	20	15	18
乙酸钠	20	20	25	15	15	18	23	25	15	20
硫酸钕	0.2	0.4	0.6	0.8	0.3	0.5	0.7	0.45	0.65	0.35
碘酸钾	0.008	0.008	0.008	0.008	0.008	0.008	0.008	0.008	0.008	0.008
水	加至1000	加至1000	加至1000	加至1000	加至1000	加至1000	加至1000	加至1000	加至1000	加至1000

制备方法

(1) 把配方中的乙酸钠、柠檬酸三钠和苹果酸一起加水溶解；

(2) 把配方中的硫酸镍加水溶解；

(3) 把步骤 (2) 所得溶液倒入步骤 (1) 所得溶液中，然后搅拌均匀；

(4) 把次磷酸钠加适量的水溶解，然后在搅拌的状态下缓缓倒入步骤 (3) 所得的溶液中，并搅拌均匀；

(5) 把硫酸钕溶解并倒入步骤 (4) 所得的溶液中；

(6) 把碘酸钾溶解并倒入步骤(5)所得的溶液中；

(7) 加蒸馏水或去离子水至规定体积，并搅拌均匀；

(8) 过滤。

原料配伍 本品各组分质量份配比范围为：硫酸镍20～30、次磷酸钠20～30、柠檬酸三钠25～35、苹果酸15～25、乙酸钠15～25、硫酸钕0.2～0.8、碘酸钾0.008，水加至1000。

产品应用 本品主要应用于钕铁硼永磁材料化学镀。

添加钕的钕铁硼永磁材料化学镀液的使用方法是：在施镀前，先用5%～10%的氢氧化钠溶液或氨水调节化学镀液的pH值至9～10，然后将镀液加温至70～85℃并保持恒温，把经除油和活化的钕铁硼磁体浸入镀液中，即可获得镀层。

所述的化学镀温度优选为80～85℃，pH值优选为9～9.5。

产品特性

(1) 稀土钕的4f电子对原子核的封闭不严密，其屏蔽系数比主量子数相同的其他内电子要小，因而有较大的有效核电荷数，表现出较强的吸附能力。当稀土钕以适宜的量加入镀液后，能够聚集在磁体表面，抑制了富钕相的腐蚀，在磁体表面获得一层致密、均匀的初始沉积层；同时吸附在基体表面的晶体缺陷处（如空位、位错露头、晶界等），降低了表面能，提高了合金镀层的形核率，使沉积加快。

(2) 化学镀镀液中添加适量的稀土元素后，可降低掺杂在镀液中的部分非金属元素（如硫、氮等）的活度，增加互溶程度，抑制杂质微粒的形成，阻碍镀液的自发分解。同时，由于稀土具有较好的络合性能，其离子在水溶液中易与无机及有机配体形成一系列的络合物，促进了镀液中金属离子的平衡解离，减小了镀液自发分解的趋势，从而使镀液更加稳定不易分解，提高了镀液的稳定性。

(3) 镀液中添加适量的稀土元素后，金属胞状物颗粒较细小致密，镀层表面较为平整，胞状物隆起中心和边缘的落差小，层内金属含量分布相对均匀，成分起伏较小，因而使电化学腐蚀倾向降低，有效提高了镀层的耐腐蚀性能。

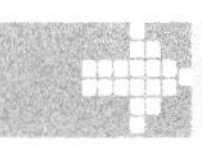

铁硼合金化学镀液

原料配比

原料		配比		
		1#	2#	3#
溶液 A	硫酸亚铁	18g	23g	25g
	酒石酸钾钠	80g	85g	70g
	蒸馏水	400mL	400mL	400mL
B 液	氢氧化钠	30g	40g	25g
	蒸馏水	400mL	400mL	400mL
	硼氢化钾	4g	5g	3g
硫酸铈		1g	—	—
硫酸镧		—	0.8g	—
硫酸钇		—	—	1.2g
蒸馏水		加至 1L	加至 1L	加至 1L

制备方法 将称量的硫酸亚铁与酒石酸钾钠均匀溶于 400mL 蒸馏水中，制得 A 液；将称量的氢氧化钠溶于另一容器中的 400mL 蒸馏水中，搅拌均匀，加入称量的硼氢化钾，制得 B 液；将 A、B 溶液均匀混合，再加入称量的稀土硫酸盐，补充蒸馏水使溶液容积达到 1L，搅拌均匀后待用。

原料配伍 本品各组分配比范围为：硫酸亚铁 15～30g、酒石酸钾钠 70～90g、氢氧化钠 25～40g、硼氢化钾 1～5g、稀土化合物 0.1～1.2g，水加至 1L。

所述稀土（RE）化合物选自硫酸铈、硫酸镧、硫酸钇、硫酸钕等中的一种或几种的混合。当采用混合稀土硫酸盐时，在控制总量 0.1～1.2g/L 的前提下，其相对比例任意。

产品应用 本品主要应用于铁硼合金化学镀。

镀层材料的制备方法包括：工件的酸洗、水洗、干燥、敏化、活化和镀覆。与现有技术的区别是：所述的敏化是将铜基体工件（下称工件）在敏化液中用功率为100～120W、频率为35～45kHz的超声波超声敏化5～10min，所述的敏化液为每升蒸馏水中含氯化亚锡($SnCl_2$) 1～4g、盐酸30～50g；所述的活化是将经敏化液处理的工件在活化液中用功率为100～200W、频率为35～45kHz的超声波活化至表面颜色均匀一致，所述的活化液为每升蒸馏水中含氯化钯($PdCl_2$) 1～4g、盐酸30～50g；所述的镀覆是将经活化处理的工件悬挂于40～60℃的铁硼合金化学镀液中，并用高纯铝丝或铝片与工件偶接。

具体操作步骤如下：

(1) 用6%（质量分数）的盐酸酸洗，酸洗时间以肉眼观察铜片表面变得光亮即可；

(2) 用自来水冲洗、用蒸馏水洗，干燥；

(3) 超声敏化处理；

(4) 超声活化处理，活化至铜片表面呈均匀的褐色为止；

(5) 蒸馏水喷淋，干燥；

(6) 镀覆Fe-B-RE合金层。

本品在Fe-B镀液中加入稀土元素，利用其对镀液进行改性，解决了镀液稳定性差、难以形成合格的化学镀Fe-B合金镀层和镀层性能重现性差等问题，同时降低了操作温度，减少了能耗，镀液长期使用不发生分解。

产品特性 本品镀覆采用了超声敏化、超声活化处理工艺与铜铝偶接触引发的组合镀覆技术，提高了基体的活性，铁离子的还原活性等，能够形成均匀的镀层，为难镀金属的化学镀提供了一种行之有效的方法。本化学镀Fe-B-RE合金的沉积速度比无稀土的化学镀Fe-B的沉积速度提高1.2～2倍。本化学镀Fe-B-RE合金镀层结晶细致，与基体的结合力显著提高，镀层不起皮、不起泡、表面光滑、平整。

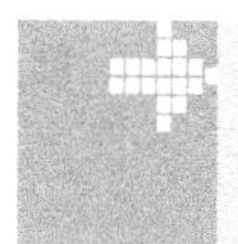

微弧氧化膜层表面的化学镀覆合金化学镀液

原料配比

原　料	配　比
硫酸镍	0.05～0.25mol
硫酸铜	0.001～0.01mol
次磷酸钠	0.1～0.5mol
柠檬酸钠	0.05～0.15mol
焦磷酸钠	0.05～0.2mol
水	加至1L

制备方法　将各组分溶于水，混合均匀即可。

原料配伍　本品各组分配比范围为：硫酸镍0.05～0.25mol、硫酸铜0.001～0.01mol、次磷酸钠0.1～0.5mol、柠檬酸钠0.05～0.15mol、焦磷酸钠0.05～0.2mol，水加至1L。

产品应用　本品主要应用于合金的化学镀。

化学镀层制备工艺：

(1) 按比例配制好化学镀液，倒入化学镀槽中。

(2) 对合金表面进行打磨、除油、除灰和微弧氧化等前处理。

(3) 对样品进行敏化、活化。

(4) 将基材放入温度维持在(60±1)℃的化学镀液中，保温10～20min。

(5) 取出基材，清洗、干燥。

(6) 在氩气气氛中、100～550℃条件下保温0.5～2h，即可得到约1～4μm厚度的均质化学镀镍-铜-磷镀层。

产品特性

(1) 与一般的微弧氧化膜层表面处理技术比较，本品所采用的工艺结合微弧氧化膜层本身具有的宏观光滑、显微粗糙的特点，无需其他工艺就可获得与表面之间有很强的结合力的镀层；同时，由于化学镀具有优越的仿形性，可以在形状复杂的零件上应用。

(2) 本品提供一种适用于微弧氧化膜层表面的安全快速的化学镀覆合金溶液配方及其可控化沉积的工艺，所得合金镀层具有良好的均匀性、硬度、耐磨性、耐蚀性等综合物理化学性能以及很高的光洁度，可以明显地改善微弧氧化膜层的耐磨、耐蚀性能和外观。

(3) 由于预先活化后的衬底材料具有催化作用，次磷酸盐在具有催化性质的表面上可生成活性氢原子，活性氢原子又可将重金属离子还原为金属，与此同时，活性氢原子还将次磷酸根还原生成单质磷，因而得到的镀层为合金固溶体。所沉积的金属具有自催化作用，使氧化还原反应不断进行，从而使合金镀层不断增厚，使本品的化学镀液能在基体表面形成具有一定厚度的合金镀层。而该合金镀层为微晶或非晶态结构，剪切力小，表面均匀致密，具有优异的减摩和耐蚀性能。热处理可以使镀层部分或完全晶化，硬度升高，提高摩擦表面的抗磨损性能，尤其是本品能在微弧氧化膜层表面形成光亮合金镀层，达镜面效果，使本品能很好地与有色金属及合金的实际应用相结合。

(4) 化学镀合金镀层厚度可控，在亚微米-亚毫米级变化；镀层均匀，表面光滑。

(5) 本品采用敏化、活化工艺在基体上预先制备一层很薄的金属衬底（比欲沉积金属活泼的金属），该衬底深入到微弧氧化膜层表面的显微孔洞、裂纹之中，非常均匀，使化学镀层在整个表面上与原有缺陷犬牙交错，结合力非常好。

(6) 本品所采用的添加剂有机酸 $C_xH_yO_z \cdot nH_2O$ 或者其钠盐中的一种或几种、烷基苯磺酸 $C_mH_nS_oO_p$ 或其钠盐中的一种或几种、无机酸 $H_aP_bO_c$ 或其钠盐中的一种或几种。加入适量的添加剂与未加本添加剂的化学镀液相比较，可以提高化学镀液的沉积速度，延长其使用寿命，提高镀液的稳定性，使镀层更加均匀，增加表面光洁度，适于在有色金属及合金微弧氧化膜层表面沉积。也可以通过控制添加剂的含量来控制镀层的成分。

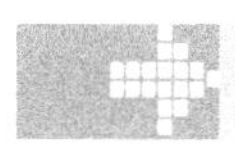

无粗化的光纤表面化学镀镍磷合金镀液

原料配比

表 1　敏化液

原　料	配　比
氯化亚锡	5g
盐酸	5mL
蒸馏水	加至 1L

表 2　活化液

原　料	配　比
氯化钯	1g
盐酸	10mL
水	加至 1L

表 3　化学镀溶液

原　料	配　比		
	1#	2#	3#
硫酸镍	25g	28g	26g
次磷酸钠	20g	22g	21g
丙酸	20mL	22mL	21mL
硼酸	20g	22g	21g
氟化钠	0.005g	0.005g	0.005g
糖精	2mL	2mL	2mL
去离子水	加至 1L	加至 1L	加至 1L

制备方法

(1) 敏化液的制备：取氯化亚锡溶于盐酸中，然后用蒸馏水稀释到 1L。

(2) 活化液的制备：取氯化钯、盐酸，溶于去离子水中。

（3）化学镀溶液的制备：先将硫酸镍、次磷酸钠、硼酸分别用去离子水溶解，然后再将硫酸镍溶液、次磷酸钠溶液、硼酸溶液与丙酸、氟化钠和糖精混合在一起，搅拌均匀即得化学镀溶液。

原料配伍 本品各组分配比范围如下。

敏化液：氯化亚锡4～6g、盐酸4～6mL，蒸馏水加至1L。

活化液：氯化钯1g、盐酸9～11mL，水加至1L。

化学镀溶液：硫酸镍25～28g、次磷酸钠20～22g、丙酸20～22mL、硼酸20～22g、氟化钠0.005g、糖精2mL，去离子水加至1L。

产品应用 本品主要应用于在光纤表面化学镀镍磷合金。具体应用步骤如下：

（1）去除保护层：将石英光纤在室温下浸入丙酮中25～35min，取出后轻轻剥除其保护层，然后放在超声波清洗器中用去离子水洗8～12min，以清除去除保护层时的残留物；

（2）除油：把去保护层后的光纤用无水酒精擦洗数遍，然后放在超声波清洗器中用无水酒精洗10～12min，取出用去离子水冲洗数遍后再放在超声波清洗器中用去离子水洗8～10min以彻底洗净油污；

（3）敏化：光纤在敏化溶液中室温下敏化10～12min，然后放在超声波清洗器中用去离子水洗2～3min；

（4）活化：光纤在活化液中室温下浸泡10～15min，然后用超声波清洗2～3min；

（5）化学镀镍磷合金：将经过预处理的光纤放入盛有化学镀溶液的化学镀装置中进行化学镀镍，即可得到表面镀了镍磷合金的光纤。

所述化学镀装置由恒温水箱和试管组成，先在恒温水箱中加入适量水，然后将盛有化学镀溶液的试管放置在恒温水箱的水中，最后将欲镀镍磷合金的光纤的一端伸入化学镀溶液中，即可对光纤进行无粗化的光纤表面化学镀镍磷合金。

产品特性

（1）不需要粗化过程就可以得到结合力较好的镀层，将光纤放在120℃的烘箱中1h，没有发现镀层开裂、起皮或剥落；

（2）镀速较快，用镀前和镀后的质量差除以光纤的长度和化学镀的时间得到单位时间内单位长度上质量的增加值平均为0.35mg/(cm·h)；

（3）在镀液中加入 $PdCl_2$ 溶液进行稳定性试验，发现镀液经 8h 后无分解迹象，表明镀液稳定性良好；

（4）肉眼观察和金相显微镜（HAL100 型，德国 Zeiss 公司生产）相结合的方法，没有发现镀层不连续的现象；

（5）设备简单、价格便宜。

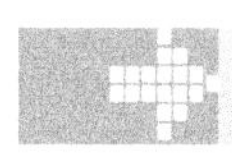

长金属管内孔表面化学镀镍磷镀液

原料配比

原　料	配比(质量份)
硫酸镍	15～20
次磷酸钠	20～25
醋酸钠	8～12
乳酸	20～25
硫脲	0.1～0.5
平平加	0.1～0.2
水	加至 1000

制备方法 将各组分溶于水混合均匀即可。

原料配伍 本品各组分质量份配比范围为：硫酸镍 15～20、次磷酸钠 20～25、醋酸钠 8～12、乳酸 20～25、硫脲 0.1～0.5、平平加 0.1～0.2，水加至 1000。

产品应用 本品主要应用于长金属管内孔表面化学镀。

将抽油泵泵筒放置在化学镀装置中，对内孔进行清洗后，将镀液管路与泵筒连接并密封，镀液由蒸汽加热到 85～90℃时，由循环泵将镀液打入泵筒内，同时开动化学镀装置，使泵筒旋转，控制镀液管路中的流量计，使镀液在管内的流速在 0.1～0.5m/s，根据镀层厚度要求，控制时间，即可得到所需的镀层。

产品特性 本品适用于长金属管内孔表面化学镀，具有沉积速度快，所得镀层均匀，光亮致密，耐磨、耐腐蚀性强等优点。

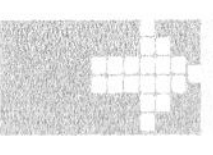

织物化学镀铁镍的无钯活化液

原料配比

原　料	配　比
乙酸镍	150g
壬基酚聚氧乙烯醚-10	5mL
硼氢化钠	100g
甲醇	加至 1L

制备方法 将硼氢化钾和部分甲醇配制成硼氢化钾的甲醇溶液，再将乙酸镍、壬基酚聚氧乙烯醚-10 表面活性剂配制成混合液。

原料配伍 本品各组分配比范围为：乙酸镍 100～150g、壬基酚聚氧乙烯醚-10 5～10mL、硼氢化钾 50～100g，甲醇加至 1L。

活化工艺中活化液组成的选择原则是：第一，镍具有很强的自催化活性，利用还原剂还原镍离子制取活性点。硼氢化物作为还原剂具有还原效率高、常温下可进行还原等明显优点。故选用稳定性较好的硼氢化钾作还原剂。第二，溶剂对镍盐的溶解性必须很好，而且涤纶织物在这种溶剂中的润湿性要好，可以吸附足够的镍，这样才能得到均匀的活化基布和良好层。故选用甲醇作溶剂，表面活性剂壬基酚聚氧乙烯醚-10 具有增溶性选作添加剂使用。第三，硫酸镍、氯化镍等在甲醇中溶解度很小，而硝酸镍的氧化性太强，故活化液中的镍盐以乙酸镍为最好。第四，硼氢化钾微溶于甲醇，能够维持活化液饱和，使活化效率提高。综上所述，活化液组成为：乙酸镍、壬基酚聚氧乙烯醚-10、硼氢化钾、甲醇（作溶剂）。

产品应用 本品主要应用于织物化学镀铁镍的无钯活化。

活化时，先把织物放入制备方法中配制的混合液中浸泡 30min，然后取出，在搅拌条件下浸入硼氢化钾的甲醇溶液中，进行活化。活化温度为室温，活化时间为 25～35min。活化后将织物取出水洗、置于 60℃恒温干燥箱中干燥 30min 即可。

产品特性 本品在常温下利用硼氢化钾还原乙酸镍，从而在织物表面形成含镍和镍硼合金的催化活性点，以此取代钯活化的活化方法，具有低温、经济的优点。

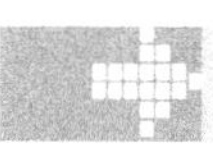

制备 Ni-P-UFD 复合镀层的镀液

原料配比

原料	配比	
	1#	2#
$NiSO_4 \cdot 6H_2O$	30g	180g
H_3PO_4	—	22mL
$NaH_2PO_2 \cdot H_2O$	20g	—
$NiCl_2$	—	10g
$CH_3COONa \cdot 3H_2O$	15g	—
柠檬酸	—	100g
乙酸	20mL	—
丙酸	5mL	—
醋酸铅	0.004g	—
UFD	1g	1g
水	加至 1L	加至 1L

制备方法 将各组分溶于水，搅拌均匀即可。

原料配伍 本品各组分配比范围如下。1#配方：$NiSO_4 \cdot 6H_2O$ 30～35g、$NaH_2PO_2 \cdot H_2O$ 20～25g、$CH_3COONa \cdot 3H_2O$ 15～20g、乙酸 20～25mL、丙酸 5～10mL、醋酸铅 0.004g、UFD 1g，水加至 1L。

2#配方：$NiSO_4 \cdot 6H_2O$ 180g、H_3PO_4 20～22mL、$NiCl_2$ 9～10g、柠檬酸 100g、UFD 1g，水加至 1L。

产品应用 本品主要应用于制备 Ni-P-UFD 复合镀层。应用时包括以下步骤：

（1）首先用1000号SiC砂纸对被镀工件表面进行打磨处理，然后用5%洗衣粉水溶液进行超声清洗，再在90～100℃的0.4mol/L的NaOH水溶液中浸泡10min，烘干备用。

（2）制备镀层前，先将被镀工件在5%的H_2SO_4水溶液中浸泡1min进行表面活化处理，然后将被镀工件安装在化学镀镀槽或电镀镀槽中。

（3）取0.5～2g的UFD粉末，加20mL去离子水和适量的两性表面活性剂在陶瓷容器中用大功率射频超声分散仪进行射频超声分散，打破UFD颗粒中的团聚颗粒，使之均匀分散在去离子水中。

（4）按工艺配方配制好化学镀镀液或电镀镀液后，搅拌均匀，用滤纸或多层纱布过滤后，将均匀分散好的UFD混合液倒入镀液中，搅拌均匀，将镀液移入镀槽中，在机械搅拌的同时持续不断地在镀槽底部通入Ar气。

（5）在规定的镀液温度和时间里对被镀工件进行化学镀或电镀处理，制备Ni-P-UFD复合镀层。

（6）工艺完成后，将被镀工件用自来水冲洗后，再浸泡在10%的碳酸氢钠水溶液中，中和5min，再用去离子水冲洗后烘干，进行检验测试。

本品步骤（5）所述的电镀工艺过程中镀液的温度可控制在室温～45℃范围，随着温度的提高，镀层沉积速度也随之增加，反应时间为10～20min，电流密度约为20A/dm^2；所述的化学镀过程中的镀液温度为75～85℃，时间为0.5～2h。

本品步骤（3）所述的适量的两性表面活性剂按1g干燥的UFD颗粒添加0.5g的聚乙烯吡咯烷酮使用。

产品特性

（1）本品通过采用两性表面活性剂对UFD纳米颗粒进行前期的大功率射频超声分散表面处理，并采用独特的化学镀或电镀工艺配方，在化学镀或电镀工艺过程中通过持续不断地在镀液容器底部通入Ar气并连续机械搅拌的方法，解决了超微金刚石第二相颗粒在镀液和膜层的均相分散问题，成功地在各种高速钢、钻头、铜基和铝基、不锈钢工件等被镀件表面制备出Ni-P-UFD复合镀层。经物理、化学实验分析，发现膜层中P的含量约为12.85%（质量分数），80℃条件下，镀层沉积速度约25μm/h，经420℃二次退火处理后，厚度约25μm的Ni-P-UFD复合镀层，硬度可达HV950～1200，其抗拉强度一般在640～750MPa，利用0.1mol/L的NaCl、6mol/L的KOH和0.5mol/L H_2SO_4水溶液进行的电化学实验表明，Ni-P-UFD复合镀层的耐腐蚀特性比单纯的Ni-P镀层都有显著提高。测试数据表明，UFD的加入大大增加了Ni-P镀层的耐磨性能和硬度，Ni-P-UFD复合镀层硬度比传统Ni-P镀层硬度提高约1倍，如果首先对镀层在260℃条件下退火1h，再在500℃条件下退火1h，复合镀层的硬度更可达HV1300。微球磨损实验机的研究数据表明，各种金属表面镀覆Ni-P-UFD复合镀层后耐磨特性明显改善，在204钢上均镀30～40μm的Ni-P-UFD复合镀层后，其耐磨性比传统Ni-P层增强2～3.5倍。

（2）由于本品通过采用两性化学分散剂和大功率射频超声分散技术，加上镀膜制备中的搅拌技术，成功地解决了传统的UFD多元复合镀层化学镀和电镀工艺中的UFD颗粒的团聚沉淀问题，化学镀液中UFD颗粒的最大添加量可达2g/L，电镀液中UFD颗粒的最大添加量可达4g/L，两种工艺制备的膜层中UFD颗粒分布均匀。

（3）本品采用了独创的酸性条件化学镀或电镀镀液配方，该配方可保证添加一定量UFD颗粒和表面活性分散剂的化学镀或电镀溶液的化学物理特性相对稳定，保证镀层沉积的均匀一致性。

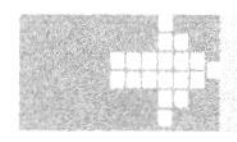

制备Ni-TI-B镀层的化学镀液

原料配比

原料	配比(质量份)								
	1#	2#	3#	4#	5#	6#	7#	8#	9#
氯化镍或硫酸镍	20	25	30	15	20	20	25	30	35
乙二胺	100	90	85	60	80	90	60	110	80
硼氢化钠	1	1	1	0.4	0.8	1	0.8	0.8	0.4
氢氧化钠	45	40	45	30	40	35	50	35	40
硫酸铊	0.01	0.015	0.04	0.01	0.02	0.05	0.045	0.01	0.05
糖精	1.5	1	—	1	2	3	1.5	2	2.5

续表

原料	配比(质量份)								
	1#	2#	3#	4#	5#	6#	7#	8#	9#
硫酸镉	0.1	0.05	—	0.02	0.1	0.1	0.05	0.12	0.1
十二烷基磺酸钠	0.2	0.2	0.1	0.1	0.5	0.3	0.2	0.1	0.3
水	加至1000	加至1000	加至1000	加至1000	加至1000	加至1000	加至1000	加至1000	加至1000

制备方法

(1) 将各组分用少量水溶解;

(2) 将完全溶解好的乙二胺溶解液在不断搅拌的过程中,逐渐加入到氯化镍或硫酸镍溶解液中;

(3) 将完全溶解好的氢氧化钠溶解液在不断搅拌的过程中,逐渐加入到步骤(2)形成的溶液中;

(4) 将完全溶解好的硫酸铊溶解液在不断搅拌的过程中,逐渐加入到步骤(3)形成的溶液中;

(5) 将糖精、硫酸镉溶解液和十二烷基磺酸钠的溶解液在不断搅拌的过程中,逐渐加入到步骤(4)形成的溶液中;

(6) 将完全溶解好的硼氢化钠溶解液在剧烈搅拌的过程中,逐渐加入到步骤(5)形成的溶液中;

(7) 往步骤(6)形成的溶液中添加去离子水至接近设定体积;

(8) 用氢氧化钠或氨水调整溶液 pH 值至 13~14,最终加去离子水调整溶液至设定体积,备用。

原料配伍 本品各组分质量份配比范围为:氯化镍或硫酸镍 15~35、乙二胺 60~110、硼氢化钠 0.4~1.2、氢氧化钠 30~50、硫酸铊 0.002~0.05、糖精 0~3、硫酸镉 0~0.2、十二烷基磺酸钠 0.1~0.5,水加至 1000。

本品的各组分中,所述氯化镍 $NiCl_2 \cdot 6H_2O$ 或硫酸镍 $NiSO_4 \cdot 7H_2O$ 是主盐;所述硫酸铊 $TiSO_4$ 是稳定剂,它兼有稳定和加速功效,是良好的添加剂。硫酸铊含量是关键,试验表明,当硫酸铊含量低于所述范围时,镀液反应过快,造成镀层不致密、结合力差、镀层大片剥落,不能满足使用要求;当硫酸铊含量略高于所述范围时,镀层外观粗糙、结合力差、无法承受摩擦的往复作用，不能达到减摩耐磨要求；当硫酸铊含量明显高于所述范围时，镀液遭毒化作用，化学镀反应遭到抑制，无法进行。糖精 $C_7H_5O_3NS$ 和硫酸镉 $CdSO_4$ 是作为光亮剂添加的，也可用其他具有光亮作用的试剂代替，比如丁炔二醇及其与环氧乙烷和环氧丙烷的醚化产物、吡啶类衍生物、苯二磺酸钠、硫脲、硫类化合物等。十二烷基磺酸钠 $C_{12}H_{25}NaO_3S$ 是阴离子表面活性剂，乙二胺 $C_2H_8N_2$ 是络合剂，硼氢化钠 $NaBH_4$ 是还原剂，氢氧化钠 NaOH 是缓冲剂。上述组分及含量也可以作常规替换。

配制该化学镀液的过程中需要注意的问题有：各试剂溶液的添加是有一定顺序的，配制镀液时必须要严格按照顺序来；乙二胺和氢氧化钠加水溶解时会释放出大量的热，必须要保证温度降到 40℃ 以下再进行混合；混合各溶液时一定要注意充分搅拌，混合均匀；调整 pH 值时调整溶液要缓慢加入。

产品应用 本品主要应用于制备 Ni-Tl-B 镀层。施镀工艺：将镀件表面进行除油及活化处理后，置于本品的化学镀液中，在 75～95℃下浸镀 60～180min，即可获得具有减磨耐磨特性的优良 Ni-Tl-B 镀层。

对不同材料的镀件（基体）进行化学镀 Ni-Tl-B 镀层的具体工艺流程如下：

（1）在 45＃钢基体上镀覆 Ni-Tl-B 镀层，工艺流程为：

化学除油→去离子水清洗→酸洗→去离子水清洗→活化→去离子水清洗→施镀→去离子水清洗→烘干→检测。

（2）在钛合金基体上镀覆 Ni-Tl-B 镀层，工艺流程为：

机械抛光及除油→去离子水清洗→酸浸蚀→去离子水清洗→浸锌活化→去离子水清洗→施镀→去离子水清洗→烘干→检测。

产品特性 硫酸铊是一种兼具稳定和加速功效的添加剂，添加适量硫酸铊后，镀速得到极大提高，镀液稳定性增强，由于铊元素的共沉积，镀层的减摩耐磨性能得到显著提高。特别是：

（1）采用本品，在机械零部件表面制备 Ni-Tl-B 镀层，得到具有减摩耐磨特性优良的特种镀层。

（2）本品组成和工艺简单，制备工艺稳定，条件易控制，镀层光亮、厚度均匀、致密、结合力好。

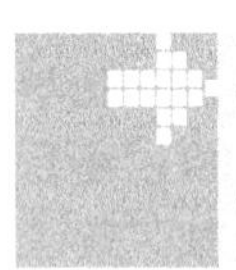

制备负载铂基双金属合金复合材料的化学复合镀液

原料配比

原料		配比							
		1#	2#	3#	4#	5#	6#	7#	8#
铂基化合物	氯铂酸	1g	—	2g	4g	2g	—	—	—
	氯铂酸铵	—	0.1g	—	—	—	1g	—	—
	氯铂酸钠	—	—	—	—	—	—	2g	—
	氯铂酸钾	—	—	—	—	—	—	—	5g
铱或铼的化合物	氯铱酸	依据待制合金中总铂量与铱或铼质量比1∶0.01～1∶50来确定							
	氯铱酸铵								
	高铼酸								
	高铼酸钾								
	高铼酸钠								
	高铼酸铵								
磷酸氢二钠		200g	20g	250g	300g	300g	250g	300g	300g
磷酸氢二铵		15g	1.5g	20g	40g	40g	20g	40g	40g
盐酸羟氨		5g	0.5g	10g	20g	20g	10g	20g	20g
水合肼		7mL	2mL	20mL	40mL	60mL	20mL	100mL	100mL
水		加至1L	加至1L	加至1L	加至1L	加至1L	加至1L	加至1L	加至1L

制备方法 将各组分溶于水，搅拌均匀即可。

原料配伍 本品各组分配比范围为：铂基化合物0.1～5g、磷酸氢二钠20～300g、磷酸氢二铵1.5～40g、盐酸羟氨0.5～20g、水合肼1～100mL、铱或铼的化合物用量依据待制合金中总铂量与铱或铼质量比1∶0.01～1∶50来确定，水加至1L。

所述的铂基化合物是指氯铂酸、氯铂酸铵、氯铂酸钠或氯铂酸钾。

所述铱或铼的化合物是指氯铱酸、氯铱酸铵、氯铱酸钠、氯铱酸钾、高铼酸、高铼酸铵、高铼酸钾或高铼酸钠。

产品应用 本品主要应用于制备负载铂基双金属合金复合材料的化学复合镀。应用时包括如下步骤：

（1）基体预处理：将基体在 80～500℃条件下热处理，热处理时间至少为 1h；然后，采用浸渍的方法，将热处理后的基体浸上铂或铱敏化液，在室温至 200℃条件下干燥，即得到活化前体。其中敏化用铂或铱占基体质量的 0.1%～5.0%；所述的基体为无机氧化物、复合氧化物、碳载体或分子筛。

（2）基体的活化：将步骤（1）得到的活化前体加入到 KBH_4、$NaBH_4$ 或水合肼还原剂的溶液中进行还原，还原剂与活化前体中活化用贵金属的摩尔比为 1∶1～20∶1，还原时间为 5～60min，用去离子水洗涤还原后的活化前体，直至洗涤液为中性，即得到活化后的基体。

（3）化学复合镀和镀后热处理：将步骤（2）所得活化后的基体直接放在铂基双金属合金化学镀液中进行化学镀，控制施镀温度为 35～95℃，化学镀时间为 10～120min，产物用去离子水洗涤至中性，在 60～900℃条件下热处理，时间至少为 1h，从而得到负载的铂基双金属合金复合材料。其中，通过基体预处理浸渍上的与化学复合镀上的总铂质量占热处理后基体质量的 1%～50%，总铂量与其合金中铱或铼的质量比为 1∶0.01～1∶50。

产品特性 本品得到的铂基双金属合金复合材料具有成本低、抗烧结、催化性能优异的特点，并且本品与传统的负载型铂基双金属合金复合材料制备工艺相比，操作方便、步骤简单、制备重复性好。

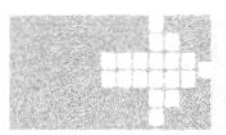

制备高温自润湿复合镀层的化学镀液

原料配比

原料	配比										
	1#	2#	3#	4#	5#	6#	7#	8#	9#	10#	11#
硫酸镍	36g	—	25g	15g	—	25g	—	33g	—	27g	36g

续表

原料	配比										
	1#	2#	3#	4#	5#	6#	7#	8#	9#	10#	11#
氯化镍	—	15g	—	—	20g	—	30g	—	18g	—	—
高铼酸钾	2.2g	0.8g	—	—	—	1.8g	—	1.4g	—	1g	—
高铼酸铵	—	—	1.5g	2.2g	2g	—	1.6g	—	1.2g	—	0.8g
柠檬酸钠	20g	10g	15g	10g	11g	13g	15g	16g	17g	18g	20g
乳酸	30g	20g	22g	30g	28g	27g	25g	23g	22g	21g	20g
次磷酸钠	30g	15g	22g	15g	18g	21g	25g	29g	26g	28g	30g
氟化钡	25g	5g	16g	5g	10g	18g	22g	20g	23g	15g	25g
氟化钙	25g	5g	16g	25g	23g	21g	19g	15g	10g	8g	5g
硝酸铅	10mg	—	5mg	2mg	—	4mg	—	6mg	—	8mg	10mg
醋酸铅	—	2mg	—	—	3mg	—	5mg	—	7mg	—	—
蒸馏水或去离子水	加至1L	加至1L	加至1L	加至1L	加至1L	加至1L	加至1L	加至1L	加至1L	加至1L	加至1L

制备方法 (1) 取硫酸镍（或氯化镍)、高铼酸铵（或高铼酸钾)、柠檬酸钠、乳酸、次磷酸钠、硝酸铅（或醋酸铅)，分别用少量水溶解。

(2) 取氟化钡、氟化钙，经酸液清洗干净后，用阳离子和非离子表面活性剂对其作亲水和荷正电表面处理，方法同现有技术。

(3) 将上述各组分混合成均匀的溶液。

(4) 用酸（例如1mol/L盐酸等）调pH值至4～7，加水（较好的是蒸馏水或去离子水）至1L。

原料配伍 本品各组分配比范围为：硫酸镍或氯化镍15～36g、高铼酸铵或高铼酸钾0.8～2.2g、柠檬酸钠10～20g、乳酸20～30g、次磷酸钠15～30g、氟化钡5～25g、氟化钙5～25g、硝酸铅或醋酸铅2～10mg，水加至1L。

产品应用 本品主要应用于化学镀。

使用本品化学镀液制备高温自润滑复合镀层的化学镀方法是：将镀件表面清洁和活化处理后，再将镀件置于本品化学镀液中，在pH

值5～7、温度85～95℃下浸镀10～60min；浸镀过程中将化学镀液每搅拌1min间歇3min。

产品特性

（1）采用本品，在机械零件下表面形成的镍铼磷/氟化钡＋氟化钙复合镀层，可以有效提高机械在超高温（≥500～900℃）工作环境下的表面减摩耐磨性能，特别适用于汽轮机叶片、喷气发动机等在高温条件下使用的要求有一定自润滑性能的机械设备。

（2）镍铼磷/氟化钡＋氟化钙复合镀层有效克服了镍磷/氟化钙镀层在超高温环境下工作寿命短的缺陷，使机械设备在超高温环境下的工作寿命明显延长。

（3）本品组成和工艺简单，制备工艺稳定、条件容易控制、镀层光亮致密、厚度均匀、结合力良好，实用性强。

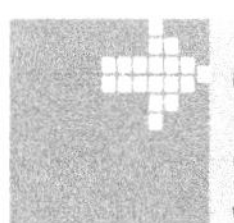

制备高硬度化学镀Ni-P-SiC镀层的环保镀液

原料配比

表1　SiC分散液

原　料	配　比		
	1#	2#	3#
十六烷基三甲基溴化铵	0.1g	0.05g	0.2g
粒径40nm的SiC	0.1g	—	—
粒径20nm的SiC	—	0.4g	—
粒径30nm的SiC	—	—	0.3g
水	加至1L	加至1L	加至1L

表2　稳定剂

原　料	配　比		
	1#	2#	3#
钨酸钠	5g	—	—

续表

原料	配比		
	1#	2#	3#
咪唑	2g	—	—
EDTA·2Na	15g	—	—
硫脲	—	10g	—
噻唑	—	8g	—
钼酸钠	—	—	5g
亚硒酸钠	—	—	10g
乙二胺四乙酸	—	—	15g
水	加至1L	加至1L	加至1L

表3 环保镀液

原料	配比		
	1#	2#	3#
六水合硫酸镍	28g	—	—
氯化镍	—	24g	—
一水合次磷酸钠	24g	33g	—
醋酸铵	—	18g	—
醋酸镍	—	—	30g
次磷酸	—	—	30g
硫酸铵	—	—	15g
苹果酸	—	—	8g
丁二酸	—	—	5g
一水合柠檬酸	—	18g	—
三水合乙酸钠	10g	—	—
甘氨酸	12g	—	—
柠檬酸	—	—	8g
乳酸	12g	12g	—

续表

原　料	配　比		
	1#	2#	3#
丙酸	6g	—	—
稳定剂	1mL	0.5mL	1.5mL
SiC 分散液	40mL	20mL	50mL
水	加至 1L	加至 1L	加至 1L

制备方法

(1) 将十六烷基三甲基溴化铵、粒径为 20～40nm 的 SiC，装入盛有去离子水的烧杯中，用磁力搅拌器强力搅拌 5～30min，再超声波分散 1～2h，然后磁力搅拌 5～30min，用去离子水定容至 1L 得到 SiC 分散液 1L。

(2) 将钨酸钠、咪唑和 EDTA·2Na 装入盛有去离子水的烧杯中，高速磁力搅拌至全部溶解，用去离子水定容至 1L，得到稳定剂溶液 1L。

(3) 将镍盐、还原剂、缓冲剂、络合剂、稳定剂装入盛有去离子水的烧杯中，高速磁力搅拌至全部溶解，再加入 SiC 分散液 40mL，高速磁力搅拌 10～40min，用浓氨水调节 pH 值至 8.0～10.0，用去离子水定容至 1L，得到本品制备高硬度化学镀 Ni-P-SiC 镀层的镀液 1L。

原料配伍 本品各组分配比范围为：镍盐 24～30g、还原剂 24～33g、缓冲剂 10～18g、络合剂 20～30g、稳定剂 0.5～1.5mL、SiC 分散液 20～50mL、pH 调节剂适量，水加至 1L。所述的分散液每升含分散剂 0.05～0.2g，纳米碳化硅 0.1～0.4g 和其余为水。

所述的镍盐可以是硫酸镍、氯化镍或醋酸镍等；所述的还原剂可以是次磷酸或其盐如一水合次磷酸钠等；所述的缓冲剂可以是醋酸钠、醋酸铵或硫酸铵等；所述的络合剂可以是丁二酸、柠檬酸、乳酸、丙酸、苹果酸、甘氨酸等中的两种或两种以上的混合物；所述的稳定剂可以是每升中含硫脲、咪唑、噻唑、钨酸钠、亚硒酸钠、钼酸钠、碘酸钾、乙二胺四乙酸或其盐等中的两种或两种以上混合物 18～40g，其余为水，最好每升稳定剂中含有钨酸钠 4～9g、咪唑 2～

9g 和乙二胺四乙酸或其盐 5～20g，其余为水；所述的镀液 pH 调节剂是氨水、氢氧化钠、氢氧化钾或碳酸钾等；所述的纳米碳化硅的粒径最好是 20～40nm，所述的分散剂可以是阳离子表面活性剂如十六烷基三甲基溴化铵等。

产品应用 本品主要应用于制备高硬度、高耐磨性的模具、刀具、量具，以及冶金、纺织、化工、机械、航空、航天和能源等行业中使用的动轴承，并可满足出口欧盟、美国及日本的化学镀工件加工需要。

产品特性 本品所有原料均不含重金属，所采用的纳米碳化硅粉体纯度高、粒径小、分布均匀，硬度达到 4500HV，仅次于金刚石，同时具备耐磨性高、自润湿性能良好、热传导率高、热膨胀系数低及高温强度大等特点，而且还具有良好的吸波性能。因此得到的化学镀镀液不但对环境友好，而且制成的镀层的硬度在镀态达到 900～1000HV（550HT115），热处理后镀层的硬度接近 1300～1400HV（1200HT115），具备了硬度超越电镀硬铬和化学镀 Ni-P 合金的优越性能，并继承了化学镀的均镀性能，镀层不受基体材料的复杂外形的影响，镀后能保持材料的形状和比例，省去了电镀制备的后续打磨程序。同时镀液所有成分均可采用国产原料，使得镀液成本大幅度降低。

制备具有梯度复合镀层的化学镀液

原料配比

表 1 低磷低速镀液

原料	配比
硫酸镍	30g
次磷酸钠	35g
乙酸钠	15g
乳酸钠(88%)	15mL
硫酸铵	15g
稳定剂(硫脲)	不超过 0.004g
水	加至 1L

表2　高磷化学镀液

原　料	配　比
硫酸镍	26g
次磷酸钠	30g
乳酸	9g
甘氨酸	4g
EDTA二钠	6g
水	加至1L

表3　低磷化学镀液

原　料	配　比
硫酸镍	30g
次磷酸钠	35g
乙酸钠	15g
乳酸钠(88%)	15mL
硫酸铵	15g
丁二酸	6g
稳定剂(硫脲)	不超过0.004g
SiC	8g
Al_2O_3	10g
水	加至1L

制备方法　将各组分溶于水，搅拌均匀即可。

原料配伍　本品各组分配比范围如下。

低磷低速镀液：硫酸镍29～31g、次磷酸钠34～36g、乙酸钠14～16g、乳酸钠（88%）14～16mL、硫酸铵14～16g、稳定剂（硫脲）不超过0.004g，水加至1L。

高磷化学镀液：硫酸镍25～27g、次磷酸钠29～31g、乳酸8～

10g、甘氨酸 3～5g、EDTA 二钠 5～7g，水加至 1L。

低磷化学镀液：硫酸镍 29～31g、次磷酸钠 34～36g、乙酸钠 14～16g、乳酸钠（88%）14～16mL、硫酸铵 14～16g、丁二酸 5～7g、稳定剂（硫脲）不超过 0.004g、SiC 7～9g、Al_2O_3 9～11g，水加至 1L。

产品应用 本品主要应用于制备具有梯度复合镀层。

（1）对镀件进行镀前预处理。严格按照化学镀的镀前处理工艺处理，为下步化学镀做准备。

（2）实施低磷低速镀，在镀件上镀上一层薄而致密的镀层。镀速控制在 6～8μm/h，施镀时间 60min，pH 值控制在 4.3±1，温度控制在（75±2)℃。

（3）进行第一次热处理，除去镀层中残留的氢气和侵入基体的氢气、消除内应力、均细晶粒。热处理温度控制在（200±5)℃，时间 90min。

（4）配制高磷化学镀液，提高镀速，实行高速镀。镀速控制在 11～13μm/h，施镀时间控制在 90min，pH 值控制在 4.7±1，温度控制在（83±2)℃。

（5）进行第二次热处理，除去镀层中残留的氢气和侵入基体中的氢气、消除内应力、均细晶粒。热处理温度控制在（300±5)℃，时间 90min。

（6）实施第二层化学镀，再在第二层镀层上镀上一层薄而致密的镀层，同时添加 SiC 和 Al_2O_3 颗粒，提高耐磨性能。配制低磷化学镀液，控制镀速，实行低速镀，镀速控制在 7～9μm/h，施镀时间 60min，pH 值控制在 4.3±1，温度控制在（80±2)℃。

经以上步骤处理，可以在 $\phi 20\times 3$ 的 Q235B 碳钢管上，得到镀层厚度为 30μm 左右，且镀层呈密-疏-密的梯度分布镀层。

产品特性 由本品在基体上形成的疏密相间的梯度镀层具有优良的耐腐蚀性和耐磨性。其优点是镀层与基体附着力强、镀层间结合紧密、后一镀层可以弥补前面镀层的缺陷，基体中没有氢气残留、镀层中没有直通基体的孔隙、外层镀层致密且含有耐磨颗粒，两次热处理可以除去氢气、消除内应力、均细晶粒，添加 SiC 和 Al_2O_3 颗粒可以提高耐磨性能。

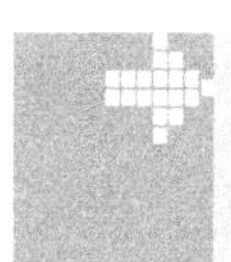

制备耐微动摩擦损伤复合镀层的化学镀液

原料配比

原料	配比(质量份)										
	1#	2#	3#	4#	5#	6#	7#	8#	9#	10#	11#
硫酸镍	28	—	35	28	—	30	—	32	—	34	35
氯化镍	—	32	—	—	29	—	31	—	33	—	—
乙二胺	55	—	—	62	61	—	59	—	57	—	55
柠檬酸钠	—	60	62	—	—	60	—	58	—	56	—
硼氢化钠	0.2	—	—	—	0.8	—	0.5	—	0.7	—	—
硼氢化钾	—	0.5	1	0.2	—	0.4	—	0.6	—	0.9	1
氢氧化钠	40	—	—	62	—	55	—	48	—	43	40
氢氧化钾	—	50	62	—	59	—	52	—	45	—	—
硫酸铊	—	—	—	0.1	—	0.12	—	—	0.14	—	0.15
硝酸铊	0.1	0.12	0.15	—	0.11	—	0.12	0.13	—	0.14	—
氟化石墨	1	2	5	5	4	3	3	2	2	1	1
水	加至1000	加至1000	加至1000	加至1000	加至1000	加至1000	加至1000	加至1000	加至1000	加至1000	加至1000

制备方法

(1) 取氯化镍（或硫酸镍）、乙二胺（或柠檬酸钠）、硼氢化钾（或硼氢化钠）、氢氧化钠（或氢氧化钾）、硫酸铊（或硝酸铊），分别用少量水溶解；

(2) 取氟化石墨，用阳离子和非离子表面活性剂作亲水和荷正电表面处理，方法同现有技术；

(3) 将上述各组分混合成均匀的溶液；

(4) 用酸（例如 1mol/L 盐酸等）或碱（例如 1mol/L 氢氧化钠等）调 pH 值至 12～14，加水（较好的是蒸馏水或去离子水）定容。

原料配伍 本品各组分质量份配比范围为：氯化镍或硫酸镍

28～35、乙二胺或柠檬酸钠 55～62、硼氢化钾或硼氢化钠 0.2～1、氢氧化钠或氢氧化钾 40～62、硫酸铊或硝酸铊 0.1～0.15、氟化石墨 1～5，水加至 1000。

所述氟化石墨的粒径优选为 1～5μm。

产品应用 本品主要应用于航空机械。

使用本品化学镀液制备耐微动摩擦损伤复合镀层的化学镀方法：将镀件（或称基体）表面进行清洁和活化处理（同现有技术），再将镀件置于所述的化学镀液中，在 pH 值为 12～14、温度为 80～88℃的条件下浸镀 10～60min。

在浸镀过程中将化学镀液间歇搅拌较好，例如：每搅拌 1min 间歇 3min。

浸镀后的镀件再经 200～400℃热处理 1～2h 较好。

使用上述化学镀液的化学镀工艺流程是：化学除油→水洗→活化→水洗→将零件浸入上述化学镀液浸镀→水洗→干燥→检查。

产品特性

（1）采用本品制得的镍铊硼/氟化石墨［$Ni\text{-}Tl\text{-}B/(CF)_n$］复合镀层厚度均匀、与基体结合好、表面硬度高（热处理硬度 1000HV 以上）、抗黏性强、耐微动损伤和腐蚀性好，在低周应力载荷和振动腐蚀环境条件下工作具有优异的减摩耐磨性能；

（2）由本品制得的镍铊硼/氟化石墨［$Ni\text{-}Tl\text{-}B/(CF)_n$］复合镀层，特别适用于具备耐微动摩擦损伤性能的飞机等航空机械配合面上；

（3）本品组成和工艺简单，制备工艺稳定、条件容易控制，实用性强。

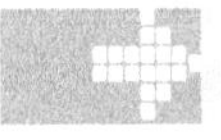

制备钯或钯合金膜的循环化学镀镀液

原料配比

表 1 钯镀液

原 料	配 比	
	1#	2#
$PdCl_2$	2.5g	4.5g

续表

原　料	配　比	
	1#	2#
Na_2EDTA	50g	70g
25%氨水	250mL	300mL
N_2H_4	0.2mol	0.5mol
水	加至1L	加至1L

表2　铜镀液

原　料	配　比	
	1#	2#
$CuSO_4 \cdot 5H_2O$	10g	12g
NaOH	10g	15g
$KNaC_4H_4O_6 \cdot 4H_2O$	45g	50g
HCHO	0.2mol	0.5mol
水	加至1L	加至1L

表3　银镀液

原　料	配　比	
	1#	2#
$AgNO_3$	5g	8g
Na_2EDTA	35g	45g
25%氨水	400mL	500mL
N_2H_4	0.2mol	0.5mol
水	加至1L	加至1L

制备方法　将各组分溶于水，搅拌均匀即可。

原料配伍　本品各组分配比范围如下。

钯镀液：$PdCl_2$ 2～6g、Na_2EDTA 40～80g、25%氨水 100～400mL、N_2H_4 0.1～1mol，水加至1L。

铜镀液：$CuSO_4 \cdot 5H_2O$ 5～15g、NaOH 5～20g、$KNaC_4H_4O_6 \cdot 4H_2O$ 40～50g、HCHO 0.1～1mol，水加至1L。

银镀液：$AgNO_3$ 2～10g、Na_2EDTA 30～50g、25%氨水 300～600mL、N_2H_4 0.1～1mol，水加至1L。

产品应用 本品主要应用于制备钯或钯合金膜的循环化学镀工艺。制备钯膜时包括如下步骤：

(1) 基体的预处理。常用的钯膜基体为管状多孔陶瓷、多孔不锈钢或多孔陶瓷/不锈钢复合材料。化学镀前，基体表面需进行活化处理。已报道的活化方法有 $SnCl_2/PdCl_2$ 法、$Pd(OH)_2$胶体法和 CVD 法等，除实施例中所采用的 $SnCl_2/PdCl_2$ 法外，还可以参考中国专利 200710022996.6 的记载，采用 $Pd(OH)_2$胶体法进行基体表面活化处理。当以多孔不锈钢或多孔陶瓷/不锈钢复合材料为基体时，活化前应对其进行氧化处理，氧化温度为300～600℃，氧化时间为3～10h，氧化气氛为空气。

(2) 循环化学镀制备钯膜。使预处理好的基体的非活化侧形成封闭空间，以管状基体为例，可将其两端用胶塞密封。蠕动泵的进料口穿过上端胶塞伸入基体内侧底部，出料口通入镀槽。化学镀时，将基体浸入钯镀液中，启动蠕动泵，使基体内侧相对压强始终保持在−90至−100kPa之间，从而实现镀液由基体表面经孔道向内侧的循环传质和保证成膜后基体内侧的负压环境。当达到所需膜厚时停止反应，关闭设备。用热的去离子水漂洗所制备的钯膜并干燥。

若采用本品制备钯合金膜，只需在步骤（2）所得到的金属钯膜表面继续化学镀至少一种其他金属，经合金化处理即可。其中，以 Pd-Ag 和 Pd-Cu 合金膜最为常用。合金化处理通常采用的方法为：将膜在 N_2 或惰性气体下，以1～3℃/min的速率升温，在500～800℃氢气下保温5～12h，再在 N_2 或惰性气体下使温度降至室温即可得到钯合金膜。

产品特性 与现有的制备工艺相比，本品装置简单，易操作，可实现镀液在基体孔道内的高效循环传质，满足含有局部大孔缺陷的低成本基体的镀膜需要。所制备的钯及钯合金膜具有厚度薄、缺陷少和附着力强等优点。

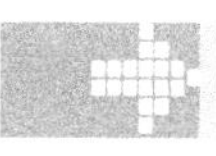

制备长效自润滑复合镀层的化学镀液

原料配比

原料	配比										
	1#	2#	3#	4#	5#	6#	7#	8#	9#	10#	11#
硫酸镍	20g	30g	—	20g	—	26g	—	31g	—	33g	35g
氯化镍	—	—	35g	—	23g	—	29g	—	32g	—	—
钨酸钠	40g	55g	65g	65g	60g	55g	50g	45g	40g	35g	30g
次磷酸钠	18g	22g	25g	18g	19g	20g	21g	22g	23g	24g	25g
硫酸铵	20g	—	38g	38g	—	32g	—	26g	—	36g	20g
氯化铵	—	26g	—	—	35g	—	29g	—	23g	—	—
柠檬酸钠	90g	100g	110g	90g	93g	96g	99g	101g	105g	107g	110g
乳酸	3mL	6mL	8mL	3mL	4mL	5mL	5mL	6mL	6mL	7mL	8mL
60%PTFE	6mL	8mL	12mL	12mL	11mL	10mL	9mL	8mL	7mL	9mL	6mL
二硫化钼	8g	—	15g	8g	9g	10g	11g	12g	13g	14g	15g
硝酸铅	—	0.016g	—	0.02g	—	—	—	0.011g	—	—	0.01g
醋酸铅	0.01g	—	—	—	0.018g	—	0.013g	—	0.015g	—	—
硫脲	—	—	0.02g	—	—	0.016g	—	—	—	0.017g	—
水	加至1L	加至1L	加至1L	加至1L	加至1L	加至1L	加至1L	加至1L	加至1L	加至1L	加至1L

制备方法

（1）取硫酸镍（或氯化镍）、钨酸钠、次磷酸钠、硫酸铵（或氯化铵）、柠檬酸钠、乳酸、二硫化钼、稳定剂（硝酸铅、醋酸铅或硫脲），分别用少量水溶解。

（2）取聚四氟乙烯（PTFE），用水配制成质量分数为60%的聚四氟乙烯悬浮乳液。

（3）取二硫化钼，用阳离子和非离子表面活性剂对其作亲水和荷正电表面处理；聚四氟乙烯（PTFE）也可以用PTFE粉剂，但要用阳离子和非离子表面活性剂对其作亲水和荷正电表面处理。方法同现有技术。

（4）将上述各组分混合成均匀的溶液。

（5）用碱（例如氨水等）调pH值至8～9.5，加水（较好的是蒸馏水或去离子水）定容。

原料配伍 本品各组分配比范围为：硫酸镍或氯化镍20～35g、钨酸钠30～65g、次磷酸钠18～25g、硫酸铵或氯化铵20～38g、柠檬酸钠90～110g、乳酸3～8mL、二硫化钼8～15g、稳定剂（硝酸铅、醋酸铅或硫脲）0.01～0.02g、聚四氟乙烯（PTFE）6～12mL，水加至1L。

产品应用 本品主要应用于核工业装备、食品机械、医药机械、压铸模具等不便用油润滑的部位的机械设备。

使用本品化学镀液制备长效自润滑复合镀层的化学镀方法：将镀件表面进行清洁和活化处理（同现有技术），再将镀件置于上述的化学镀液中，在pH值为8～9.5、温度为85～92℃的条件下下浸镀10～60min，即可获得在250℃以内环境下具有长效自润滑特性的优良复合镀层。

在浸镀过程中化学镀液每搅拌1min间歇3min。

使用上述化学镀液的化学镀工艺流程是：化学除油→水洗→活化→水洗→将零件浸入上述化学镀液浸镀→水洗→干燥→检查。

产品特性

（1）采用本品在机械零件表面形成的镍钨磷/聚四氟乙烯＋二硫化钼（Ni-W-P/PTFE＋MoS_2）复合镀层，具有硬度高、耐蚀性好和抗氧化能力强等优点，可以有效提高机械的表面减摩耐磨性能，特别适用于核工业装备、食品机械、医药机械、压铸模具等不便用油润滑的部位的机械设备；

（2）采用本发明，在机械零件表面形成的镍钨磷/聚四氟乙烯＋二硫化钼（Ni-W-P/PTFE＋MoS_2）复合镀层，在250℃以内环境下具有长效自润滑的优良特性；

（3）本品组成和工艺简单，制备工艺稳定、条件容易控制，镀层光亮致密、厚度均匀、结合力良好，实用性强。

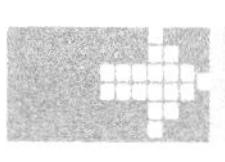

中温酸性化学镀镍-磷合金镀液

原料配比

原料	配比		
	1#	2#	3#
硫酸镍	25g	28g	26g
次磷酸钠	30g	32g	30g
乙酸钠	15g	18g	12g
硫脲	0.0011g	0.0008g	0.0012g
乳酸	11mL	10mL	13mL
冰醋酸	9mL	10mL	13mL
苹果酸	—	8g	—
柠檬酸	—	—	10g
丁二酸	5g	—	—
碘酸钾	0.006g	0.01g	—
碘化钾	—	—	0.008g
水	加至1L	加至1L	加至1L

制备方法

（1）按表中配比分别称量出计算量的各种药品。

（2）用去离子水或蒸馏水使固体药品完全溶解、黏稠液体药品稀释成稀溶液，注意操作时将用水量控制在配制溶液体积的3/4左右，不能超过规定体积。

（3）将完全溶解的络合剂及其他添加剂在搅拌条件下与主盐溶液混合。

（4）加入稳定剂，也可在最后加入。

（5）将另配制的还原剂溶液在搅拌条件下与主盐和络合剂等溶液混合。

（6）用1∶1氨水或稀碱液调整pH值，稀释至规定体积。

（7）必要时过滤。

原料配伍 本品各组分配比范围为：硫酸镍25～30g、次磷酸钠25～35g、乙酸钠12～18g、硫脲0.0005～0.0013g、乳酸7～13mL、冰醋酸7～13mL、有机酸4～10g、碘化钾或碘酸钾0.005～0.016g，水加至1L。

其中冰醋酸和乳酸作为络合剂，硫脲和碘化钾或碘酸钾作为稳定剂，有机酸（苹果酸、柠檬酸、丁二酸中的一种）作为加速剂，硫酸镍作为主盐，次磷酸钠作为还原剂。

产品应用 本品主要应用于航空航天、石油化工、机械电子、计算机、汽车、食品、纺织、烟草和医疗等领域。

产品特性

（1）由于采用冰醋酸和乳酸作为复合络合剂，不但提高了镀液的稳定性，使镀液稳定性达到1800s以上，而且使得镀速明显提高，在施镀温度为70℃时镀速最高可达20.01μm/h，其镀层综合性能也较好，镀层的耐蚀性达到120s以上，硬度达到480HV。

（2）本品采用有机酸作为加速剂，由于该类化合物可提高施镀材料表面的自催化性能，因此其加速效果比较明显，当有机酸浓度为6g/L时，加速效果最明显。

（3）采用硫脲和无机碘化物作为稳定剂比采用其他种类的稳定剂效果要好，其镀液稳定性可达1800s以上。

中温酸性纳米化学复合镀 Ni-P-Al_2O_3 镀液

原料配比

原料	配比		
	1#	2#	3#
硫酸镍	20g	25g	26g
次磷酸钠	25g	28g	32g
乙酸钠	10g	16g	15g

续表

原料	配比		
	1#	2#	3#
硫脲	0.0002g	0.0005g	0.001g
柠檬酸	—	12mL	—
苹果酸	—	—	20mL
丁二酸	8mL	—	—
冰醋酸	10mL	10mL	12mL
纳米 Al_2O_3 颗粒	0.16g	0.4g	0.65g
十二烷基苯磺酸钠	0.001g	0.00075g	—
聚乙二酸和十二烷基硫酸钠复合液	—	—	0.0015g
水	加至1L	加至1L	加至1L

制备方法

（1）按表中配比分别称量出计算量的各种药品。

（2）用去离子水或蒸馏水使固体药品完全溶解、黏稠液体药品稀释成稀溶液，注意操作时将用水量控制在配制溶液体积的3/4左右，不能超过规定体积。

（3）将完全溶解的乙酸钠、硫脲、冰醋酸、有机酸在搅拌条件下与主盐溶液混合，将另配制的还原剂溶液在搅拌条件下与上述溶液混合。

（4）加入稳定剂。

（5）用1∶1氨水或稀碱液调整pH值，稀释至规定体积。

（6）必要时过滤。

原料配伍 本品各组分配比范围为：硫酸镍20～30g、次磷酸钠20～35g、乙酸钠10～20g、硫脲0.0001～0.001g、有机酸5～25mL、冰醋酸10～30mL、纳米 Al_2O_3 颗粒0.1～0.8g、表面活性剂0.0005～0.0015g，水加至1L。

有机酸为丁二酸、苹果酸、柠檬酸、丙二酸的一种或若干种的混合物。

表面活性剂为聚乙二酸、十二烷基苯磺酸钠、十二烷基硫酸钠的一种或若干种的混合物。

产品应用 本品主要应用于航空航天、机械电子、电子工业和汽车工业等领域。

产品特性 镀速高，可以与高温镀液体系相媲美；镀液稳定性好，镀液寿命大于8个周期，其镀液稳定性达到1000s以上（用氯化钯做测试），稳定常数为96%以上；而且镀层综合性能也较好，镀层的耐蚀性均达到120s以上，硬度均达到720HV以上。

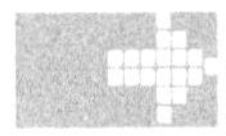

自润滑化学复合镀层镀液

原料配比

原　料	配　比		
	1#	2#	3#
氟碳表面活性剂	0.33g	0.18g	0.27g
PTFE乳液	14g	10g	12.5g
十六烷基三甲基溴化铵	0.07g	0.07g	0.09g
SiC陶瓷颗粒	8g	—	—
Si_3N_4陶瓷颗粒	—	—	9g
Al_2O_3陶瓷颗粒	—	10g	—
硫酸镍	20g	20g	25g
乳酸	33mL	—	33mL
柠檬酸钠	—	25g	—
醋酸钠	15g	—	15g
次磷酸钠	25g	30g	25g
丙烯基硫脲	0.0015g	0.0015g	0.0015g
水	加至1L	加至1L	加至1L

制备方法

（1）首先将用于泡沫灭火剂的氟碳表面活性剂和PTFE乳液溶解得混合液A，再将十六烷基三甲基溴化铵和SiC或Si_3N_4或Al_2O_3陶瓷颗粒溶解得混合液B；

（2）镀液配制：化学镀镍合金镀液选用酸性化学镀镍溶液，即在室温下依次向镀槽中添加硫酸镍、乳酸（或柠檬酸钠）、醋酸钠、次磷酸钠、丙烯基硫脲，用氢氧化钠调整 pH 值。

所述复合镀 pH 值为 4.6～+5，最佳为 4.8。

所述添加混合液 A 和 B，混合液 A 的添加量为 10～14g/L，混合液 B 的添加量为 6～15g/L。

原料配伍 本品各组分配比范围为：氟碳表面活性剂 0.18～0.33g、PTFE 乳液 10～14g、十六烷基三甲基溴化铵 0.07～0.09g、SiC 或 Si_3N_4 或 Al_2O_3 陶瓷颗粒 8～10g、硫酸镍 20～25g、乳酸 0～30mL 或柠檬酸钠 0～25g、醋酸钠 14～16g、次磷酸钠 25～30g、丙烯基硫脲 0.0014～0.0016g，水加至 1L。

本品是通过不同颗粒对不同表面活性剂的选择吸附，改变颗粒表面的 Zeta 电位。具体而言，阳粒子氟碳表面活性剂吸附于 PTFE 颗粒表面，使其表面的电位增加，从而增加了颗粒之间的静电斥力，避免了颗粒因重力作用引起的沉降。另外，颗粒表面电位的增加使得 PTFE 在静电引力的作用下更容易吸附于基体表面，从而增加了颗粒的沉积量。同样，十六烷基三甲基溴化铵的吸附也增加了陶瓷颗粒表面电位，从而增加陶瓷颗粒之间的静电斥力，避免了颗粒沉降，同时也使陶瓷容易吸附于基体表面，使其沉积量增加。总之，表面活性剂的加入达到了增大颗粒沉积量和改善颗粒均匀分布的效果，最终达到改善复合镀层耐磨减摩性能的目的。当然，颗粒的复合量以改善镀层性能为目的，如果加入量太多，会使镀层的应力增加，结合力下降；颗粒含量太少则达不到改善镀层性能的效果。反复试验得出，PTFE 乳液添加量为 10～14g/L，陶瓷颗粒的添加量为 6～15g/L 比较合适。

产品应用 本品主要应用于自润滑化学复合镀层。

采用化学复合镀工艺，即在制备方法步骤（2）配制的酸性镀液中添加混合液 A 和 B，加热镀液为 85～90℃，施镀过程需不断搅拌，获取自润滑化学复合镀层。

产品特性 本品所获得的自润滑化学复合镀层中两种颗粒沉积量多且分布均匀，在高载高速下具有良好的耐磨减摩性能。本品所涉及的方法操作简便，成本低，通过表面活性剂的作用实现了粒子的均匀沉积，获得了自润滑化学复合镀层，使材料具备了更广泛的应用范围。

参 考 文 献

中国专利公告

CN-201310454219.4
CN-201310224887.8
CN-200510036618.4
CN-201410502765.5
CN-201410137110.2
CN-200810216317.3
CN-201110043365.9
CN-200510136764.4
CN-200910214013.8
CN-200310117809.4
CN-200810142571.3
CN-201310628926.0
CN-201410305591.3
CN-201410358713.5
CN-201410343987.7
CN-201010185979.6
CN-200910167676.9
CN-200810113190.2
CN-201110405177.6
CN-201310723879.8
CN-201310726121.X
CN-200810054484.2
CN-201110432781.8
CN-200910218349.1
CN-201010103214.3
CN-201010113531.3
CN-200910216280.9
CN-201110426887.7
CN-200810234730.2
CN-200910193997.6
CN-200910218348.7
CN-201310312515.0
CN-201210270962.X
CN-201310312538.1
CN-200310116689.6
CN-201010212974.8
CN-201210365690.1
CN-200510111539.5
CN-201210040516.X
CN-200610089631.0
CN-200610163981.7
CN-201110450254.X
CN-201410010339.X
CN-201310431313.8
CN-201110453130.7
CN-201410639979.7
CN-201110451563.9
CN-201410788498.2
CN-201110451564.3
CN-201310546637.6
CN-201110451578.5
CN-201410275533.0
CN-201410835758.7
CN-201410062422.1
CN-201410317528.1
CN-201210468932.X
CN-201210177624.1
CN-201510017039.9
CN-201410030324.X
CN-201410200324.X
CN-201110139693.9
CN-201310254119.7
CN-201310222687.9
CN-201210271662.3
CN-201310317650.4
CN-201310317065.4
CN-201310317646.8
CN-201310204235.8
CN-201210484549.3
CN-201110141623.7
CN-201410175701.9
CN-201310374029.1
CN-201110451588.9
CN-201210336175.0
CN-201110452573.4
CN-201210144779.5
CN-201110452534.4
CN-201210070164.2
CN-201210484565.2
CN-201010103063.1
CN-201410145285.8
CN-201310678346.2
CN-201310407822.7
CN-201410712790.6
CN-200910312132.7
CN-201210406506.3
CN-201410174689.X
CN-201510071000.5
CN-200410079301.4
CN-201010526693.X
CN-200610027410.0
CN-200610141045.6
CN-200510045245.7
CN-201110073830.3
CN-201310244287.8
CN-201110080648.0
CN-200710013599.2
CN-201010227797.0
CN-200910234396.5
CN-200910169511.5